普通高等教育
物联网工程类规划教材

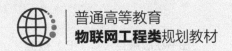

INTERNET OF
THINGS, IOT

物联网 射频识别（RFID）

原理及应用

罗志勇 杨美美 李永福 袁静 赵

U0212942

人民邮电出版社
北京

图书在版编目（ＣＩＰ）数据

物联网：射频识别（RFID）原理及应用 / 罗志勇等
编著. -- 北京：人民邮电出版社，2019.1（2024.7重印）
普通高等教育物联网工程类规划教材
ISBN 978-7-115-49337-8

Ⅰ. ①物… Ⅱ. ①罗… Ⅲ. ①射频－无线电信号－信
号识别－高等学校－教材 Ⅳ. ①TN911.23

中国版本图书馆CIP数据核字(2018)第209991号

内 容 提 要

本书全面系统介绍了 RFID 原理、核心技术以及应用系统案例。全书共分 9 章，第 1 章介绍了 RFID 的发展历史、现状及发展趋势等。第 2 章～第 7 章分别介绍了 RFID 技术基础、RFID 读写器技术、RFID 标签技术、RFID 的编码与调制技术、数据校验和防碰撞算法，以及常用的 RFID 标准。第 8 章讨论了 EPC 技术基础及相关技术。第 9 章分析了 RFID 技术的典型应用实例。

本书可以作为普通院校物联网及其相关专业的教材，也可作为 RFID 技术爱好者的参考用书。

◆ 编　著　罗志勇　杨美美　李永福　袁　静　赵　杰
　　责任编辑　李　召
　　责任印制　彭志环
◆ 人民邮电出版社出版发行　　北京市丰台区成寿寺路 11 号
　　邮编　100164　　电子邮件　315@ptpress.com.cn
　　网址　http://www.ptpress.com.cn
　　北京七彩京通数码快印有限公司印刷
◆ 开本：787×1092　1/16
　　印张：15　　　　　　　　2019 年 1 月第 1 版
　　字数：376 千字　　　　　2024 年 7 月北京第 6 次印刷

定价：49.80 元
读者服务热线：(010)81055256　印装质量热线：(010)81055316
反盗版热线：(010)81055315

射频识别（RFID）技术在物联网系统中是一项重要的感知技术，它不仅涵盖了微波技术理论和电磁学理论，而且还涉及通信原理及半导体集成电路技术，是一项多学科融合的新兴应用技术。如今 RFID 技术已在全球范围内广泛应用于工业自动化、商业自动化等众多领域，研究开发 RFID 技术有着巨大的经济效益和社会效益。在我国，RFID 技术应用还处于发展阶段，市场前景非常广阔。

本书第 1 章、第 2 章介绍了 RFID 的发展历史、现状及发展趋势，并对 RFID 系统的组成、原理和 RFID 系统的标准化做了描述，同时还介绍了 RFID 技术中涉及的电磁学、RFID 收发机的基础知识。

第 3 章介绍了读写器、电感耦合式 RFID 读写器的射频前端和微波频段 RFID 读写器。

第 4 章介绍了 RFID 系统中常用的天线系统的设计和分析方法。读者需着重掌握 RFID 读写器与标签之间的耦合特性，能定量分析标签的谐振特性，会计算电感的感应电压、同频带，能利用天线的基础知识计算天线的频谱特性、方向图，以及其辐射的强度，能计算出特定条件下天线的有效辐射范围。

第 5 章主要介绍编码的基本原理，包括基带信号及宽带信号的概念，重点分析了 RFID 中常用的曼彻斯特（Manchester）码、密勒（Miller）码和修正密勒码的编码方式。模拟调制中有振幅调制、调频和调相，介绍了调幅（包括普通调幅、双边带调幅、单边带调幅）以及频率调制和解调。数字调制中也有调幅、调频和调相，分别介绍了二进制振幅键控（2ASK）、二进制频移键控（2FSK）和二进制移相键控（2PSK）的调制和解调。

第 6 章主要介绍数据校验和防碰撞算法。

第 7 章简单介绍全球范围内的三个 RFID 的标准化组织。

第 8 章主要介绍 EPC 技术的基础知识及相关技术，包括 EPC 编码、EPC 系统的网络技术、EPC 系统的对象名称解析服务和 PML 等。

第 9 章主要介绍 RFID 技术在仓储管理和整车物流管理中的应用，详细介绍了整体设计流程和构架方案。

本书由重庆邮电大学的罗志勇、杨美美、李永福、赵杰及重庆计量质量检测研究院的袁静编写。此外，重庆邮电大学的徐阳、胡俊峰、姜静等同学也参与了本书的编写工作。

由于编者水平有限，书中难免有不妥之处，敬请读者批评指正。

编者

2018 年 10 月

目 录

第1章　RFID 系统概述 ……………… 1
　1.1　RFID 简介 …………………………… 1
　　1.1.1　RFID 的特点 ………………… 1
　　1.1.2　RFID 发展简史与现状 ……… 1
　1.2　RFID 系统的组成与工作原理 …… 3
　　1.2.1　RFID 系统的组成 …………… 3
　　1.2.2　RFID 的工作原理 …………… 3
　1.3　RFID 系统标准化 ………………… 4
　　1.3.1　RFID 标准的作用 …………… 4
　　1.3.2　标准的内容 …………………… 4
　　1.3.3　RFID 标准的分类 …………… 5
　1.4　RFID 的发展趋势 ………………… 5
　　1.4.1　在 RFID 标签方面 …………… 5
　　1.4.2　在 RFID 读写器方面 ………… 6
　　1.4.3　在 RFID 标准方面 …………… 6
　习题 1 ……………………………………… 6
第2章　RFID 技术基础 ………………… 7
　2.1　RFID 系统的组成、分类与
　　　　基本原理 ……………………………… 7
　　2.1.1　RFID 系统的组成 …………… 7
　　2.1.2　RFID 系统的分类 …………… 9
　　2.1.3　RFID 系统的基本原理 …… 11
　2.2　电磁学基础 ……………………… 11
　　2.2.1　磁场强度 H ………………… 11
　　2.2.2　磁通量和磁通量密度 ……… 13
　　2.2.3　电感 L ……………………… 14
　　2.2.4　互感 M ……………………… 14
　　2.2.5　耦合因数 k ………………… 15
　　2.2.6　感应定律 …………………… 16
　　2.2.7　空间电磁波 ………………… 17

　　2.2.8　S 参数 ……………………… 19
　2.3　收发机 …………………………… 19
　　2.3.1　发射机 ……………………… 20
　　2.3.2　接收机 ……………………… 21
　　2.3.3　放大器 ……………………… 22
　　2.3.4　混频器 ……………………… 23
　　2.3.5　振荡器与合成器 …………… 24
　　2.3.6　滤波器 ……………………… 25
　习题 2 …………………………………… 27
第3章　RFID 读写器技术 ……………… 28
　3.1　读写器简介 ……………………… 28
　　3.1.1　读写器的作用 ……………… 28
　　3.1.2　读写器的通信接口 ………… 29
　　3.1.3　读写器的构成 ……………… 29
　　3.1.4　读写器的种类 ……………… 29
　3.2　电感耦合式 RFID 读写器的射频
　　　　前端 ……………………………… 30
　　3.2.1　RFID 读写器射频前端的
　　　　　　结构 …………………………… 30
　　3.2.2　串联谐振电路 ……………… 30
　3.3　微波频段 RFID 读写器 ………… 34
　　3.3.1　微波频段 RFID 系统射频
　　　　　　前段 …………………………… 34
　　3.3.2　2.4GHz RFID 系统读写器设计
　　　　　　举例 …………………………… 36
　　3.3.3　微波频段 RFID 读写器的
　　　　　　发展 …………………………… 39
　习题 3 …………………………………… 40
第4章　RFID 标签技术 ………………… 41
　4.1　天线基础 ………………………… 41

4.1.1 天线的方向图 ………… 42
4.1.2 主瓣宽度 ………………… 44
4.1.3 辐射功率和辐射强度 …… 44
4.1.4 天线效率 ………………… 44
4.1.5 天线极化 ………………… 46
4.1.6 天线输入阻抗与共轭匹配 … 46
4.1.7 天线带宽 ………………… 48
4.1.8 电磁场仿真软件 HFSS … 48
4.2 RFID 中常用的天线 ………… 49
4.2.1 RFID 天线的基本要求与指标 … 49
4.2.2 偶极子天线 ……………… 49
4.2.3 折叠偶极子 ……………… 51
4.2.4 微带天线 ………………… 52
4.3 天线阻抗匹配 ………………… 55
4.3.1 T-Match 技术 …………… 56
4.3.2 电感匹配技术 …………… 58
4.4 环境影响 ……………………… 59
4.4.1 物品材质的介电常数对标签
性能的影响 ……………… 59
4.4.2 金属对标签的影响 ……… 60
4.4.3 抗金属标签的设计 ……… 61
4.5 RFID 天线优化 ……………… 65
4.5.1 遗传算法简介 …………… 65
4.5.2 遗传算法的运算过程 …… 66
4.5.3 遗传算法在天线优化中的
应用 ……………………… 66
4.6 RFID 标签天线封装 ………… 67
4.6.1 线圈绕制工艺 …………… 68
4.6.2 蚀刻工艺 ………………… 68
4.6.3 喷墨印刷法 ……………… 68
4.7 RFID 电子标签芯片 ………… 69
4.7.1 射频标签的存储器芯片种类 … 69
4.7.2 射频标签的微控制器芯片
种类 ……………………… 69
4.7.3 芯片设计技术 …………… 69
4.7.4 标签信息写入方式 ……… 70
4.8 无源 RFID 电子标签 ………… 70
4.8.1 RFID 电子标签射频前端的
结构 ……………………… 71
4.8.2 并联谐振电路 …………… 71
4.9 RFID 读写器与无源标签之间的
电感耦合 ……………………… 74

4.9.1 电子标签的感应电压 …… 74
4.9.2 电子标签的直流电压 …… 75
4.9.3 负载调制 ………………… 75
习题 4 ……………………………… 79
第5章 RFID 中的编码与调制技术 … 80
5.1 RFID 编码 …………………… 80
5.1.1 编码的基本原理 ………… 80
5.1.2 RFID 中常用的编码方式 … 82
5.2 RFID 的调制方式 …………… 87
5.2.1 模拟调制 ………………… 87
5.2.2 数字调制 ………………… 91
5.2.3 二进制数字调制系统的性能
比较 ……………………… 97
5.2.4 副载波调制法 …………… 98
习题 5 ……………………………… 99
第6章 数据校验和防碰撞算法 …… 100
6.1 差错控制编码 ………………… 100
6.1.1 差错控制的基本方式 …… 100
6.1.2 汉明码 …………………… 101
6.2 常用的差错控制方法 ………… 102
6.2.1 奇偶校验法 ……………… 102
6.2.2 循环冗余校验法 ………… 105
6.3 防碰撞算法 …………………… 107
6.3.1 频分多路（FDMA）法 … 109
6.3.2 空分多路（SDMA）法 … 110
6.3.3 时分多路（TDMA）法 … 110
6.3.4 码分多路（CDMA）法 … 111
6.4 防碰撞算法举例 ……………… 112
6.4.1 ALOHA 法 ……………… 112
6.4.2 时隙 ALOHA 法 ………… 113
6.4.3 动态时隙 ALOHA 法 …… 114
6.4.4 二进制搜索算法 ………… 115
6.4.5 动态二进制搜索算法 …… 118
习题 6 ……………………………… 120
第7章 常用的 RFID 标准 ………… 121
7.1 RFID 标准化组织 …………… 121
7.1.1 ISO ……………………… 121
7.1.2 EPCglobal ……………… 122
7.1.3 UID ……………………… 122
7.2 ISO/IEC 14443——近耦合 IC 卡 … 123
7.2.1 物理特性 ………………… 123
7.2.2 射频接口 ………………… 123

7.2.3 初始化与防冲突 ·············· 125
7.2.4 传输协议 ·················· 130
7.3 ISO/IEC 15693 标准——
疏耦合 IC 卡（VICC） ······ 133
7.3.1 物理性质 ·················· 133
7.3.2 空气接口与初始化 ·········· 133
7.4 ISO/IEC 18000—6 标准 ····· 137
7.4.1 TYPE A 模式 ·············· 137
7.4.2 TYPE B 模式 ·············· 147
7.4.3 TYPE C 模式（读写器到
标签的通信） ·············· 155
7.4.4 TYPE C 模式（标签到
读写器的通信） ·········· 162
习题 7 ·································· 166
第8章 EPC 技术基础及相关技术 ····· 167
8.1 EPC 基础知识 ·················· 167
8.1.1 EPC 的基本概念 ············ 167
8.1.2 EPC 编码体系 ·············· 167
8.1.3 EPC 系统的构成 ············ 167
8.1.4 EPC 技术的优势 ············ 168
8.1.5 EPCglobal 组织 ············ 169
8.2 EPC 编码 ······················ 171
8.2.1 EPC 编码原则 ·············· 171
8.2.2 EPC 编码关注的问题 ········ 172
8.2.3 EPC 编码结构 ·············· 172
8.2.4 EPC 编码类型 ·············· 173
8.2.5 EPC 编码数据结构 ·········· 176
8.2.6 EPC 数据的 URI 表示 ······ 186
8.2.7 EAN 编码和 EPC 编码的
相互转换 ·················· 190
8.3 EPC 系统的网络技术 ·········· 192
8.3.1 Savant 系统 ················ 192
8.3.2 对象名称解析服务 ·········· 193
8.3.3 WWW 网与 EPCglobal Network
网络的区别 ················ 194
8.4 EPC 系统的对象名称解析服务 ··· 194
8.4.1 ONS 概述 ·················· 194

8.4.2 ONS 的工作原理与层次
结构 ······················ 196
8.4.3 ONS 的工作流程与查询
步骤 ······················ 197
8.4.4 ONS 查找算法的设计 ········ 201
8.5 EPC 系统中的实际标记语言
PML ···························· 202
8.5.1 PML 的概念及组成 ·········· 203
8.5.2 PML 服务 ·················· 204
8.5.3 PML 的设计 ················ 207
8.5.4 PML 的应用 ················ 208
习题 8 ·································· 210
第9章 RFID 技术的典型应用实例 ···· 211
9.1 RFID 在零售业仓储管理中的
应用 ···························· 211
9.1.1 仓储管理的现状 ············ 211
9.1.2 仓储基本运营流程分析 ······ 212
9.1.3 仓库管理需求分析 ·········· 213
9.1.4 RFID 标签数据设计 ········· 215
9.1.5 系统总体方案设计 ·········· 218
9.1.6 系统业务流程设计 ·········· 219
9.1.7 系统功能模块设计 ·········· 219
9.2 基于 RFID 的整车物流管理
系统 ···························· 221
9.2.1 需求分析 ·················· 221
9.2.2 汽车整车生产流程 ·········· 222
9.2.3 RFID 系统架构方案 ········· 222
9.2.4 应用于汽车制造业的 RFID
标签编码体系要求 ·········· 223
9.2.5 应用于汽车制造业的 RFID
标签编码结构 ·············· 223
9.2.6 具体环节的 RFID 系统
应用 ······················ 228
9.2.7 RFID 实施阶段 ············· 232
习题 9 ·································· 233
参考文献 ····························· 234

第1章 RFID 系统概述

射频识别（Radio Frequency Identification，RFID）是一种通信技术，可通过无线电信号识别特定目标并读写相关数据，而无需识别系统与特定目标之间建立机械或光学接触。目前 RFID 技术应用很广，如图书馆、门禁系统、食品安全溯源等。本章主要介绍 RFID 的发展历史、现状、发展趋势，以及 RFID 系统的组成与原理和 RFID 系统的标准化。

1.1 RFID 简介

RFID 也称为电子标签、无线射频识别，是 20 世纪 80 年代开始出现的一种自动识别技术。RFID 利用射频信号通过空间耦合（交变磁场或电磁场）实现无接触信息传递，并通过所传递的信息达到识别目的的技术。RFID 的识别工作不需要人工干预，可工作于各种恶劣环境。RFID 技术可识别高速运动的物体并可识别多个标签，操作快捷方便。

1.1.1 RFID 的特点

射频识别（RFID）具有下述特点。

（1）它是通过电磁耦合方式实现的非接触自动识别技术。

（2）它需要利用无线电频率资源，必须遵守无线电频率使用的众多规范。

（3）它存放的识别信息是数字化的，因此通过编码技术可以方便地实现多种应用，如应用于身份识别、商品货物识别、动物识别、工业过程监控和收费等。

（4）它可以容易地对多电子标签、多阅读器进行组合建网，以完成大范围的系统应用，并构成完善的信息系统。

（5）它涉及计算机、无线数字通信、集成电路、电磁场等众多学科，是一个新兴的融合多种技术的领域。

1.1.2 RFID 发展简史与现状

RFID 技术可称为无线通信技术的一种，很早就和军事联系在一起。在 20 世纪 30 年代第二次世界大战期间，英国空军受到雷达工作原理的启发，开发了敌我飞机识别（Identification Friend or Foe，IFF）系统，希望被物体反射回来的雷达无线电波信号中能够包含敌我识别的信息，从而避免误伤。当时的应用仅仅是一种加密的身份标识（IDENTITY，ID）号而已。

1948 年 10 月，哈里·斯托克曼发表的《利用能量反射进行通讯》一文奠定了射频识别技术的理论基础。实现哈里·斯托克曼的梦想用了 30 年，相关的技术如晶体管、集成电路、微处理器、通信网络在这期间相继取得突破。20 世纪 50 年代，F. L. 弗农提出"微波零差应用"的设想，D. B. 哈里斯也申请了"带可调制无源电子标签的无线传输系统"的发明专利；1963—1964 年，R. F. 哈林登在他的《主动散射体的场测量方法》和《加载散射体理论》等论文中研究了 RFID 相关的电磁理论；罗伯特·理查德森于 1963 年发明"遥控启动射频装置"；温丁于 1967 年发明"询问器——电子标签识别系统"；沃格尔曼于 1969 年发明"利用雷达波束的被动数据传输技术"；Otto Rittenback 于 1969 年发明"雷达波束通信"。RFID 技术发展的车轮开始转动。

RFID 技术在商业领域的应用在 20 世纪 60 年代开始出现。例如，参讯美资（Sensormatic）和艾一信息（Checkpoint）公司与金刚（Knogo）等公司开发了电子防盗器（EAS）来对付商场里的窃贼。这类系统使用存储量只有 1bit 的标签来表示商品是否已售出，既可以使用基于超高频和微波的电磁反射系统，也可以使用基于高频的电磁感应系统，价格便宜，又可以有效地遏制偷窃行为，被认为是 RFID 技术首个世界范围的商用模式。

进入 20 世纪 70 年代，RFID 技术继续吸引人们的广泛关注，射频识别技术与产品研发在此阶段处于一个大发展时期，各种射频识别技术测试得到加速发展。在工业自动化和动物识别方面出现了一些最早的射频识别商业应用。制造、运输、仓储等行业都试图研究和开发基于 IC 的 RFID 系统的应用，如工业自动化、动物识别、车辆跟踪等。例如，Raytheon 公司（美国国防公司）于 1973 年推出了"RayTag"，RCA 公司（美国老牌电器公司）的 Richard Klensch 于 1975 年开发了"电子识别系统"，F.Sterzer 于 1977 年开发了"汽车电子车牌"，Fairchild 公司（美国精密仪器商）的托马斯·迈耶斯和阿什利·利于 1978 年开发了"被动编码的微波发射机"等。

20 世纪 90 年代，射频识别技术的标准化问题日趋得到重视，射频识别产品得到广泛的采用，并逐渐成为人们生活中的一部分。在这个时期，多个区域和公司开始注意这些系统之间的互操作性，即运行频率和通信协议的标准化问题。只有标准化，RFID 技术才能得到更广泛的应用。比如，这时期美国出现的 E-ZPass 系统。

1999 年，美国麻省理工学院 Auto-ID 中心正式提出产品电子代码（Electronic Product Code，EPC）概念，EPC 与 RFID 技术相结合，构筑无所不在的"物联网"，引起了全球的广泛关注。

进入 21 世纪，全球几家大型零售商沃尔玛、麦德龙、特易购及一些政府机构如美国国防部（DoD）等，相继宣布了各自的 RFID 计划。在 2003 年，沃尔玛要求其前 100 家最大的供应商于 2005 年 1 月在向其位于美国得克萨斯州的三大物流配送中心运送产品时，产品的包装盒和货盘上必须贴有 RFID 标签。到 2006 年，已有 200 余家供应商在为沃尔玛供货的托盘上采用了电子标签。

同时，标准化的纷争出现了多个全球性的 RFID 标准和技术联盟，主要有 EPCglobal、AIM global、ISO/IEC、UID、IP-X 等。这些组织主要在标签技术、频率、数据标准、传输和接口协议、网络运营和管理、行业应用等方面试图达成全球统一的平台。

从此，RFID 技术开拓了一个新的巨大的市场。随着成本的不断降低和标准的统一，RFID 技术还将在无线传感网络、实时定位、安全防伪、个人健康、产品全生命周期管理等领域开拓新的市场。

1.2 RFID 系统的组成与工作原理

1.2.1 RFID 系统的组成

一般而言，RFID 系统由 3 个部分组成：电子标签、读写器（又称为阅读器）和数据管理中心。RFID 源于雷达技术，所以其工作原理和雷达非常相似。首先阅读器通过天线发出电子信号，标签接收到信号后，发射标签存储的内部信息，阅读器再通过天线接收并识别标签发回的信息，最后阅读器再将识别结果发送给数据管理中心。RFID 系统基本模型如图 1-1 所示。

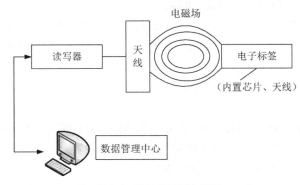

图 1-1 RFID 系统基本模型

最基本的 RFID 系统由三部分组成。

（1）电子标签（tag，或称标签，射频标签）：由芯片与内置天线组成。芯片内保存有一定格式的电子数据，作为待识别物品的标识性信息，是射频识别系统真正的数据载体。内置天线用于和射频天线间通信。

（2）读写器：又称为阅读器，读取或读/写电子标签信息的设备，主要任务是控制射频模块向标签发射读取信号，并接收标签的应答，对标签的对象标识信息进行解码，将对象标识信息连带标签上其他相关信息传输到主机以供处理。

（3）数据管理中心：通常是一个装载了数据中心和控制软件的与读写器通过通信接口连接的 PC 或者工作站，主要完成数据信息的存储、管理及对射频标签进行读写控制。数据管理系统可以是市面上现有的各种大小不一的数据库或供应链系统，用户还能够买到面向特定行业的、高度专业化的库存管理数据库，或者把 RFID 系统作为整个 ERP 的一部分。写入数据一般来说是离线完成的，也就是预先在标签中写入数据，等到开始应用时，直接把标签粘附在被标识物体上。也有一些 RFID 应用系统，写数据是在线完成的。

1.2.2 RFID 的工作原理

如图 1-1 所示，电子标签进入天线磁场后，如果接收到阅读器发出的特殊射频信号，就能凭借感应电流所获得的能量发送出存储在无源标签芯片中的产品信息，或者有源标签主动发送某一频率的信号，阅读器读取信息并解码后，送至中央信息系统进行有关数据处理。

1. 耦合类型

发生在阅读器和电子标签之间的射频信号的耦合类型有两种。

（1）电感耦合。使用类似变压器的模型，通过空间高频交变磁场实现耦合，依据的是电磁感应定律。

（2）电磁反向散射耦合。使用类似雷达的原理模型发射出去的电磁波，碰到目标后反射，同时携带回目标的信息，依据的是电磁波的空间传播规律。

2. RFID 的工作频率

RFID 系统的工作频率划分为下述频段。

（1）低频（LF，频率范围为 30kHz～300kHz）：工作频率低于 135kHz，最常用的是 125kHz。

（2）高频（HF，频率范围为 3MHz～30MHz）：工作频率为 13.56MHz±7kHz。

（3）特高频（UHF，频率范围为 300MHz～3GHz）：工作频率为 433MHz、866MHz～960MHz 和 2.45GHz。

（4）超高频（SHF，频率范围为 3GHz～30 GHz）：工作频率为 5.8GHz 和 24GHz，但目前 24GHz 基本不采用。

其中，后三个频段是 ISM（Industrial Scientific Medical）频段。ISM 频段是为工业、科学和医疗应用而保留的频率范同，不同的国家可能会有不同的规定。UHF 和 SHF 都在微波频率范围内，微波频率范围为 300MHz～300GHz。

在 RFID 技术的术语中，有时称无线电频率的 LF 和 HF 为 RFID 低频段，UHF 和 SHF 为 RFID 高频段。

RFID 技术涉及无线电的低频、高频、特高频和超高频频段。在无线电技术中，这些频段的技术实现差异很大，因此可以说，RFID 技术的空中接口频率覆盖了无线电技术的全频段。

1.3 RFID 系统标准化

1.3.1 RFID 标准的作用

标准能够确保协同工作的进行、规模经济的实现、工作实施的安全性以及其他许多方面工作更高效地开展。RFID 标准化的主要目的在于，通过制定、发布和实施标准，解决 RFID 编码、通信、空中接口和数据共享等问题，最大程度地促进 RFID 技术与相关系统的应用。

RFID 标准的发布和实施，应处于恰当的时机。标准采用过早，有可能会制约技术的发展和进步；采用过晚，则可能会限制技术的应用范围。

1.3.2 标准的内容

RFID 标准的主要内容包括以下几个方面。

（1）技术：技术包含的层面很多，主要是接口和通信技术，如空中接口、防碰撞方法、中间件技术和通信协议等。

（2）一致性：一致性主要指数据结构、编码格式和内存分配等相关内容。

（3）电池辅助及与传感器的融合：目前，RFID 技术也融合了传感器，能够进行温度和应变检测的电子标签在物品追踪中应用广泛。大部分带传感器的电子标签和有源电子标签都需要从电池获取能量。

（4）RFID 技术涉及的众多具体应用：如不停车收费系统、身份识别、动物识别、物流、追踪和门禁等。各种不同的应用涉及不同的行业，因而标准还需要涉及有关行业的规范。

1.3.3 RFID 标准的分类

RFID 标准主要有：ISO/IEC 制定的国际标准、国家标准和行业标准。

国际标准化组织（ISO）和国际电工委员会（IEC）制定了多种重要的 RFID 国际标准。国家标准是各国根据自身国情制定的有关标准，我国国家标准制定的主管部门是工业和信息化部与国家标准化管理委员会。RFID 的国家标准正在制定中。

一个典型的行业标准是由国际物品编码协会（EAN）和美国统一代码委员会（UCC）制定的 EPC 标准，主要应用于物品识别。

1.4 RFID 的发展趋势

射频识别技术的发展，一方面受到应用需求的驱动，另一方面，射频识别技术的成功应用反过来又将极大地促进应用需求的扩展。从技术角度来说，射频识别技术的发展体现在若干关键技术的突破；从应用角度来说，射频识别技术的发展目的在于不断满足日益增长的应用需求。

从总体上而言，RFID 技术已经逐步发展成为一个独立的跨学科的专业领域，它将大量来自完全不同专业领域的技术综合到一起，如高频技术、电磁兼容性、半导体技术、数据保护和密码学、电信、制造技术和许多专业领域。RFID 技术所能应用和发挥效应的主要方面包括节省人工成本、提高作业精确性、加快处理速度和有效跟踪物流动态等，目前 RFID 技术已被广泛应用于工业自动化、商业自动化、交通运输控制管理等众多领域。

RFID 技术的发展得益于多项技术的综合发展，所涉及的关键技术大致包括芯片技术、天线技术、无线收发技术、数据变换与编码技术和电磁传播技术。

RFID 技术的发展已经走过 50 余年，在过去的 10 多年中得到了飞速的发展。随着技术的不断进步，RFID 产品的种类将越来越丰富，应用也越来越广泛。可以预计，在未来的几年中，RFID 技术将持续保持高速发展的势头。RFID 技术的发展将会在射频标签、读写器和标准化等方面取得新的进展。

1.4.1 在 RFID 标签方面

在标签芯片方面，标签芯片所需的功耗今后将比现有的标签芯片更低，这就要求标签芯片朝着无源标签、半无源标签的方向发展。标签芯片的作用距离将更远，无线可读写性能也将更加完善，并且能够适合高速移动物品识别，识别速度也将更加快，具有快速多标签读写功能，一致性更好。与此同时，标签芯片在强电磁场下的自保护功能也会更加完善，智能性更强，成本更低。

标签成本是限制 RFID 技术商业应用能否取得成功的关键。虽然大量的研究工作使芯片

RFID 标签的成本有所降低，但是普通的芯片 RFID 标签主要由 IC 芯片、天线和封装等几部分构成，由于芯片的存在，它的成本还是无法与条形码相竞争。未来，为了降低标签成本，无芯片 RFID 标签将会批量生产。

在今后，标签天线外形将会变得更小，且能适应各种恶劣的电磁和物理环境，同时在制造技术上更多地采用石墨印刷或者其他成本低廉的生产方式，天线本身能实现更大的增益。基于幅值和相位编码的无标签 RFID 技术的天线则能实现更大的编码容量和更小的成本。

1.4.2　在 RFID 读写器方面

在读写器方面，多功能读写器的条形码识别集成、无线数据传输、脱机工作等功能将被更多地应用。同时，智能多天线端口、多种数据接口（包括 RS232、RS422/485、USB、红外、以太网口）、多制式、多频段兼容的读写器也将得到应用。从总体上来说，读写器会朝着小型化、便携式、嵌入式、模块化方向发展，成本将更加低廉，应用范围将更加广泛。

1.4.3　在 RFID 标准方面

在标准化方面，一方面，与 RFID 标准相关的基础性研究更加深入、成熟，最终形成并发布的标准将为更多企业所接受；另一方面，不同制造商的生产系统及相关的 RFID 模块可替换性更好、更为普及。

总而言之，射频识别技术在未来的发展中，在结合其他高新技术（如传感器、GPS、生物识别等技术）实现从单一识别向多功能识别方向发展的同时，将与现代通信技术和计算机技术共同实现跨地区、跨行业应用。

习　题　1

1. 简述 RFID 的系统组成和工作原理。
2. RFID 系统有哪些工作频率？
3. 简述 RFID 标准化的内容。

第2章 RFID 技术基础

RFID 是一门应用科学技术,也是一门典型的交叉学科,涉及通信、电磁学、天线技术等多门学科。学习和掌握这些学科在 RFID 中涉及的基本概念和相关应用对学习 RFID 是十分重要的。本章主要介绍 RFID 系统的组成、分类与基本原理,RFID 技术涉及的电磁学基础,RFID 读写器收发机的基本知识。

2.1 RFID 系统的组成、分类与基本原理

2.1.1 RFID 系统的组成

RFID 是一种无线识别技术。它基于无线电通信技术实现人或者物体的唯一识别。一个典型的 RFID 系统包括以下 3 个基本组成部分:读写器、标签和数据管理中心。RFID 系统结构图如图 2-1 所示,其中本地服务器通过局域网与读写器之间通信,通过以太网或者其他网络与数据管理中心通信,也就是说,本地服务器是读写器与数据管理中心进行数据交换的桥梁。

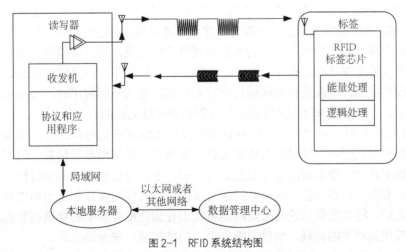

图 2-1 RFID 系统结构图

1. 读写器

读写器是负责读取或写入标签信息的设备,读写器可以是单独的整体,也可以作为部件

嵌入其他系统中。读写器由天线、RF 处理模块、控制处理模块和通信接口组成。它的主要功能是通过电磁场对 RFID 标签进行读写操作，获取标签信息进而识别被标签附着的物体，并将信息通过通信网络上传至控制中心，同时读写器也能接收来自控制中心的命令并进行相应的操作。根据支持的标签类型与完成的功能不同，读写器的复杂程度是不同的。读写器的基本功能就是提供与射频标签进行数据传输的途径。读写器还可提供相当复杂的信号状态控制、奇偶错误校验与校正功能等，因而射频标签中除了存储需要传输的信息外，还必须包含一定的附加信息，如错误校验信息等。

2. 标签

标签也叫作电子标签，一般由半导体芯片、天线及电池组成，供电方式决定是否有电池。它附着于被识别的物体上，与该物体一一对应，标签内部的半导体芯片内存有该物体的序列号、生产信息等数据。读写器通过与标签的无线电通信，读取这些数据，从而识别被标签附着的物体。

依据供电方式的不同，射频标签可以分为有源射频标签和无源射频标签。有源射频标签内装有电池，无源射频标签内部没有电池。根据标签内装电池供电情况不同，又可细分为有源射频标签和半无源射频标签。有源射频标签的工作电源完全由内部电池供给，同时标签电池的能量供应也部分转换为射频标签与读写器通信所需的射频能量。半无源射频标签介于有源射频标签和无源射频标签两者之间，虽然带有电池，但是电池的能量只能激活系统。系统激活之后，电池不再为标签供电，标签进入无源工作模式。

按调制方式分，射频标签还可分为主动式标签和被动式标签。主动式标签用自身的射频能量主动发送能量给读写器，主要用于有障碍物的情况下；被动式标签使用调制散射方式发射数据，它必须利用读写器的载波来调制自己的信号，适用于门禁考勤或交通管理领域。

3. 数据管理中心

数据管理中心通常是一个装载了数据中心和控制软件的与读写器通过通信接口连接的 PC 或者工作站，主要完成数据信息的存储、管理以及对射频标签进行读写控制。数据管理系统可以是市面上现有的各种大小不一的数据库或供应链系统，用户还能够买到面向特定行业的、高度专业化的库存管理数据库，或者把 RFID 系统作为整个 ERP 的一部分。写入数据一般来说是离线完成的，也就是预先在标签中写入数据，等到开始应用时，直接把标签粘附在被标识物体上。也有一些 RFID 应用系统，写数据是在线完成的。

RFID 系统工作时，由读写器通过发射天线发送固定频率的射频信号。如果有标签进入读写器的有效读写范围内，标签的天线系统将产生感应电流从而激活标签中的芯片。被激活的标签芯片根据解调处理识别出读写器发出的相关命令，再根据相关命令将标签内存储的信息发送出去或者改写标签内存储的信息；读写器的接收天线收到标签发出的信号，经过解调等相关处理之后，将有效信息通过通信网络将其上传到数据管理中心存储到数据库，或者经过处理后，应用到相关的领域，如供应链管理、门禁控制、安全等方面。

在一个 RFID 系统中，读写器能够在短时间内识别所有进入其有效读写范围内的所有标签，同时多个读写器能通过通信网络连接到同一个或者多个数据管理中心。读写器与标签在数量上是一对多的关系，数据管理中心和读写器也是一对多的关系。

RFID 标签和读写器之间基于电磁场的通信方式，根据具体采用的原理不同，可以分为基于近场通信的电感耦合式（inductive coupling）和远场通信的背向散射式（dackscatter）。前者是依据电磁感应定律在天线的感应近场区通过高频交变磁场实现耦合，进而实现能量和信息传输；背向散射式是依据天线远场中电磁波的空间传输规律，发射出去的电磁波被标签反射并携带相应信息，实现了能量和信息的传输。

2.1.2 RFID 系统的分类

RFID 系统具有多个分类标准。本书主要根据标签的供电方式、耦合原理和通信工作原理方式对 RFID 系统进行简单的分类。

1. 根据标签供电形式分类

在实际应用中，必须给标签供电它才能工作，尽管它的电能消耗是非常低的（一般是万分之一毫瓦级别）。按照标签获取电能方式的不同，可以把标签分成有源标签、无源标签和半有源标签，它们对应的 RFID 系统分别称为有源 RFID 系统、无源 RFID 系统和半无源 RFID 系统。

（1）有源 RFID 系统

有源标签内部自带电池进行供电，它的电能充足，工作可靠性高，信号传送距离远。另外，有源标签可以通过设计电池的不同寿命对标签的使用时间或使用次数进行限制，也可以用在需要限制数据传输量或者使用数据有限制的地方，比如，一年内标签只允许读写有限次。有源标签的缺点主要是标签的使用寿命受到限制，而且随着标签内电池电力的消耗，其数据传输的距离会越来越小，从而影响系统的正常工作。

（2）无源 RFID 系统

无源标签内部不带电池，要靠外界提供能量才能正常工作。典型的无源标签产生电能的装置是天线与线圈。当标签进入系统工作区域时，天线接收到特定的电磁波。线圈就会产生感应电流，再经过整流电路给标签供电。无源标签具有永久的使用期，常常用在标签信息需要每天读写或频繁读写多次的地方，而且无源标签支持长时间的数据传输和永久性的数据存储。无源标签的缺点主要是数据传输的距离要比有源标签短。因为无源标签依靠外部的电磁感应而供电，它的电能就比较弱，数据传输的距离和信号强度就受到限制，需要信号灵敏度比较高的接收器（阅读器）才能可靠识读。

（3）半无源 RFID 系统

半无源 RFID 系统介于有源 RFID 系统和无源 RFID 系统两者之间，半无源 RFID 系统虽然带有电池，但是电池的能量只能激活系统。系统激活之后，电池不再为标签供电，标签进入无源工作模式。

2. 根据耦合原理分类

读写器与电子标签采用非接触式通信方式，电子标签通过无线电波与读写器进行数据交换。根据耦合方式、工作频率和作用距离的不同，无线信号传输分为电感耦合方式和电磁反向散射方式两种。电感耦合方式对应的 RFID 系统称为电感耦合式 RFID 系统，电磁反向散射方式对应的 RFID 系统称为电磁反向散射式 RFID 系统。

（1）电感耦合式 RFID 系统

在电感耦合方式中，读写器与电子标签之间的射频信号传递为变压器模型，电磁能量通过空间高频交变磁场实现耦合，该系统依据的是法拉第电磁感应定律。

电感耦合系统又分为密耦合系统和遥耦合系统。

① 密耦合系统。

读写器与电子标签的作用距离较近，典型的范围为 0～1cm，电子标签需要插入读写器中，或将电子标签放置在读写器的表面，读写器可以提供给电子标签较大能量。密耦合系统可以工作于 0～30MHz 的频率中，通常用于安全性要求较高，但不要求作用距离的设备中。

② 遥耦合系统。

读写器与电子标签的作用距离为 15cm～1m，由于耦合传输给电子标签的能量较小，所以遥耦合系统只适用于只读电子标签。遥耦合系统是目前使用最为广泛的频射识别系统。

（2）电磁反向散射式 RFID 系统

在电磁反向散射方式中，读写器与电子标签之间的射频信号传递为雷达模型。读写器发射出去的电磁波碰到电子标签后，电磁波被反射，同时携带回电子标签的信息，该系统依据的是电磁波空间辐射原理。

电磁反向散射方式一般适用于微波系统，典型的工作频率为 433MHz、860/960MHz、2.45GHz 及以上频段。

在电磁反向散射系统中，电子标签处于读写器的远场区，电子标签接收读写器天线辐射的能量，该能量可以用于电子标签与读写器之间的信号传输，但该能量一般不足以使电子标签芯片工作。如果电子标签芯片工作，就要对电子标签提供足够的能量，这时一般需要在电子标签中添加辅助电池。这个辅助电池为芯片读取数据提供能量。

3. 根据通信工作原理分类

根据数据在 RFID 阅读器与电子标签之间的通信方式，RFID 系统可以划分为 3 种，即半双工系统、全双工系统和时序系统，如图 2-2 所示。

（1）半双工系统

在半双工（HDX）系统中，从电子标签到阅读器的数据传输与从阅读器到电子标签的数据传输是交替进行的。当频率在 300MHz 以下时，常常使用负载调制的半双工法，可不使用副载波，其电路也很简单。与此很相近的方式是来源于雷达技术的调制反射截面的方法，其工作频率在 1 000MHz 以上。负载调制和调制反射截面直接影响由阅读器产生的磁场或电磁场。

（2）全双工系统

在全双工（FDX）系统中，数据在电子标签和阅读器之间的双向传输是同时进行的。其中，电子标签发送数据，所用频率为阅读器的几分之一，即采用分谐波，或是用一种完全独立的非谐波频率。

（3）时序系统

在时序（SEQ）系统中，从阅读器到电子标签的数据传输和能量供给与从电子标签到阅读器的数据传输在时间上是交叉进行的，即脉冲系统。

半双工与全双工两种方式的共同点是，从阅读器到电子标签的能量供给是连续的。与数据传输的方向无关。而与此相反，在使用时序系统的情况下，从阅读器到电子标签的能量供给总是在限定的时间间隔内进行，从电子标签到阅读器的数据传输是在电子标签的能量供给间歇时进行的。

这 3 种通信方式的时间过程说明如图 2-2 所示。阅读器到电子标签的数据传输定义为下行，电子标签到阅读器的数据传输定义为上行。

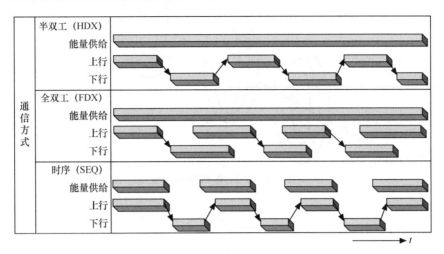

图 2-2 RFID 的 3 种通信方式示意图

2.1.3 RFID 系统的基本原理

RFID 系统的基本原理工作流程如下。

（1）读写器将无线电载波信号周期性地通过天线向外部发射。

（2）电子标签进入读写器天线的有效工作范围后，电子标签被激活，将自身的信息发射出去。

（3）读写器的接收天线接收到标签的信号后，经过解调解码等操作，还原数据并通过通信接口传输给后台数据库系统。

（4）数据库系统根据一定的运算规则判断标签的合法性，并根据不同情况按照程序设定做出相应的判断和处理。

2.2 电磁学基础

RFID 是一门典型的交叉学科，涉及通信、电磁学、天线技术等多门学科，本章主要系统地阐述 RFID 系统中的电磁学基础，从电磁学方面了解 RFID 系统的本质。

2.2.1 磁场强度 H

每个运动的电荷（导线或真空中的电子），或者说电流，都伴随有磁场。磁场强度可以通过作用到磁针（指南针）或作用到第二个电流上的力得到验证。磁场的大小用磁场强度 H 表示，与所在空间的物质属性无关，如图 2-3、图 2-4 所示。

$$\sum I = \oint \vec{H} \cdot \mathrm{d}\vec{s} \tag{2-1}$$

可以用式（2-1）来计算各种不同载流导体的磁场强度 H。

对直线载流体来说，在半径为 r 的环形磁力线上，其磁场强度 H 是恒定的，表示为

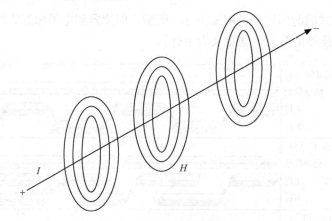

图2-3　载流导体周围的磁力线

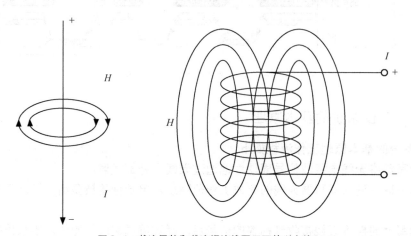

图2-4　载流导体和载流螺旋线圈周围的磁力线

$$H = \frac{I}{2\pi r} \tag{2-2}$$

为了在电感耦合式射频识别（RFID）系统的写入设备中产生交变磁场，采用了所谓的"短圆柱形线圈"或用导体回路来做磁性天线，如图 2-5 所示。

当被测点沿线圈轴（x 轴）方向离开线圈中心时，磁场强度 H 随着距离 x 的增加不断减弱。研究表明，从线圈的半径（或面积）到一定距离的磁场强度几乎是不变的，而后则急剧下降。在自由空间，线圈的近场中，磁场强度的衰减大约为 60dB/10 倍频程，在形成电磁波的远场中变得比较平缓，为 20dB/10 倍频程。

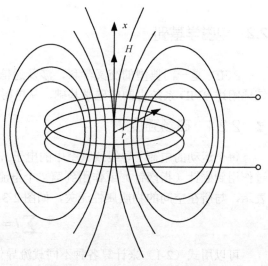

图2-5　短圆柱线圈或导体回路

式（2-3）可以计算沿着圆形线圈（等于导体回路）的 x 轴的磁场强度曲线，此线圈与电感耦合式射频识别系统用的发射天线类似。

$$H = \frac{I \cdot N \cdot R^2}{2\sqrt{\left(R^2 + x^2\right)^3}} \qquad (2-3)$$

式中，N 为线圈匝数，R 为圆半径，x 为沿 x 轴方向与线圈中心的距离。

使用式（2-3）的有效边界条件是 $d \ll R$ 和 $x < \lambda/2\pi$ 时，当距离 $> 2\pi$ 时，开始过渡到远距离的电磁场。

当距离为 0 时，或者在天线的中心点处，式（2-3）可简化为

$$H = \frac{I \cdot N}{2R} \qquad (2-4)$$

对于边长为 $a \times b$ 的矩形导体回路，在距离为 x 处的磁场强度曲线可用式（2-5）计算。这种形式经常被用作发送天线。

图 2-6 给出了距离为 0～20m 的三种不同天线计算得到的磁场强度曲线 $H(x)$。对于每种天线，其线圈匝数和天线电流均保持不变，区别仅仅是天线的半径 R 不同。计算用下列值进行：$R_1 = 5.5\,\mathrm{cm}$，$R_2 = 7.5\,\mathrm{cm}$，$R_3 = 1\,\mathrm{cm}$。

$$H = \frac{I \cdot N \cdot ab}{4\pi\sqrt{\left(\dfrac{a}{2}\right)^2 + \left(\dfrac{b}{2}\right)^2 + x^2}} \cdot \left(\frac{1}{\left(\dfrac{a}{2}\right)^2} + \frac{1}{\left(\dfrac{b}{2}\right)^2 + x^2} \right) \qquad (2-5)$$

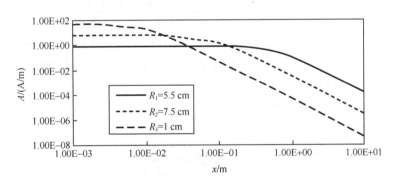

图 2-6　磁场强度随距离变化曲线

计算结果证实：在与天线线圈距离很小（$x < R$）的情况下，磁场强度的上升是平缓的。有趣的是：两种较小的天线在其中心处呈现出较高的磁场强度，而较大的天线在较远的距离（$x > R$）处显现出较高的磁场强度。在电感耦合式射频识别系统的天线设计中，应当考虑这种效应。

2.2.2　磁通量和磁通量密度

一个（圆柱形）线圈的磁场能够对磁针施加作用力。如果将软铁芯放入（圆柱形）线圈中，其他条件都不变，线圈对磁针的作用力将增加。因为 $I \times N$ 不变，磁场强度 H 也保持不变，然而，对产生作用力起主要作用的磁通量密度，也就是磁力线总数增加了。

我们把通过一个圆柱形线圈内部空间的所有磁力线的总数称作磁通量 Φ。此外，还使用

一个与面积 A 有关的量，即磁通量密度 B。

磁通量可表示为

$$\Phi = B \cdot A \tag{2-6}$$

磁通量密度 B 与磁场强度 H 的物理关系（见图 2-7）可用公式表示为：

$$B = \mu_0 \mu_r H = \mu H \tag{2-7}$$

式中，μ_0 是真空磁导率（$\mu_0 = 4\pi \cdot 10^{-7} \text{ H/m}$）。$\mu_r$ 被称作相对磁导率，用以说明材料的磁导率比 μ_0 大多少或小多少。

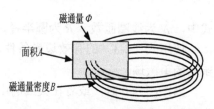

图 2-7　磁通量与磁通量密度之间的关系

2.2.3　电感 L

围绕任意形状的导体，在其周围都能产生磁场，也就有磁通量 Φ。如果导体形成回路（线圈），则将使磁通量明显增强。通常，不是只有单个的导体回路，而是有 n 个相同面积 A 的回路，每个回路都有相同的电流 I。每个导电回路对总磁通量 Φ 贡献出相同的部分 Φ。

$$\Psi = \sum_N \Phi_N = N \cdot \Phi = N \cdot \mu \cdot H \cdot A \tag{2-8}$$

在电流 I 包围的总面积中产生的磁通量 Ψ，与导体（导体回路）中包围它的电流 I 之比就被称为电感 L，如图 2-8 所示。

$$L = \frac{\Psi}{I} = \frac{N \cdot \Phi}{I} = \frac{N \cdot \mu \cdot H \cdot A}{I} \tag{2-9}$$

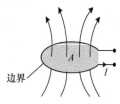

图 2-8　电感 L 的定义

电感是导体回路（线圈）的一种特性参量。导体回路（线圈）的电感仅仅取决于磁通量所穿过的空间的物质特性（磁导率）及几何布局。

假定导线的直径 d 与导体回路直径 D 之比很小（$d/D < 0.001$），导体回路的电感可简单地近似为

$$L = N^2 \mu_0 R \cdot \ln\left(\frac{2R}{d}\right) \tag{2-10}$$

式中，R 是导体回路的半径；d 是使用的导体的直径。

2.2.4　互感 M

如果在通有电流的导体回路 1（面积 A_1，电流 I_1）的邻近处还有另外一个有电流通过的导体回路 2（面积 A_2），那么穿过 A_1 的磁通量中也有一部分穿过 A_2。两个电路将通过这部分磁通量，即耦合磁通量，连结在一起。耦合磁通量 Ψ_{21} 取决于两个导体回路的几何尺寸、导体回路彼此的位置及介质的磁属性（即磁导率）。

与单个导体回路的（自）电感 L 的定义相似，导体回路 2 与导体回路 1 的互感 M_{21} 是被回路 2 包围的部分磁通量 Ψ_{21} 与回路 1 中的电流 I_1 之比：

$$M_{21} = \frac{\Psi_{21}(I_1)}{I_1} = \oint_{A_2} \frac{B_2(I_1)}{I_1} \cdot \mathrm{d}A_2 \tag{2-11}$$

　　类似地，这里还有一个互感 M_{12}。电流 I_2 流经导体回路 1，因而决定了在回路 1 中的耦合磁通量 Ψ_{12}，如图 2-9 所示。下面的互逆关系成立：

$$M + M_{12} = M_{21} \tag{2-12}$$

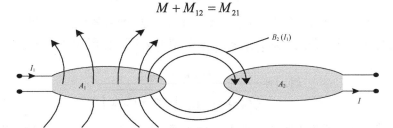

图 2-9　两个线圈的部分磁通量的耦合产生互感

　　互感描述两个电路通过磁场介质产生的耦合。在两个电路之间总是存在着互感，其量纲和单位与电感一致。

　　互感 M 曲线与沿 x 轴方向分布的磁场强度 H 曲线有着很大的相似性。假设在同质的磁场中，两个线圈的互感 M_{12}，可以根据式（2-13）进行计算，得

$$M_{12} = \frac{B_2(I_1) \cdot N_2 \cdot A_2}{I_1} = \frac{\mu_0 \cdot H(I_1) \cdot N_2 \cdot A_2}{I_1} \tag{2-13}$$

　　将 $H(I_1)$、$A = R^2\pi$ 代入式（2-13），得

$$M_{12} = \frac{\mu_0 \cdot N_1 \cdot R_1^2 \cdot N_2 \cdot R_2^2 \cdot \pi}{2\sqrt{\left(R_1^2 + x^2\right)^3}} \tag{2-14}$$

　　为了保证在 A_2 面积内的磁场均质性，应满足 $A_2 \leqslant A_1$ 的条件。由于互感律为 $M = M_{12} = M_{21}$，所以在 $A_2 \geqslant A_1$ 的情况下，其互感可由式（2-15）计算。

$$M_{21} = \frac{\mu_0 \cdot N_1 \cdot R_1^2 \cdot N_2 \cdot R_2^2 \cdot \pi}{2\sqrt{\left(R_2^2 + x^2\right)^3}} \tag{2-15}$$

2.2.5　耦合因数 k

　　互感是两个导体回路的磁通量耦合的定量描述。我们引入耦合因数 k 来对导体回路的耦合做定性描述，使其与导体回路的几何尺寸无关。关系式为

$$k = \frac{M}{\sqrt{L_1 \cdot L_2}} \tag{2-16}$$

　　耦合因数总是在两个值 $0 \leqslant k \leqslant 1$ 之间变化。

　　$k=0$：由于距离太远或磁屏蔽导致完全失耦。

　　$k=1$：全耦合。两个线圈处于相同的磁通量 Φ 中。全耦合变压器技术应用之一是将两个或多个线圈绕制在一种高导磁的铁芯上。

　　只有对很简单的天线布局才能分析计算。例如，对两个平行的、在 x 轴上同芯的导体回路，其耦合因数可按照给出的公式近似估算。然而，这个公式只有在导体回路半径 $r_{标签} \leqslant r_{读写器}$ 的条件下才适用。在 x 轴上的两个导体回路之间的距离以 x 来表示，则有

$$k(x) \approx \frac{r_{应答器}^2 \cdot r_{读写器}^2}{\sqrt{r_{应答器} \cdot r_{应答器}} \cdot \left(\sqrt{x^2 + r_{读写器}^2}\right)^3} \tag{2-17}$$

由于耦合因数与互感 M 的固定联系及 $M = M_{12} = M_{21}$ 的有效性，尽管发送天线小于电子标签天线，仍可使用这一公式。对 $r_{标签} \geqslant r_{读写器}$ 的情况来说，使用式（2-18）。

$$k(x) \approx \frac{r_{应答器}^2 \cdot r_{读写器}^2}{\sqrt{r_{应答器} \cdot r_{应答器}} \cdot \left(\sqrt{x^2 + r_{应答器}^2}\right)^3} \tag{2-18}$$

当导体回路之间的距离为零（$x=0$）且天线半径 r 相等（$r_{标签} = r_{读写器}$）时，耦合因数 $k(x)$ 为 1，这是因为此时的导体回路互相重叠，并且有相同的磁通量 Ψ 通过。

2.2.6 感应定律

磁通量 Φ 的任何变化都产生一个电场强度 E_i，用感应定律可以描述磁场的这种特性。

在这种情况下，产生电场的作用取决于周围环境的物质性能。图 2-10 表明了几种可能的作用情况。

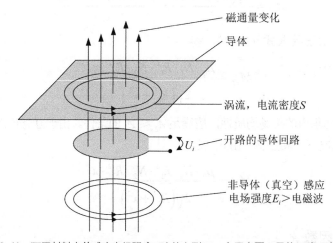

图 2-10 不同材料中的感应电场强度 E（从上到下：金属表面、导体回路、真空）

- 真空：在真空中，磁场强度 H 引起一种旋转电场。磁通量（天线线圈中的高频电流）的周期性改变，形成一种向远方传播的电磁场。
- 开路的导体回路：在几乎闭合的导体回路的端点，形成开路电压，通常被称作感应电压。这种电压等于沿在空间内导体回路的曲线形成的电场强度 E 的线积分（回路积分）。
- 金属表面：在金属面也能感应出电场强度 E。这使得自由电荷载流子沿电场强度的方向流动，产生环形电流，即所谓的涡流。这种电流抵抗激励的磁通量（楞次定律），使得金属表面附近的磁通量大大衰减。这种效应对电感耦合式射频识别系统（在金属面上安装电子标签或阅读器的天线）来说不是所期望的。因此，必须采取适当的办法防止。

感应定律的一般形式为

$$u_i = \oint E_i \cdot ds = -\frac{d\Psi(t)}{dt} \tag{2-19}$$

对于具有 N 匝的导体回路，也可以有 $u_i = N \cdot \mathrm{d}\Psi / \mathrm{d}t$ （如果进行 N 次闭路积分，则回路积分值 $\int E_i \cdot \mathrm{d}s$ 可增大 N 倍）。

为了理解电感耦合式射频识别系统，我们将关注电磁感应对磁耦合导电回路的影响。

导体回路 L_1 中的随时间变化的电流 $i_1(t)$ 产生了随时间变化的磁通量 $\mathrm{d}\Phi(i_1)/\mathrm{d}t$。根据电磁感应定律，在由全部或部分磁通量穿过的导体回路 L_1 和 L_2 感应出电压。我们可以区分为两种情况。

- 自感：由电流变化 $\mathrm{d}i_n / \mathrm{d}t$ 引起的磁通量变化在同一导体回路中感应的电压。
- 互感：由电流变化 $\mathrm{d}i_n / \mathrm{d}t$ 引起的磁通量变化在邻近的导体回路 L_m 中感应的电压。通过互感，两个导体回路相互耦合。

图 2-11 是耦合的导体回路的等效电路图。在电感耦合式射频识别系统中，L_1 是初级发送天线，L_2 代表次级接收天线，R_2 为次级发送天线的线圈阻值，R_L 是负载电阻。

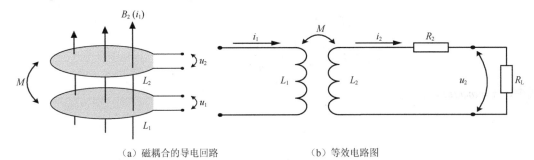

(a) 磁耦合的导电回路 　　　　　　　(b) 等效电路图

图 2-11　耦合的导电回路的等效电路图

导体回路 L_1 中的随时间变化的磁通量通过互感 M 在导体回路 L_2 中感应电压 u_{2i}。流过的电流在线圈电阻 R_2 两端产生附加的压降，这一电压 u_2 可在终端处测得。通过负载电阻 R_L 的电流可由 u_2/R_L 来计算。此外，通过 L_2 的电流对自身也产生了磁通量，它与磁通量 $\Psi_1(i_1)$ 相反。

综上所述可得出式（2-20）：

$$u_2 = \frac{\mathrm{d}\Psi_2}{\mathrm{d}t} = M\frac{\mathrm{d}i_1}{\mathrm{d}t} - L_2\frac{\mathrm{d}i_2}{\mathrm{d}t} - i_2 R_2 \tag{2-20}$$

因为在实践中 i_1 和 i_2 都是正弦形（高频）交流电，所以，可以把式（2-20）用更合适的复数记号写出（式中，$\omega = 2\pi f$）。

$$u_2 = \mathrm{j}\omega M \cdot i_1 - \mathrm{j}\omega M \cdot L_2 - i_2 R_2 \tag{2-21}$$

如果在式（2.21）中把 i_2 用 u_2/R_L 代替，并就此式对 u_2 求解：

$$u_2 = \frac{\mathrm{j}\omega M \cdot i_1}{1 + \dfrac{\mathrm{j}\omega L_2 + R_2}{R_L}} \quad \left| \begin{array}{l} R_L \to \infty : u_2 = \mathrm{j}\omega M \cdot i_1 \\ R_L \to 0 : u_2 \to 0 \end{array} \right. \tag{2-22}$$

2.2.7　空间电磁波

在甚低频和低频工作的大部分天线，它们的电尺寸都非常小，如细线偶极天线和单极天线。这类天线由于电尺寸极小，其电流可视为均匀分布，即可作为电流元来分析。另一方面，对于诸如半波天线之类的谐振式天线，可与波长相比拟的天线，若通过分析或计算获知其上的电流分布，其辐射特性可通过线天线上每一微分电流元的辐射场的迭加来分析。因此电流元的辐射特性，既是很多低频天线自身的工程特性，也是各类天线辐射特性分析求解的基础。

假设一个电流元位于如图 2-12 所示的坐标原点。空间中一点（x,y,z）在 xoy 平面上的投影与 x 轴的夹角为 ϕ，其与原点的连线与 z 轴的夹角为 θ，那么此点处的电场和磁场强度分别为

$$E_{\mathrm{r}} = \eta \frac{I_0 l \cos\theta}{2\pi r^2}\left[1 + \frac{1}{\mathrm{j}kr}\right]\mathrm{e}^{-\mathrm{j}kr}$$

$$E_{\theta} = \mathrm{j}\eta \frac{kI_0 l \cos\theta}{4\pi r}\left[1 + \frac{1}{\mathrm{j}kr} - \frac{1}{(kr)^2}\right]\mathrm{e}^{-\mathrm{j}kr} \tag{2-23}$$

$$E_{\phi} = 0$$

$$H_{\mathrm{r}} = H_{\theta} = 0$$

$$H_{\phi} = \eta \frac{kI_0 l \sin\theta}{4\pi r}\left[1 + \frac{1}{\mathrm{j}kr}\right]\mathrm{e}^{-\mathrm{j}kr} \tag{2-24}$$

式中，$k = \omega\sqrt{\mu\varepsilon}$。

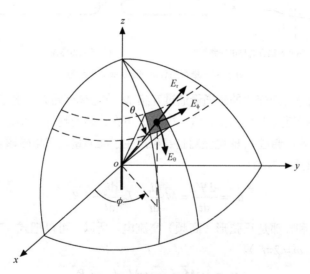

图 2-12　电流元的空间辐射图

从某点辐射的电磁波在空间构成一个球体形。同时，通过电磁波能够向周围空间传输能量。随着与辐射源的距离增加，其能量分布到更大的球形表面上。为了描述这种关系，人们提出了单位面积内的辐射功率，即辐射功率密度的概念，辐射功率密度（W）又称为坡印廷矢量。

$$W = \frac{1}{2}\left(E \times H^*\right) = \frac{1}{2}\left(\hat{a}_{\mathrm{r}}E_{\mathrm{r}} + \hat{a}_{\theta}E_{\theta}\right) \times \left(a_{\phi}H_{\phi}^*\right)$$
$$= \frac{1}{2}\left(\hat{a}_{\mathrm{r}}E_{\theta}H_{\phi}^* + \hat{a}_{\theta}E_{\mathrm{r}}H_{\phi}^*\right) \tag{2-25}$$

那么辐射到半径为 r 的球面上的总功率 P 为

$$P = \oiint_s W \cdot \mathrm{d}s = \int_0^{2\pi} \int_0^{2\pi} \left(\hat{a}_r W_r + \hat{a}_\theta W_\theta \right) \cdot \hat{a}_r r^2 \sin\theta \mathrm{d}\theta \mathrm{d}\phi \qquad (2\text{-}26)$$

2.2.8 S 参数

二端口网络的 S 参数模型如图 2-13 所示，其中 a_1 和 b_1 表示端口 1 的入射波和反射波，a_2 和 b_2 表示端口 2 的入射波和反射波。用端口 1 和端口 2 的入射波来表示端口 1 和端口 2 的反射波，可以得到方程：

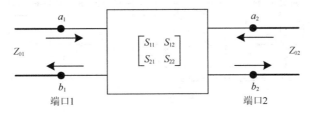

图 2-13 二端口网络的 S 参数模型

$$\begin{cases} b_1 = S_{11}a_1 + S_{12}a_2 \\ b_2 = S_{21}a_1 + S_{22}a_2 \end{cases} \qquad (2\text{-}27)$$

或

$$\begin{bmatrix} b_1 \\ b_2 \end{bmatrix} = \begin{bmatrix} S_{11} & S_{12} \\ S_{21} & S_{22} \end{bmatrix} \begin{bmatrix} a_1 \\ a_2 \end{bmatrix} \qquad (2\text{-}28)$$

式中，参数 S_{11}、S_{12}、S_{21}、S_{22} 代表了反射系数和传输系数，称为二端口网络的散射参数。

根据 S 参数方程，S 参数可以表示如下。

$S_{11} = \dfrac{b_1}{a_1} \bigg|_{a_2=0} = \Gamma_{\mathrm{in}} \big|_{a_2=0}$，表示端口 2 匹配时，端口 1 的反射系数；

$S_{22} = \dfrac{b_2}{a_2} \bigg|_{a_1=0} = \Gamma_{\mathrm{in}} \big|_{a_1=0}$，表示端口 1 匹配时，端口 2 的反射系数；

$S_{12} = \dfrac{b_1}{a_2} \bigg|_{a_1=0}$，表示二端口网络的反向增益；

$S_{21} = \dfrac{b_2}{a_1} \bigg|_{a_2=0}$，表示二端口网络的前向增益。

从定义上可以看出 S 参数的优点。它是在端口 1 和端口 2 匹配的条件下测量的，即 a_1=0，或者 a_2=0。在天线的 S 参数测量中，在天线的输入点连接到矢量网络分析仪上就能直接测量天线的 S 参数。天线 S_{11} 参数表示天线馈电点输入的能量有多少由于阻抗不匹配而反射回去。

2.3 收发机

收发机是无线通信系统中由发射机和接收机组成的一个系统，完成信号由比特流到空间电磁波的转换传递并再一次变为比特流的过程。收发机结构的选择直接影响系统的电路设计，包括电路的复杂度、各级电路的工作频率、增益、噪声系数、线性度和功耗等指标。在无线收发机中，常用的收发机结构比较多，RFID 系统中的无线收发机，特别是标签的无线收发机，由于成本和标签电路规模等限制，采用超外差接收机作为物理层接口。RFID 收发机主要由三部分组成：发射通道、接收通道和频率产生部分，其典型结构如图 2-14 所示。发射通道通过上变频技术实现基带信号调制和通带信号处理；接收通道实现对所接收到的信号的下变频和解调；频率发生单元实现载波的产生和分配。

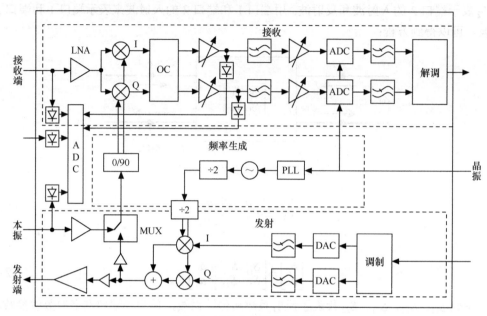

图 2-14 RFID 收发机结构示意图

2.3.1 发射机

一个 RFID 发射机有两个基本任务。在下行阶段，它必须提供功率启动被动标签，并调制其信号，从而能发送标签命令和数据。在上行阶段，发射机必须提供一个未调信号，标签可以反向散射，以便返回数据给接收机。发射机必须能够工作在任意大量的无线电信道精度的百万分之几的频率，并从一个信道迅速切换到另一个信道，为了满足无证使用的需求。为了获取良好的读取范围，发射机应该提供相关监管机构所允许的最大输出功率。在手持式或便携式应用中，它应该做成消耗尽可能小的直流电源。

简单的发射机包含一个提供载波信号的合成器、一个切换信号开与关的交换器及一个提供足够输出功率的放大器。

通过改变提供给功率放大器的直流电源从而改变输出放大器的供应功率，当脉冲幅度小时，发射机的功率能被顺利改变同时最小化直流功率消耗。因为降低直流电压可能会引起信号延迟（显示为输出信号的意外相位或者频率调制）或附加变形的变化，所以在变现好的放大器中需要一些校准来建立一系列的电压。

上面描述的发射器只能提供发射信号的振幅控制，并不改变载体的相位。相位调制可以在存在噪声时提高信号的检测，并在给定的数据率时，减少所需频谱的数量。被动 RFID 中相位调制的使用因标签仅能提取阅读器信号的振幅这一事实而受限。典型的发射机构架如图 2-15 所示。

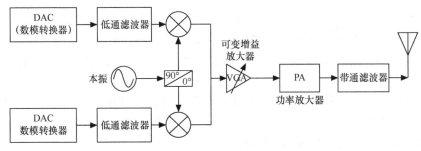

图 2-15 发射机的基本构架

2.3.2 接收机

RFID 收发机与一般的无线收发机的最大不同是 RFID 收发机在读取标签时需要瞬时处理大量的接收信号。由于发射通道和接收通道的隔离度影响发射通道中信号的大小，接收机需要能够承受高于 5dBm 的发射信号的泄露信号。这要求接收机前端有较高的压缩点，并限制前端增益小于 0dB。

接收机最终决定了无线链路的性能。给定的发射机功率、链路的覆盖范围将依赖于接收机的灵敏度，而接收机的灵敏度不受任何规定或者标准的限制。在 RFID 系统中，特别是被动 RFID 系统中，有效工作距离只要求为数米或数十米。在这种情况下，结构复杂性、体积和成本成为主要考虑因素。

超外差体系结构 1917 年由阿姆斯特朗发明以来，已被广泛采用。图 2-16 为超外差接收机结构框图。在此结构中，由天线接收的射频信号首先经过射频带通滤波器、低噪声放大器（LNA）和镜像干扰抑制滤波器，进行第一次下变频，产生固定频率的中频信号。然后，中频信号经过中频带通滤波器将邻近的频道信号去除，再进行第二次下变频得到所需的基带信号。低噪声放大器前的射频带通滤波器衰减了带外信号和镜像干扰。第一次下变频之前的镜像干扰抑制滤波器用来抑制镜像干扰，将其衰减到可接受的水平。使用可调的本地振荡器，全部频谱被下变频到一个固定的中频。下变频后的中频带通滤波器用来选择信道，称为信道选择滤波器。此滤波器在确定接收机的选择性和灵敏度方面起着非常重要的作用。第二次下变频是正交的，以产生同相 I 和正交 Q 两路基带信号。

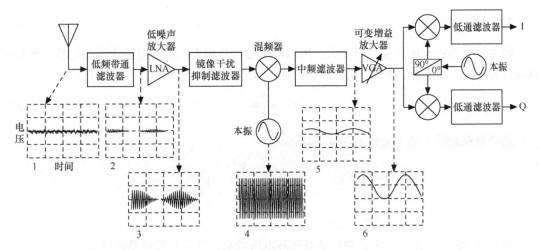

图 2-16 超外差接收机

超外差体系结构被认为是最可靠的接收机拓扑结构，因为适当地选择中频频率、高品质的射频滤波器（镜像抑制）和高品质的中频滤波器（信道选择），一个精心设计的超外差接收机可以获得极佳的灵敏度、选择性和动态范围，因此长久以来成为高性能接收机的首选。

超外差接收机使用混频器将高频信号搬到一个较低的中频频率后再进行信道滤波、放大和调制，从而有效解决了高频信号处理遇到的困难。同时，超外差结构有多个变频级，直流偏差和本振泄露问题不会影响接收机的性能。

但是，由于镜像干扰抑制滤波器和信道选择滤波器均为高 Q 值带通滤波器，它们只能在片外实现，从而增大了接收机的成本和尺寸。目前，要利用集成电路制造工艺将这两个滤波器与其他频率电路一起集成在一块芯片上存在很大的困难。因此，超外差接收机的单片集成因受到工艺技术方面的限制而难以实现。

下变频器将射频信号频率和本振频率混频后降为频率固定的中频信号，中频频率为 $\omega_{\mathrm{IF}}=\left|\omega_{\mathrm{RF}}-\omega_{\mathrm{LO}}\right|$。由于中频远小于信号频率，因此在中频段选择有用信道比在载频段选择对滤波器 Q 值的要求低得多。例如，美洲 IS-95 蜂窝移动通信系统的发射频带为 824MHz～849MHz，接收频带为 869MHz～894MHz，频带带宽分别为 25MHz，其中每个频带的信道数量为 832，信道带宽为 30kHz。我国 GSM 系统的上行频带为 890MHz～915MHz（移动台发、基站收），下行频率为 935MHz～960MHz（移动台收、基站发），频带宽均为 25MHz，信道带宽为 200kHz。由于中频滤波器的中心频率较低，带宽可以比较小，因此中频滤波器用来选择信道。

2.3.3　放大器

在 RFID 系统中，发射通道上存在功率放大器，在接收通道上有低噪声放大器，它们有以下基本功能。

（1）通过隔离振荡器和天线，减小接近效应。

（2）补偿信号经过寄生相应滤波器后的损失。

（3）为可能的 ASK 调制方式提供手段。

（4）增大功率输出，增强信号或者扩大信号覆盖范围。

用于 RFID 系统中的放大器主要关注 3 个参数：增益、功率、带宽。

1. 增益

因为放大器的作用是使信号变大，所以最重要、最根本的参数是放大器的增益。增益可以以几种不同的方式进行测量和反映。电压增益是输出电压和输入电压大小的比率。

$$G_{\mathrm{v}}=\frac{V_{\mathrm{out}}}{V_{\mathrm{in}}} \tag{2-29}$$

功率增益是输出功率与输入功率之比。

$$\begin{aligned} P_{\mathrm{in}}&=\frac{V_{\mathrm{in}}^{2}}{2R} \\ P_{\mathrm{out}}&=\frac{V_{\mathrm{out}}^{2}}{2R} \end{aligned} \rightarrow G=\frac{P_{\mathrm{out}}}{P_{\mathrm{in}}}=\frac{\dfrac{V_{\mathrm{in}}^{2}}{2R}}{\dfrac{V_{\mathrm{out}}^{2}}{2R}}=\frac{V_{\mathrm{in}}^{2}}{V_{\mathrm{out}}^{2}}=G_{\mathrm{v}}^{2}$$

增益以 dB 为单位。无论是功率增益还是电压增益，其分贝数值是相同的。

$$G_{dB} = 10\log\frac{P_{out}}{P_{in}} = 20\log\frac{V_{out}}{V_{in}} \tag{2-30}$$

放大器工作在微波频段时通常是 10～20dB 的增益（原因在于输入功率增大为原来的 10～1 000 倍）。对于大多数 RFID 系统来说，一旦信号被转换成基带频率范围不超过 1MHz 的信号，那么从一个单一的放大器级是很容易获得 30～50dB 增益的。

增益的获得很重要，因为载有信息的信号可能很微弱。例如，一个 RFID 无线接收器，离发射机仅有几米远的一个标签，标签接收到的信号可以小到-60dBm。这种功率对应的峰值电压约为 0.3mV。我们可以让它的幅度为 0.3V 左右，因此需要一个使它的电压增益为 1 000dB 或 60dB 的系统，以此获得足够大的输入信号。还需要更大的增益，来弥补在经过滤波器和混频器时损失的增益，所以在 RFID 接收器的无线链中总共需要 90～100dB 的增益。

2. 功率

放大器的第二个重要参数是其最大输出功率，通常表示为 Psat，表明放大器输出已达到饱和，无法再进一步增加。显然，当放大器饱和时，它是没有增益的：即在输入电压或功率有一个小的变化时不会影响其输出功率，这是因为功率已经达到最高。与此密切相关的常用参数是 1dB 压缩功率 P_{1dB}：一个常用的与之密切相关的参数是功率 1dB 压缩点（P1DB），也就是在输入功率很低时，增益减小 1dB 时的输入功率点。

在大多数类型的无线设备中，设计者们需要考虑接收机中的功率处理能力。然而，在 RFID 读写器中，尤其是当使用单态天线时总是存在一个大的反射信号，而设计者又必须确保在接收机中该信号不使放大器饱和并且防止标签信号被阅读。在设计的 RFID 发射机中，最终输出放大器的输出功率决定了读写器能够提供的最大可能功率。读写器电源在确定针对被动式标签的读取范围时是一个关键因素。因此输出功率放大器必须额定足够支持当地政府允许的尽可能多的信号的功率。在读写器中，由于这些高功率的要求，输出功率放大器往往是最大的使用单一直流电源的器件。

3. 带宽

一个放大器的带宽是它可以放大的频率范围。在 RFID 接收机中，大多数增益或所有增益将都放置在基带部分，需要足够的带宽。发射机放大器必须工作在整个 UHF 频率。需要注意的是，带宽足够是好的，过多的带宽则不一定。由于电路内存在意外反馈路径，一个放大器的增益频率远高于预期的工作频率时，可能会受到意外的寄生振荡。

在涉及具体的发射或者接收通道时，还需要考虑到放大器与前后级的输入输出阻抗匹配，以获得最大的输出功率。

2.3.4 混频器

混频器的作用是把信号从一个频率转换到另外一个频率，同时保持该信号中包含的调制信息。它通过混合所需的信号与本地振荡器（LO）产生的未调制信号来达到目的，如图 2-17 所示。

为了实现这一转换，在输入与输出电压之间存在某种非线性关系。实际的混频器近似于开关，如图 2-18 所示。当该开关处于打开状态时，输入信号被直接传递到输出端。当开关处于关闭状态时，其输出信号是 0。当开关被接通和关闭的输入信号是相同的频率时，输出电压将是完全相同形状的一系列脉冲。当过滤掉输出信号的高频部分，或者等价地平均一个周期或者两个周期的输出信号，将得到一个恒定的输出电压。也就是说用一个开关（混频器）将位于915MHz的射频信号转换成了位于0MHz的直流信号。

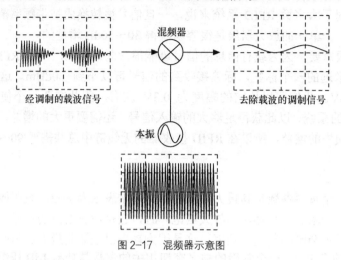

图 2-17　混频器示意图

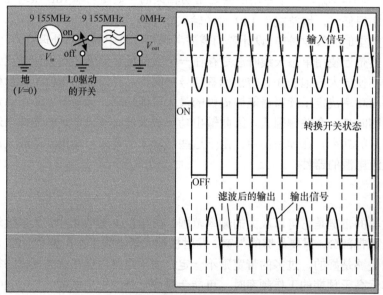

图 2-18　混频器示意图

图 2-18 的混频器是使用晶体管或二极管作为开关元件实现的。LO 电压被连接到该晶体管的栅极或基极，和开关之间形成全导通和全关状态。由于晶体管具有有限的电容和开关速度，而来自本机振荡器的输入电压通常是正弦曲线，所以过渡需要时间，而不是瞬时变化的。此外，真正的晶体管具有关断门限，导通区域不完美的线性可能导致信号失真。

2.3.5　振荡器与合成器

振荡器是用来产生重复的电子信号（通常是正弦波或方波）的电子元件。其构成的电路叫振荡电路，是能将直流电转换为具有一定频率交流电信号输出的电子电路或装置。

合成器是将一个高精确度和高稳定度的标准参考频率的信号经过混频、倍频、与分频等最终产生大量具有同样精确度和稳定度的频率源。

在现代无线电设备中，使用一个相位锁定环（PLL）与一个非常精确的参考频率的压控振荡器（VCO）的输出频率来产生精确的频率相比，后者提供了一个由石英晶体制成的微小机电谐振器。频率合成器由 PLL、VCO 和适当的控制电路组成，图 2-19 是合成器的简化框图。

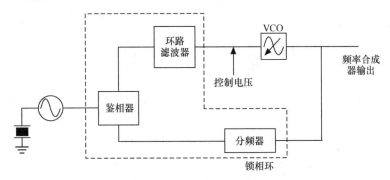

图 2-19　频率合成器的简化框图

石英的独特特性允许设计一个提供品质因数为 10^6 的廉价的谐振器，并且在谐振频率时几乎不依靠室温环境。因此，百万分之几的精度是可以实现的。然而，典型的谐振器采用了一个体积很大的谐振模式，因为它的频率是由晶体的厚度来控制的，所以，较高频率则要求更薄的晶体。

VCO 的输出分成几个部分，只有一部分的输出连接了分频器。经分频器输出后的信号发送到鉴相器，鉴相器测量基准信号上升沿和分频器输出信号上升沿之间的时间差。当这个时间差恒定时，VCO 的输出是基准频率的整数倍。相位检测器的输出被一个环路滤波器过滤，这是个低通滤波器，它允许谐调电压在环内保持缓慢的变化，以便保持循环稳定，并且还用作 VCO 的输入过滤。

2.3.6　滤波器

滤波器是对特定频率的频点或该频点以外的频率进行有效滤除的电路。通常分为三种类型：低通、高通和带通，如图 2-20 所示。滤波器与混频器和 LO 信号，选择所需的信号，同时抑制其他信号和多余的噪声信号。

直接转换的无线电信号，载波频率和基带信号都需要滤波。在接收机中，RF 带通滤波器用来选择信号。由于 RF 滤波器无法滤除通带频率附近的所有干扰信号，所以基带滤波器必须全部完成抑制带外干扰，以及选择所需的无线电通道的繁重任务。

1. RF 滤波器

由分立元件组成的带通滤波器实质上是一个谐振电路，如图 2-21 所示。这里所说的是理想谐

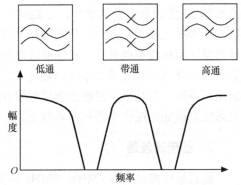

图 2-20　三种类型滤波器的普通原理图符号

振器，没有能量损失，只允许共振频率通过，但实际电路有有限的损失。损失导致一定宽度

的频带通过谐振电路，带宽与 Q 成反比，如图 2-22 所示（请注意图 2-22 中的输出频率特性，为方便起见，将其归一化到 1Ω，取值不同会改变峰值的位置，但带宽不会改变。正如图 2-22 中的右半部分所示，品质因数也决定滤波器的通频带宽度）。

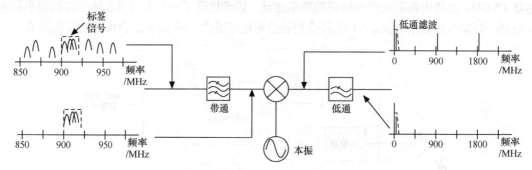

图 2-21　波段选择和通道选择滤波器的简化接收器框图

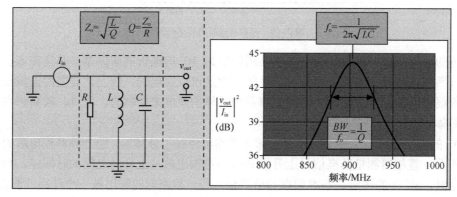

图 2-22　采用并联谐振电路，带通特性的简单滤波器

　　带宽选择滤波需要可实现高 Q 值、小体积、低成本技术。有几种方法可提供高品质因数和在微波频率下小体积的滤波器。许多方法依赖于一个事实，即声波（机械）振动的传输速度比电磁波要慢得多，因此，包含一个或多个声音波长的谐振装置要比采用电磁共振的类似装置小得多。

　　一个典型的 RF 频带（或镜像抑制）经过滤波器的信号示意图如图 2-23 所示，信号通过滤波器以 dB 为单位发送频率。在 ISM 频带内，通过滤波器的损失只有 2.3dB ± 0.3dB，该传输被称为插入损耗。因为频带中的损失是由于滤波器插入电路中引起的。低插入损耗对于信号的发送和接收都很重要。发送滤波器的插入损耗是信号功率，因此，滤波器的损耗意味着更大的发射功率放大器成本和消耗更多的直流电源。在接收侧，滤波器的损耗基本上等于它的噪声系数，并且由于滤波器通常放置在低噪声放大器或混频器之前，所以滤波器的噪声系数必须直接加在接收端的噪声系数上。

2. 基带滤波器

　　虽然某些协议使用 2MHz～3MHz 的高频率声调，一旦标签信号被下变频，所得到的频谱带宽通常是小于 1MHz 的。滤除基带信号的首要任务是完成信道选择：即在一直工作在近邻信道的其他阅读器中，从需要的标签中获取阅读器的本振频率之内的信号。例如，我们希望在已经存在的阅读器中以双信道方式（如果信道是 500kHz 宽，总共就是 1MHz 宽），以 100kbit/s 的数据传输速率接收经 FM0 调制的标签中的信号。被抑制的信号频率是有用信号频率的 50 多倍，工作频率很低，因此，构建基于电感器和电容器网络的滤波器接收有用信号是很简单的。

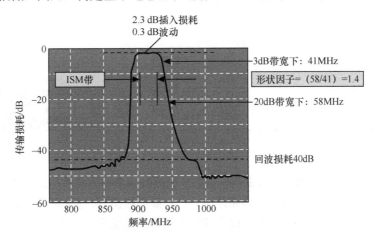

图 2-23　RF 滤波器的信号特征图（定义了 3dB 带宽、20dB 带宽）

天线外侧电路往往希望能结合放大和滤波；在基带频率上用一个反相的差动放大器，差动放大器的输出由施加在两个输入端电压的差值确定，这样一个双重功能可以很容易实现。一个使用这种放大器的简化基带放大器电路如图 2-24 所示。当在这种放大器的输出和输入之间连接一个电阻，也就是引入反馈时，只要放大器的增益大，电路增益就只依赖于电阻器的值。这样的结构通常被称为运算放大器。

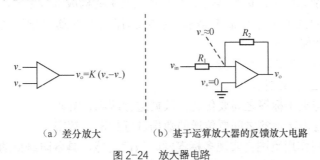

（a）差分放大　　　（b）基于运算放大器的反馈放大电路

图 2-24　放大器电路

如果放大器的电压增益 K 比较大，就可以合理地假设，为得到合理的输出电压，放大器的端电压（$V-$、$V+$）值必须小。实例表明，由于正极接地（固定在 0V），负极输入端电压也必须接近 0 值。

习　题　2

1．简述标签和读写器的功能。
2．RFID 系统一般有哪几种？
3．简述发射机和接收机的功能。

第**3**章 RFID 读写器技术

读写器是 RFID 系统中极为重要的部分，它负责读取或者写入标签信息。读写器可以是单独的整体，也可以作为一个部件嵌入其他系统中。它具备单独读写、显示、数据处理功能，也可以与计算机或者其他系统联合进行处理，以完成对电子标签的操作。读写器前端的频率由 RFID 系统采用的频率决定，同时，读写器前端的发射功率和接收灵敏度直接影响系统的识别距离。

3.1 读写器简介

3.1.1 读写器的作用

在无线射频识别系统中，读写器是 RFID 系统的主要构成部分之一。由于标签的非接触性质，因此必须借助位于应用系统与标签之间的读写器来实现数据读写功能。

读写器的主要功能如下。

（1）与电子标签之间的通信功能。

（2）与计算机之间的通信功能。

（3）对读写器与电子标签之间要传送的数据进行编码、解码。

（4）对读写器与电子标签之间要传送的数据进行加密、解密。

（5）能够在读写作用范围内实现多标签同时识读功能，具备防碰撞功能。

读写器与电子标签的所有行为均由应用软件控制完成。在系统结构中，应用系统软件作为主动方，向读写器发出读写指令；而读写器作为从动方，对应用系统软件的读写指令做出回应。读写器接收到应用系统软件的动作指令后，对电子标签做出相应的动作，建立某种通信关系，电子标签响应读写器的指令，因此，相对于电子标签而言，读写器变成指令的主动方，如图 3-1 所示。因此，读写器的基本任务就是触发作为数据载体的电子标签，与电子标签建立通信关系并在应用软件和一个非接触的数据载体之间传输数据。这种非接触通信的内容包括通信简历、放碰撞和数据验证等，均由读写器进行处理。

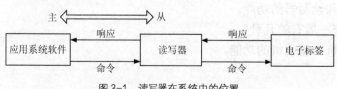

图 3-1 读写器在系统中的位置

3.1.2 读写器的通信接口

除了采集阅读区域内的标签数据外，RFID 读写器还需要将采集的数据上传到后端服务器。RS-232 接口是最典型的读写器与后端服务器数据的接口；而面向网络的 RFID 读写器则包含了一个网络单元，将数据通过网络接口发送到中心服务器。这种后端网络接口可以是以太网（802.3）、无线网络（基于 802.11 的通信网络或者基于 802.15 的网络）。

3.1.3 读写器的构成

虽然各种射频识别系统在耦合方式、通信方式、数据传输方法以及系统工作频率的选择方面都存在很大的区别，但是，RFID 读写器的组成大致相同，它们都具有如图 3-2 所示的结构。信号处理控制部分接收来自外界的数据或命令进行处理，通过高频接口和天线进行数据和能量的交换，天线部分则将来自高频接口的数据转化为电磁波，与标签进行通信。

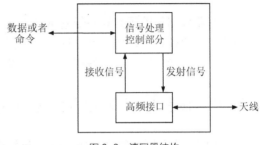

图 3-2 读写器结构

采用电感耦合和背向散射两种不同技术的读写器拥有类似的信号处理和控制部分，在高频接口和天线中，因为工作不同而有较大的不同。

3.1.4 读写器的种类

根据用途，各种读写器在结构及制造形式上可以大致分为以下几类：固定式读写器、OEM 读写器、工业读写器、便携式读写器和大量特殊结构的读写器。以下将简单介绍固定式读写器和便携式器读写器。

1. 固定式读写器

固定式读写器是最常见的一种读写器，如图 3-3 所示。固定式读写器是将射频控制器和高频接口封装在一个固定的外壳中构成的。有时，为了减小设备尺寸，降低设备制造成本，便于运输，也可以将天线和射频模块封装在一个外壳中，这样就构成了集成式读写器或者一体化读写器。

2. 便携式读写器

便携式读写器是适合于用户手持使用的一类射频电子标签读写设备，其工作原理与其他形式的读写器完全一样，如图 3-4 所示。便携式读写器主要用于动物识别以及存检，主要作为检查设备、付款往来的设备、服务及测试工作中的辅助设备及用于设备启用式的辅助设备。便携式读写器一般带有 LCD 显示屏，并且带有键盘面板以便于操作或输入数据。通常可以选用 RS-232 接口来实现便携式读写器与 PC 之间的数据交换。但是，便携式读写器可能会对系统本身的数据存储量有一定要求。

便携式读写器一般由 RFID 读写器模块、天线和掌上电脑集成，并且采用可充电的电池来供电，其操作系统可采用 WinCE 或其他操作系统。同时，根据使用环境的不同，可以具有其他特征，如防水、防尘等。

图 3-3　固定式读写器

图 3-4　便携式读写器

读写器根据使用频率的高低基本分为两大类：一类工作于 125kHz 或者 13.56MHz 频段，主要使用电感耦合原理与标签进行通信；另一类工作于 433MHz、900MHz、2.4GHz 及更高频率段，使用背向散射原理与标签进行通信。

3.2　电感耦合式 RFID 读写器的射频前端

RFID 读写器的射频前端常采用串联谐振电路，串联谐振电路可以使低频和高频 RFID 读写器有较好的能量输出。串联谐振电路由电感和电容串联构成，串联谐振电路在某一个频率上谐振。

3.2.1　RFID 读写器射频前端的结构

低频和高频 RFID 读写器的天线用于产生磁场，该磁场通过电子标签天线产生电流给电子标签提供电源，并在读写器与电子标签之间传递信息。读写器天线的构造有如下要求。

（1）读写器天线上的电流最大，以使读写器线圈产生最大的磁通。

（2）功率匹配，以最大限度地输出读写器的能量。

（3）足够的带宽以使读写器无失真输出。

根据以上要求，读写器天线的电路应该是串联谐振电路。谐振时，串联谐振电路可以获得最大的电流，使读写器线圈上的电流最大；谐振时，可以最大程度地输出读写器的能量；谐振时，可以满足读写器信号无失真输出，这时只需要根据带宽要求调整谐振电路的品质因数。

RFID 读写器射频前端天线电路的结构如图 3-5 所示。

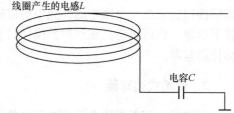
图 3-5　读写器射频前端天线电路的结构

在图 3-5 中，电感 L 由线圈天线构成，电容 C 与电感 L 串联，构成串联谐振电路。在实际应用时，电感 L 和电容 C 有损耗（主要是电感的损耗），串联谐振电路相当于电感 L、电容 C 和电阻 R 三个元件串联而成。

3.2.2　串联谐振电路

1. 电路组成

由电感线圈 L 和电容器 C 组成的单个谐振回路，称为单谐振回路。信号源与电容和电感串接，就构成串联谐振回路，如图3-6所示。图中，R_1 是电感线圈 L 损耗的等效电阻，R_S 是信号源 $\dot{V_S}$ 的内阻，回路总电阻值 $R = R_1 + R_S + R_L$。

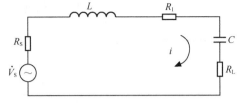

图 3-6 串联谐振回路

2. 谐振及谐振条件

若外加电压为 $\dot{V_S}$，应用复数计算法得出回路电流 $\dot{I}$ 为

$$\dot{I} = \frac{\dot{V_S}}{Z} = \frac{\dot{V_S}}{R + jX} = \frac{\dot{V_S}}{R + j\left(\omega L - \frac{1}{\omega C}\right)} \tag{3-1}$$

式中，$Z = |Z|e^{j\phi}$ 阻抗，X 为电抗。

阻抗的模为

$$|Z| = \sqrt{R^2 + X^2} = \sqrt{R^2 + X^2} = \sqrt{R + \left(\omega L - \frac{1}{\omega C}\right)^2} \tag{3-2}$$

相角为

$$\phi = \arctan\left(\frac{X}{R}\right) = \arctan\left(\frac{\omega L - \frac{1}{\omega C}}{R}\right) \tag{3-3}$$

在某一特定角频率 ω_0 时，若回路电抗 X 满足

$$X = \omega L - \frac{1}{\omega C} = 0 \tag{3-4}$$

则电流 $\dot{I}$ 为最大值，回路发生谐振，因此，式（3-4）称为串联回路的谐振条件。

由此可以导出回路产生串联谐振的角频率 ω_0 和频率 f_0 分别为

$$\omega_0 = \frac{1}{\sqrt{LC}} \qquad f_0 = \frac{1}{2\pi\sqrt{LC}} \tag{3-5}$$

f_0 称为谐振频率。由式（3-4）和式（3-5）可推出

$$\omega_0 = \frac{1}{\omega_0 C} = \sqrt{\frac{L}{C}} = \rho \tag{3-6}$$

在式（3-6）中，ρ 称为谐振回路的特性阻抗。

3. 谐振特性

串联谐振回路具有如下特性。

（1）谐振时，回路电抗 $X=0$，阻抗 $Z=R$ 为最小值，且为纯阻。

（2）谐振时，回路电流最大，即 $\dot{I} = \dot{V_S}/R$，且 $\dot{I}$ 与 $\dot{V_S}$ 同相。

（3）电感与电容两端电压的模值相等，且等于外加电压的 Q 倍。

谐振时电感 L 两端的电压为

$$\dot{V}_{L0} = \dot{I} \text{j} \omega_0 L = \frac{\dot{V}_{\text{s}}}{R} \text{j} \omega_0 L = \text{j} \frac{\omega_0 L}{R} \dot{V}_{\text{s}} = \text{j} Q \dot{V}_{\text{s}} \tag{3-7}$$

电容 C 两端的电压为

$$\dot{V}_{\text{s}} = \dot{I} \frac{1}{\text{j} \omega_0 C} = -\text{j} \frac{\dot{V}_{\text{s}}}{R} \frac{1}{\omega_0 CR} \dot{V}_{\text{s}} = -\text{j} Q \dot{V}_{\text{s}} \tag{3-8}$$

式（3-7）和式（3-8）中的 Q 称为回路的品质因数，是谐振时的回路感抗值（或容抗值）与回路电阻 R 的比值，即

$$Q = \frac{\omega_0 L}{R} = \frac{1}{\omega_0 CR} = \frac{1}{R} \sqrt{\frac{L}{C}} = \frac{1}{R} \rho \tag{3-9}$$

在式（3-9）中，ρ 为谐振回路的特性阻抗。

通常，回路的 Q 值可达数十到近百，谐振时电感线圈和电容两端的电压可比信号源电压大数十到百倍，这是串联谐振时特有的现象，所以串联谐振又称为电压谐振。对于串联谐振回路，在选择电路器件时，必须考虑器件的耐压问题。但这种高电压对人并不存在伤害问题，因为人触及后，谐振条件被破坏，电流很快就会下降。

4. 能量关系

设谐振时瞬时电流的幅值为 $I_{0\text{m}}$，则瞬时电流 i 为

$$i = I_{0\text{m}} \sin(\omega t) \tag{3-10}$$

电感 L 上存储的瞬时能量（磁能）为

$$w_{\text{L}} = \frac{1}{2} L i^2 = \frac{1}{2} L I_{0\text{m}}^2 \sin^2(\omega t) \tag{3-11}$$

电容 C 上存储的瞬时能量（电能）为

$$w_{\text{C}} = \frac{1}{2} C v_{\text{C}}^2 = \frac{1}{2} C Q^2 V_{\text{sm}}^2 \cos^2(\omega t) = \frac{1}{2} C \frac{1}{CR^2} I_{0\text{m}}^2 R^2 \cos^2(\omega t)$$
$$= \frac{1}{2} L I_{0\text{m}}^2 \cos^2(\omega t) \tag{3-12}$$

式中，V_{sm} 为源电压的幅值。电感 L 和电容 C 上存储的能量和为

$$w = w_{\text{L}} + w_{\text{C}} = \frac{1}{2} L I_{0\text{m}}^2 \tag{3-13}$$

由式（3-13）可见，w 是一个不随时间变化的常数。这说明回路中存储的能量保持不变，只在线圈和电容器间相互转换。

下面在考虑谐振时电阻消耗的能量，电阻 R 上消耗的平均功率为

$$P = \frac{1}{2} R I_{0\text{m}}^2 \tag{3-14}$$

在每一周期 $T (T = 1/f_0$，f_0 为谐振频率）的时间内，电阻 R 上消耗的能量为

$$w_{\text{R}} = PT = \frac{1}{2} R I_{0\text{m}}^2 \frac{1}{f_0} \tag{3-15}$$

回路中储存的能量 $w_L + w_C$ 与每周期消耗的能量 w_R 之比为

$$\frac{w_L + w_C}{w_R} = \frac{\frac{1}{2}LI_{0m}^2}{\frac{1}{2}R\frac{I_{0m}^2}{f_0}} = \frac{f_0 L}{R} = \frac{1}{2\pi}\frac{\omega_0 L}{R} = \frac{Q}{2\pi} \tag{3-16}$$

所以，从能量的角度看，品质因数 Q 可表示为

$$Q = 2\pi \cdot \frac{\text{谐振时的电磁能量总和}}{\text{谐振时一周期内电阻消耗的能量}} \tag{3-17}$$

5. 谐振曲线和通频带

（1）谐振曲线

回路中电流幅值与外加电压频率之间的关系曲线，称为谐振曲线。任意频率下的回路电流与谐振时的回路电流之比为

$$\frac{\dot{I}}{\dot{I}_0} = \frac{R}{R + j\left(\omega L - \frac{1}{\omega C}\right)} = \frac{1}{1 + j\frac{\omega_0 L}{R}\left(\frac{\omega}{\omega_0} - \frac{\omega_0}{\omega}\right)} = \frac{1}{1 + jQ\left(\frac{\omega}{\omega_0} - \frac{\omega_0}{\omega}\right)} \tag{3-18}$$

取其模值，得

$$\frac{I_m}{I_{0m}} = \frac{1}{\sqrt{1 + Q^2\left(\frac{\omega}{\omega_0} - \frac{\omega_0}{\omega}\right)}} \approx \frac{1}{\sqrt{1 + \left(Q\frac{2\Delta\omega}{\omega_0}\right)^2}} = \frac{1}{\sqrt{1 + \xi^2}} \tag{3-19}$$

式（3-19）中，$\Delta\omega = \omega - \omega_0$ 表示偏离谐振的程度，称为失谐量。$\omega/\omega_0 - \omega_0/\omega \approx 2\Delta\omega/\omega_0$ 仅是 ω 在 ω_0 附近（即为小失谐量的情况）时成立，而 $\xi = Q(2\Delta\omega/\omega_0)$ 具有失谐量的定义，称为广义失谐。

根据式（3-19）可画出谐振曲线，如图 3-7 所示。由图 3-7 可见，回路 Q 值越高，谐振曲线越尖锐，回路的选择性越好。

（2）通频带

谐振回路的通频带通常用半功率点的两个边界频率之间的间隔表示，半功率点的电流比 I_m/I_{0m} 约为 0.707，如图 3-8 所示。

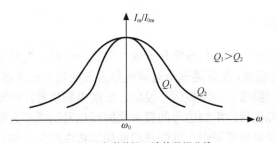

图 3-7 串联谐振回路的谐振曲线

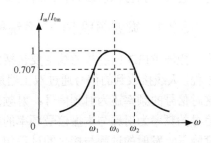

图 3-8 串联谐振回路的通频带

由于 ω_2 和 ω_1 处 $\xi = \pm 1$，且它们在 ω_0 附近，所以可推得通频带 BW 为

$$BW = \frac{\omega_2 - \omega_1}{2\pi} = \frac{2(\omega_2 - \omega_0)}{2\pi} = \frac{2\Delta\omega_{0.7}}{2\pi} = \frac{\omega_0}{2\pi Q} = \frac{f_0}{Q} \tag{3-20}$$

由此可见，Q 值越高，通频带越窄（选择性越强）。在 RFID 技术中，为保证通信带宽，在电路设计时应综合考虑 Q 值的大小。

6. 对 Q 值的理解

（1）电感的品质因数

在绕制或选用电感时，需要测试电感的品质因数 Q_L，以满足电路设计要求。通常可以用测试仪器 Q 表来测量，测量时所用频率应尽量接近该电感在实际电路中的工作频率。在修正测量仪器源内阻影响后，可得到所用电感的品质因数 Q_L 和电感量。设电感 L 的损耗电阻为 R_1，则

$$Q_L = \frac{\omega L}{R_1} \tag{3-21}$$

在测量电感量 L 和品质因数 Q_L 时，阻抗分析仪是一种频段更宽、精度更高的测量仪器，但其价格较贵。

（2）回路的 Q 值

在回路 Q 值的计算中，需要考虑源内阻 R_S 和负载电阻 R_L 的作用。串联谐振回路要工作，必须有源来激励，考虑源内阻 R_S 和负载电阻 R_L 后，整个回路的阻值 R 为（电容器 C 的损耗很低，可以忽略其影响）

$$R = R_1 + R_S + R_L \tag{3-22}$$

因此，此时整个回路的有载品质因数为

$$Q = \frac{\omega L}{R} = \frac{\omega L}{R_1 + R_S + R_L} \tag{3-23}$$

在前面的讨论中，已将 R_S 和 R_L 包含在回路总电阻 R 中。

3.3 微波频段 RFID 读写器

微波频段 RFID 系统采用电磁反向散射方式进行工作，其采用雷达原理模型，发射出去的电磁波碰到目标后反射，同时回送目标信息，属于远距离 RFID 系统。

3.3.1 微波频段 RFID 系统射频前段

微波 RFID 的射频前端主要包括发射机电路、接收机电路和天线，需要处理收、发两个过程，天线接收到的信号通过双工器进入接收通道，然后通过带通滤波器进入低噪声放大器，这时信号的频率还为射频信号；射频信号在混频器中与本振信号混频，生成中频信号，中频信号的频率为射频与本振信号频率的差值，混频后，中频信号的频率比射频信号的频率大幅度降低。发射的过程与接收的过程相反，在发射的通道中，首先利用混频器将中频信号与本振信号混频，生成射频信号；然后将射频信号放大，并经过双工器由天线辐射出去。在上述过程中，滤波、放大和混频都属于射频前端的电路范畴。

电磁散散射型 RID 阅读器的通信机理有一定的特殊性，与一般的移动通信系统不同。例如，与 GSM 系统相比，GSM 手机的发射频率为 890MHz～915MHz，有 25MHz 的频率区间。因此当 GSM 接收机工作时，可以通过高频滤波器一直发射电路耦合到接收电路上的功率，减少发射电路对接收电路的影响。而背向散射式 RFID 系统由于标签本身不产生电磁波，它能智能地通过调制阅读器联系载波来实现通信，因此 RFID 系统的发射频率和接收频率完全相同，无法通过滤波器方式来一直发射和接收通道之间的相互干扰。

同时，背向散射式 RFID 系统的工作模式是全双工模式，当阅读器的接收电路准备接收标签反射的微弱信号时，发射电路也会在相同位置提供一个大功率的无调制载波给标签能量和反射调制用的载体。因此，在 RFID 阅读器天线上始终存在一个强载波信号和一个弱标签信号，两者完全相同。

为了将阅读器发射的强载波信号和来自标签的弱发射信号分开，一般采用定向耦合器、双工器或者环形器来实现。由于定向耦合器常常引起接收信号衰减，而双工器造价昂贵，因此在实际系统中常使用环形器来实现阅读器天线端口的收发信号隔离。

在很多设计中，微波频段的 RFID 系统读写器常采用集成的射频收发前端。如图 3-9 所示的射频发射电路在 RFID 系统中的工作过程如下。

（1）阅读器通过锁相环控制压控振荡器，产生载波频率（860MHz～960MHz），并将其送至功分器。

（2）功分器将发射信号分为两路，一路经衰减器送到混频器，另一路送往接收电路作为接收信号混频时的本振源（LO）。

（3）混频器将载波信号和阅读器的基带信号混合成调制信号，经过可变增益放大器和 RF 滤波器后，送至功率放大器。

（4）阅读器根据需要通过可变增益放大器调节发射信号的增益，发射信号经过功率放大器放大后，再经环形器送至阅读器天线并发射出去。

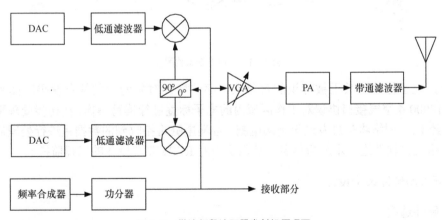

图 3-9　微波频段读写器发射机原理图

图 3-10 所示的接收部分工作过程如下。

（1）标签返回的微弱信号经阅读器天线进入环形器后，与阅读器发射的连续载波信号分离，经过 RF 滤波器滤波后，进入接收功分器，分成两路接收信号。

（2）发射通道上的无调制连续载波信号由发射功分器分为两路，作为接收电路本振的连续载波信号的两路参考信号，其中一路参考信号与另一路参考信号有 90° 的相移。

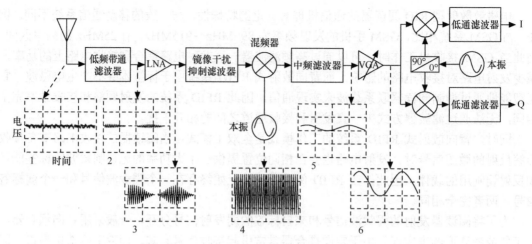

图 3-10　微波频段读写器接收机原理图

（3）两路本振参考信号与两路接收信号经混频器后，形成 I/Q 两路基带信号，再分别经过两路运放和低通滤波器后，两路 I/Q 基带信号返回到阅读器信号处理部分进行处理。

3.3.2　2.4GHz RFID 系统读写器设计举例

如图 3-11 所示，本系统由采用 2.45GHz 微波段的 RFID 前端设备、以太网络与监控端构成。

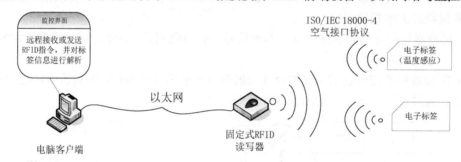

图 3-11　RFID 系统架构图

其中，电子标签附着于被标识的对象上，存储标识对象的相关信息编码；读写器利用 ISO/IEC 18000-4 空气接口协议对工作区域内的电子标签进行读写操作，在初步处理采集到的信息后，经 EPA 网络将信息发送至远端电脑；远端电脑将接收到的数据包进行处理后交付监控软件，由监控软件进一步解析信息，从而实现对 RFID 前端设备的远程监控。

1. 读写器硬件架构设计

（1）硬件选型

根据对本设计 RFID 系统读写器的需求进行分析，读写器采用 ATMEL 公司的 AT 系列工业级 ARM7 芯片 AT91SAM7X256 作为微控制器，该芯片最大的特点在于：接口丰富、集成度高、性价比高。AT91SAM7X256 芯片最高工作频率为 55MHz，工作温度为−40℃～+85℃，集成 64KB SRAM、256KB 高速 Flash。提供的外围接口主要有：1 路 10/100Mbit/s 以太网 MAC 层接口、1 路 CAN 接口、3 路 UART（RS-232/RS-485）接口、1 路 USB（Device）接口、2 路 SPI 接口、1 路 TWI 接口等，以保证阅读器能够以多种方式将信息传递给上位机，并满足了进一步开发的需要。

读写器的供电电源选择了多种方式的组合：有 5V 直流供电、USB 供电、24V 以太网总线双路供电。多途径的供电方式，尤其是以太网总线供电（Power over Ethernet，PoE）能够满足读写器在多种场合下的应用需求。

射频芯片均采用 TI 公司的 CC2500 射频芯片。该芯片工作于 2 400MHz～2 483.5MHz 的 ISM（工业、科学和医学）和 SRD（短距离设备）频率波段，支持 OOK/ASK/2-FSK/MSK 几种调制方式，是一种低成本的、单片的、低功耗的收发器 。

（2）硬件架构

根据读写器硬件应用需求，经过器件选型，最终读写器硬件架构设计如图 3-12 所示，具体为采用总线和 USB 电源供电，以 Atmel 公司 ARM7 芯片作为 MCU，通过 SPI 接口控制 CC2500 射频模块，并备有 1 个 RS-232UART 串口、1 个 USB 接口和 1 个通过以太网物理层芯片连接的以太网接口。

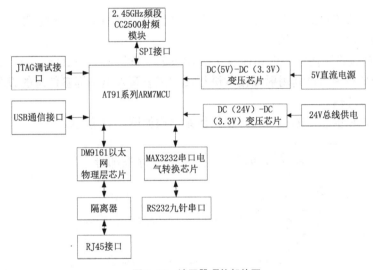

图 3-12　读写器硬件架构图

2. 软件设计

读写器作为本系统的核心设备，起着系统通信的枢纽作用，也是本设计实现的关键，其软件设计方案：采用 μC/OS Ⅱ 作为操作系统，对设备中运行的、电子标签通信的协议栈和与以太网络通信的协议栈，以及监控模块的驻留程序进行调度，以使本系统协调工作。具体软件结构如图 3-13 所示。

在目前 RFID 前端系统应用中，读写器要和附近的多个标签同时进行通信，或者标签要和附近的多个读写器进行通信，但是这两种情形势必都会面临一个问题：不同厂家生产的电子标签是否可以被同一个厂家生产的读写器识读；同样，由一个厂家生产的电子标签是否可以被多个不同厂家生产的读写器识读。因此，为了解决该问题对 RFID 设备通信协议进行了规范，目前国际上有欧美的 EPC 规范、日本的 UID（Ubiquitous ID）规范和 ISO 18000 系列标准三大技术标准，其中 ISO 18000-4 协议是 2.45GHz 频段 RFID 设备的指令或数据层的通信协议。由于国内在以 ISO 18000-4 协议作为微波段 RFID 设备的空中接口协议还较少，其应用会逐步增多。

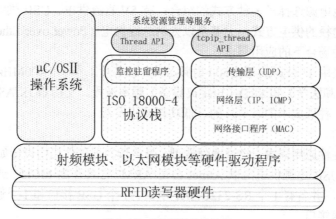

图 3-13　读写器软件结构图

2.45GHz 微波段 RFID 设备可应用于工业生产管理、道路交通自动收费管理、车辆出入控制、物流管理、对象定位等领域。

一套 RFID 前端设备通常由射频标签（RFID tag）、读写器（RFID reader）和空气接口协议组成。读写器是一种可以利用射频技术进行读取或者写入电子标签信息的设备。二者按照空中接口协议进行通信。

根据协议要求和描述，读写器和标签的体系结构如图 3-14 所示。

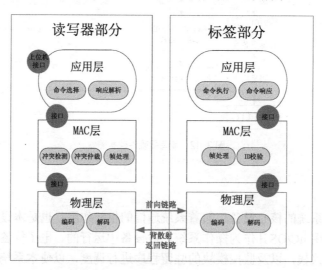

图 3-14　读写器和标签的体系结构

如图 3-14 所示，协议体系可划分为读写器部分与标签部分。

（1）读写器部分由应用层、媒介访问控制（MAC）层、物理层 3 部分构成。

① 应用层：为上位机对读写器的访问提供接口，实现命令选择和标签响应解析功能。

② MAC 层：是实现读写器与工作区域的多个标签进行通信的核心部分，能够进行访问冲突检测，并通过协议规定算法进行冲突仲裁，还能处理命令的帧。

③ 物理层：对前向链路需传输的帧进行 Manchester 编码、对背散射返回链路接收到的帧进行 FM0 解码，并控制传输速率等参数。

（2）标签部分也由应用层、媒介访问控制（MAC）层、物理层 3 部分构成，各部分功能如下。

① 应用层：实现标签功能的核心部分。执行符合条件的命令，并按照命令要求进行相应的响应。

② MAC 层：对前向链路递交帧进行拆解并执行 ID 校验，若符合协议要求则向上递交；对背散射返回链路递交的响应进行帧处理，处理后递交给物理层。

③ 物理层：对前向链路递交帧进行 Manchester 解码、对背散射返回链路接收到的帧进行 FM0 编码，并控制传输速率等参数。

3.3.3　微波频段 RFID 读写器的发展

随着射频识别技术的发展，射频识别系统的结构和性能也会不断提高。越来越多的应用对射频识别系统的读写器提出了更高的要求。未来的射频识别读写器有以下特点。

1．多功能

为了适应市场射频识别系统多样性和多功能的要求，读写器将集成更多方便实用的功能。另外，为了方便适应某些应用，读写器将更智能，具有一定的数据处理能力，可以按照一定的规则将应用系统处理程序下载到读写器中。这样，读写器就可以脱离中央处理计算机，做到脱机工作，完成门禁、报警等功能。

2．小型化、便携式、嵌入式、模块化

小型化、便携式、嵌入式、接口模块化是读写器市场发展的必然趋势。随着射频识别技术的应用不断增多，人们对读写器是否便于使用提出了更高的要求，这就要求不断采用新的技术来减小读写器的体积。使读写器方便携带，方便使用，易于与其他的系统连接，从而使得接口模块化。

3．低成本

相对来说，目前大规模射频识别应用的成本还是比较高的。随着市场的普及以及技术的发展，读写器以及整个射频识别系统的应用成本将会越来越低，最终会实现所有需要识别和跟踪的物品都使用电子标签。

4．智能多天线端口

为了进一步满足市场需求和降低系统成本，读写器将会具有智能的多天线接口。这样，同一个读写器将按照一定的处理顺序打开和关闭不同的天线，系统能够感知不同天线覆盖区域内的电子标签，增大系统履盖范围。在某些特殊应用领域，未来也可能采用天线相位控制技术，使射频识别系统具有空间感应能力。

5．更多新技术的应用

射频识别系统的广泛应用和发展，必然会带来新技术的不断使用，使系统功能进一步完善。例如，为适应目前频谱资源紧张的情况，将会采用智能信道分配技术、扩频技术、码分多址等新的技术手段。

习 题 3

1. 简述 RFID 读写器的作用。
2. 简述 RFID 读写器的构成及工作方式。
3. 简述串联谐振电路的组成及谐振条件。
4. 简述微波频段 RFID 系统射频的工作原理。

第 4 章 RFID 标签技术

RFID 标签是 RFID 系统中存储物品信息的设备，是 RFID 系统的重要组成部分。在读写器的发射能量和空间电磁场衰减一定时，RFID 标签的性能决定了系统的读写距离和效率。标签技术主要包括标签天线技术和 RFID 芯片技术。

4.1 天线基础

天线是 RFID 技术中的关键点之一，是读写器和标签沟通的桥梁。本章主要介绍天线的基本参数和 RFID 中常用的天线技术。由于有源 RFID 中天线能使用各种已经完善的商业化天线和分立元件实现阻抗匹配，因此本章主要介绍关于 UHF 频段的标签天线和阻抗匹配技术。图 4-1 是几种 UHF 频段的 RFID 标签天线。

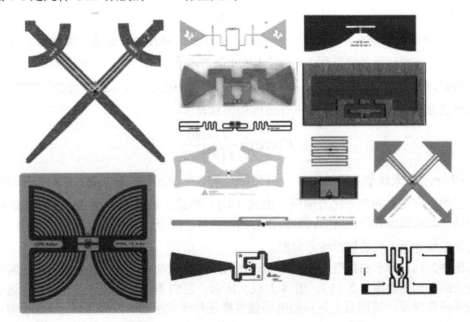

图 4-1　RFID 天线实例

射频识别技术是无线通信传输技术的具体应用，要深入了解和掌握射频识别技术，能应用射频识别技术解决实际应用中遇到的困难和阻碍，就必须了解和掌握无线电传播的电磁学基础。本节主要介绍天线的基础知识。天线在无线电设备中的主要功能有两个：能量转换和定向辐射（接收）。天线是与频率相关的设备，每个天线都工作在一定的频段范围内。

要了解天线或从事天线理论研究或工程设计方面的工作，就应当了解天线的基本参数。天线基本参数的术语和含义，一方面，是天线工作者互相交流的基础。另一方面，天线的性能需要一套电气指标来衡量，这些电气指标由天线的特性参数来描述。

4.1.1 天线的方向图

天线方向图是指天线辐射特性与空间坐标之间的函数图形，因此，分析天线的方向图就可分析天线的辐射特性。在大多数情况下，天线方向图是在远场区确定的，因此又叫作远场方向图。而辐射特性包括辐射场强、辐射功率、相位和极化。因此，天线方向图又分为场强方向图、功率方向图、相位方向图和极化方向图。这里主要涉及场强和功率方向图，相位方向图和极化方向图在特殊应用中采用。

天线的辐射特性可采用二维和三维方向图来描述。三维方向图又可分为球坐标三维方向图和直角坐标三维方向图，这两种三维方向图又可采用场强的幅度和分贝表示；二维方向图又分为极坐标方向图和直角坐标方向图，这两种二维方向图也可采用场强的幅度和分贝表示。

天线方向图的绘制有两种方法：一是由理论分析得到天线远区辐射场，从而得到方向图函数，由此计算并绘制出方向图；二是通过实验测得天线的方向图数据并绘出方向图。大多线极化天线的远区辐射电磁场一般可表示为如下形式。

$$E_\theta = E_0 \frac{\mathrm{e}^{-\mathrm{j}\beta r}}{r} f(\theta,\varphi) \tag{4-1}$$

$$H_\varphi = \frac{E_\theta}{\eta_0} \tag{4-2}$$

式中，E_θ 为电场强度的 θ 分量，单位为 V/m；H_φ 为磁场强度的 φ 分量，单位为 A/m；E_0 为与激励有关但与坐标无关的系数；r 为以天线上某参考点为原点到远区某点的距离；$f(\theta,\varphi)$ 为天线的方向图函数；$\eta_0 = \sqrt{\mu_0/\varepsilon_0} = 120\pi$ 为自由空间波阻抗；$\beta = 2\pi/\lambda$ 为相位常数。

在天线分析中，常采用如下归一化方向图函数表示。

$$F(\theta,\varphi) = \frac{f(\theta,\varphi)}{f(\theta_\mathrm{m},\varphi_\mathrm{m})} \tag{4-3}$$

式中，$(\theta_\mathrm{m},\varphi_\mathrm{m})$ 为天线最大辐射方向，$f(\theta_\mathrm{m},\varphi_\mathrm{m})$ 为方向图函数的最大值。由归一化方向图函数绘制出的方向图称为归一化方向图。由式（4-1）和式（4-2）可以看出，天线远区辐射电场和磁场的方向图函数是相同的，因此，由方向图函数 $f(\theta,\varphi)$ 和归一化方向图函数 $F(\theta,\varphi)$ 表示的方向图统称为天线的辐射场方向图。

以图 4-2（a）所示的典型七元八木天线为例，其辐射电场幅度的球坐标三维方向图和直角坐标三维方向图如图 4-2（b）、图 4-2（c）所示。它们是以天线上某点为中心，远区某一距离为半径作球面，按球面上各点的电场强度模值与该点所在的方向角 (θ,φ) 绘出的。三维场强方向图直观、形象地描述了天线辐射场在空间各个方向上的幅度分布及波瓣情况。但是在描述方向图的某些重要特性细节，如主瓣宽度、副瓣电平等方面则显得不方便。因此，工程上大多采用二维方向图来描述天线的辐射特性。

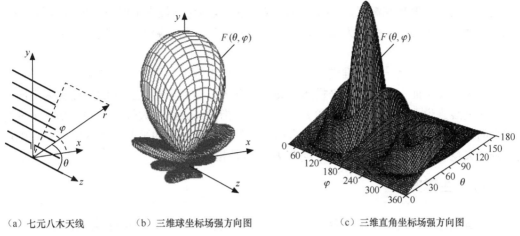

（a）七元八木天线　　　（b）三维球坐标场强方向图　　　（c）三维直角坐标场强方向图

图 4-2　天线三维方向图

天线的二维方向图是由其三维方向图取某个剖面得到的。同样以图 4-2（a）所示的七元八木天线为例，其 xoy 平面（H 面，$\theta = 90°$）内的辐射电场幅度表示的极坐标和直角坐标二维方向图如图 4-3（a）、图 4-3（b）所示，其辐射电场分贝表示的极坐标和直角坐标二维方向图如图 4-3（c）、图 4-3（d）所示。

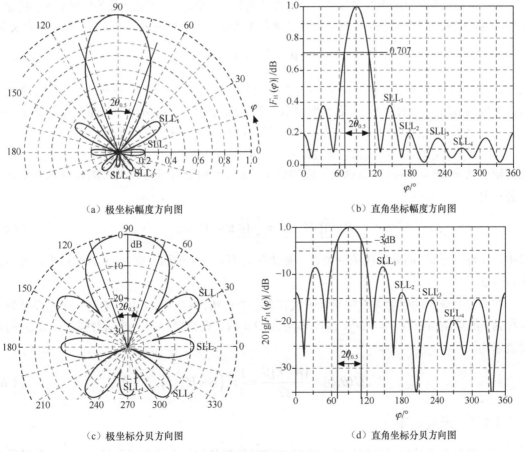

（a）极坐标幅度方向图　　　　　　　　　（b）直角坐标幅度方向图

（c）极坐标分贝方向图　　　　　　　　　（d）直角坐标分贝方向图

图 4-3　天线二维方向图

天线方向图一般呈花瓣状，被称为波瓣或波束。其中包含最大辐射方向的波瓣称为主瓣，其他的称为副瓣或旁瓣，并分为第一副瓣、第二副瓣等，与主瓣方向相反的波束称为后瓣或尾瓣，见图 4-3（c）。

天线方向图一般是一个三维空间的曲面图形，但工程上为了方便，常采用通过最大辐射方向的两个正交平面上的剖面图来描述天线的方向图。这两个相互正交的平面称为主面，对于线极化天线来说，通常取为 E 面和 H 面。E 面是指通过天线最大辐射方向并平行于电场矢量的平面。H 面是指通过天线最大辐射方向并平行于磁场矢量的平面。因为空间中的电场矢量和磁场矢量是相互正交的，所以 E 面和 H 面也是相互正交的。

4.1.2 主瓣宽度

主瓣宽度是指方向图主瓣上两个半功率点（即场强下降到最大值的 $\frac{1}{\sqrt{2}}$ 倍处或分贝值从最大值下降 3dB 处对应的两点）之间的夹角，记为 $2\theta_{0.5}$，见图 4-3。主瓣宽度有时又称为半功率波束宽度或 3dB 波束宽度。主瓣宽度这一参量可以描述天线波束在空间的覆盖范围，在 RFID 系统中就是读写器天线的有效识别区域。

4.1.3 辐射功率和辐射强度

天线可将载有信息的无线电波从一个地方传送到另一个地方。因此天线的辐射功率和能量与辐射电磁场联系在一起是很自然的。描述功率与电磁场的关系往往采用坡印亭矢量，其定义为

$$W = \frac{1}{2}E \times H^* \tag{4-4}$$

式中，W 为坡印亭矢量，单位为 $\mathrm{W/m^2}$；E 为电场强度矢量，单位为 $\mathrm{V/m}$；H 为磁场强度矢量，单位为 $\mathrm{A/m}$，上标"*"号表示取复数共轭。式（4-4）说明坡印亭矢量是电场和磁场强度矢量的叉积，乘上因子 1/2 后，式（4-4）表示为坡印亭矢量的时间平均值。

坡印亭矢量是功率密度矢量。取坡印亭矢量 W 与一个面积元矢量 $\mathrm{d}s$ 的标积就是通过该面积元的辐射功率 $\mathrm{d}P_\mathrm{r} = W \cdot \mathrm{d}s$，沿包围天线的整个表面 s 的积分就可得到天线的辐射总功率 P_r。其公式为

$$P_\mathrm{r} = \oiint_s W \cdot \mathrm{d}s = \frac{1}{2}\oiint_s E \times H^* \cdot \hat{n}\mathrm{d}s \tag{4-5}$$

式中，$\hat{n}$ 为闭合面 s 的外法线单位矢量，如果闭合面为一个球面，则 $\hat{n} = \hat{r}$。在球坐标系中，$\hat{n} = \hat{\theta} \times \hat{\varphi}$。

在给定方向上的辐射强度定义为天线在单位立体角内辐射的功率。它是一个远场参数。半径为 r 的球面面积为 $S = 4\pi r^2$，其立体角为 $\Omega = 4\pi$，在给定方向上的辐射强度 $U(\theta, \varphi)$ 的数学表示为

$$U(\theta, \varphi) = \frac{(W \cdot \hat{r})S}{\Omega} = \frac{1}{2}r^2 \left(E \times H^* \cdot \hat{r}\right) \tag{4-6}$$

4.1.4 天线效率

天线的效率是用来计算损耗的。天线的损耗包括其结构内的欧姆损耗和天线与传输线失

配产生反射而引起的损耗。天线结构内的损耗又包括导体的损耗和介质的损耗。

天线的总效率 η_a 定义为天线辐射到外部空间的实功率与天线馈电端输入的实功率 P_{in} 之比。

$$\eta_a = \frac{P_r}{P_{in}} \qquad (4\text{-}7)$$

发射机一般是经过一段传输线给天线馈电，设传输线无耗且输入端 T_{in} 处的输入实功率为 P_{in}，若天线与传输线失配，则线上存在反射系数 Γ，实际在天线输入端 T_L 处的实功率就为 P_L，如图 4-4 所示。显然有 $P_L = (1 - |\Gamma|^2)P_{in}$。天线吸收的功率 P_L 又分为两部分，一部分由于导体和介质的热损耗吸收，记为 P_l，一部分向空间辐射出去，记为 P_r，即 $P_L = P_l + P_r$。因此有

$$P_{in} = \frac{P_l + P_r}{1 - |\Gamma|^2} \qquad (4\text{-}8)$$

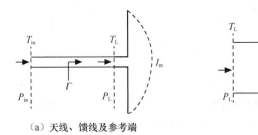

（a）天线、馈线及参考端   （b）天线等效电路图

图 4-4   天线等效电路图

把式（4-8）代入式（4-7）中，得到天线的总效率为

$$\eta_a = (1 - |\Gamma|^2)\frac{P_r}{P_l + P_r} = \eta_r \eta_{cd} \qquad (4\text{-}9)$$

式中，$\eta_r = 1 - |\Gamma|^2$ 为反射失配效率。

$\eta_{cd} = P_r/(P_r + P_l) = R_r/(R_r + R_l)$ 为天线导体和介质损耗的效率。

$\Gamma = (Z_{in} - Z_0)/(Z_{in} + Z_0)$ 为馈电传输线上的反射系数。

Z_{in} 为由 T_L 参考端向天线看去的天线输入阻抗；Z_0 为传输线的特性阻抗。

$P_l = I_m^2 R_l / 2$。

$P_r = I_m^2 R_r / 2$。

I_m 为天线上波腹电流，R_l 为热损耗电阻，R_r 为辐射电阻，见图 4-4（b）的等效电路。辐射电阻是指"吸收"天线全部辐射功率的电阻，其上流过的电流为天线上的波腹电流。

如果天线的输入阻抗与馈电传输线的特性阻抗相等 $Z_{in} = Z_0$，则反射系数 $\Gamma = 0$，反射失配效率 $\eta_r = 1$，这说明输入功率将全部由天线吸收，此时，若不计天线损耗 $\eta_{cd} = 1$，则天线的总效率 $\eta_a = 1$，由定义式（4-9）有 $P_r = P_{in}$，这说明经馈电传输线输入的功率将全部由天线辐射出去。这是人们所希望的理想情况。

天线的增益与天线的方向性系数密切相关，在相同输入功率 P_{in} 条件下，某天线在给定方向上的辐射强度 $U(\theta_0, \varphi_0)$ 与理想点源天线在同一方向的辐射强度 $U_0(\theta_0, \varphi_0)$ 的比值，即

$$G(\theta_0, \varphi_0) = \frac{U(\theta_0, \varphi_0)}{U_0(\theta_0, \varphi_0)} = \frac{E^2(\theta_0, \varphi_0)}{E_0^2} \qquad (4\text{-}10)$$

4.1.5 天线极化

电磁波的极化方向通常是以其电场矢量的空间指向来描述的。电磁波的极化是指：在空间某位置上，沿电磁波的传播方向看去，其电场矢量在空间的取向随时间变化所描绘出的轨迹。如果这个轨迹是一条直线，则称为线极化；如果是一个圆，则称为圆极化；如果是一个椭圆，则称为椭圆极化。图4-5为电磁波电场矢量取向随时间变化的典型轨迹曲线。

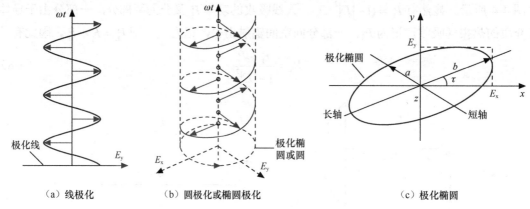

（a）线极化　　　　（b）圆极化或椭圆极化　　　　（c）极化椭圆

图 4-5　电磁波极化图

采用极化特性来划分电磁波，就有线极化波、圆极化波和椭圆极化波。线极化和圆极化是椭圆极化的两种特殊情况。圆极化波和椭圆极化波的电场矢量的取向是随时间旋转的。沿着电磁波传播方向看去，其旋向有顺时针方向和逆时针方向之分。电场矢量为顺时针方向旋转的称为右旋极化，逆时针方向旋转的称为左旋极化。天线的极化是以电磁波的极化来确定的。天线的极化定义为：在最大增益方向上，作为发射端其辐射电磁波的极化，或作为接收端能使天线终端得到最大可用功率的方向入射电磁波的极化。最大增益方向就是天线方向图的最大值方向，或最大指向方向。根据极化形式的不同，天线可分为线极化天线和圆极化天线。

在无线电通信中，只有在收、发天线的极化匹配时，才能获得最大的功率传输，否则会出现极化损失。所谓收、发天线的极化匹配是指，在最大指向方向对准的情况下，收、发天线的极化一致。

在 RFID 天线中，以偶极子天线为基本模型的标签天线均为线极化天线。为了避免出现极化失配而导致标签不能正常读写的情况出现，必须使用圆极化天线。

4.1.6 天线输入阻抗与共轭匹配

天线的输入阻抗是指天线输入端的阻抗，它与天线输入端电压 V_{in}、电流 I_{in} 和输入功率 P_{in} 之间的关系为

$$Z_{in} = \frac{V_{in}}{I_{in}} = \frac{2P_{in}}{\left| I_{in} \right|^2} = R_{in} + jX_{in} \tag{4-11}$$

天线的输入阻抗一般为复数，包含电阻 R_{in} 和电抗 X_{in} 两部分。而 R_{in} 又包含两个分量，即 $R_{in} = R_r + R_l$。R_r 为天线的辐射电阻，R_l 为天线的损耗电阻。如果不计热损耗电阻，则天线的输入电阻就是其辐射电阻，即 $R_{in} = R_r$。实际上，对于全长为 $2l$，电流为正弦分布的对称

振子，其输入电阻为 $R_{in} = R_r / \sin 2(\beta l)$。当 $2l = \lambda/2$ 时，$\beta l = \pi/2$。因此，只有半波振子的输入电阻才等于其辐射电阻。实际应用中的对称振子一般都是半波振子，因此在下面的等效电路中仍采用 $R_{in} = R_r + R_1$ 表示的输入电阻。

连接到发射机或接收机的天线，其输入阻抗等效为发射机的负载或接收机的源的内部阻抗。因此输入阻抗值的大小可表征天线与发射机或接收机的匹配状况，同时可表示传输线中的导行波与空间电磁波之间能量转换的好坏。故输入阻抗是天线的一个重要电路参数。天线是一个开放的辐射系统，其输入阻抗不仅与天线型式、尺寸、工作频率有关，还与其周围物体情况等因素有关。

假设天线与馈电传输线匹配，则信号源与天线的连接简图如图 4-6（a）所示。信号源的内部阻抗为 $Z_g = R_g + jX_g$。其中，R_g 为源的内电阻；X_g 为其电抗。发射状态下的天线与信号源的等效电路如图 4-6（b）所示。图中 V_g 为信号源峰值电压，其回路电流 I_g 为

$$I_g = \frac{V_g}{Z_g + Z_{in}} = \frac{V_g}{(R_g + R_1 + R_r) + j(X_g + X_{in})} \tag{4-12}$$

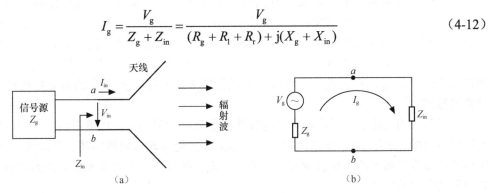

图 4-6　天线与信号源的等效电路

供给天线的辐射功率为 $P_r = \dfrac{1}{2}\left|I_g\right|^2 R_r = \dfrac{\left|V_g\right|^2}{2}\dfrac{R_r}{(R_g + R_1 + R_r)^2 + (X_g + X_{in})^2}$

天线的热损耗功率为 $P_1 = \dfrac{1}{2}\left|I_g\right|^2 R_1 = \dfrac{\left|V_g\right|^2}{2}\dfrac{R_1}{(R_g + R_1 + R_r)^2 + (X_g + X_{in})^2}$

信号源内阻的损耗功率为 $P_g = \dfrac{1}{2}\left|I_g\right|^2 R_g = \dfrac{\left|V_g\right|^2}{2}\dfrac{R_g}{(R_g + R_1 + R_r)^2 + (X_g + X_{in})^2}$

在共轭匹配的情况下，即 $Z_{in} = Z_g{}^*$ 时，信号源馈给天线的功率最大，称为最佳匹配。此时有 $R_g = R_r + R_1$，$X_{in} = -X_g$，因此有

$$P_r = \frac{\left|V_g\right|^2}{8}\frac{R_r}{(R_1 + R_r)^2} \tag{4-13}$$

$$P_1 = \frac{\left|V_g\right|^2}{8}\frac{R_1}{(R_1 + R_r)^2} \tag{4-14}$$

$$P_g = \frac{\left|V_g\right|^2}{8}\frac{R_g}{(R_1 + R_r)^2} = \frac{\left|V_g\right|^2}{8R_g} \tag{4-15}$$

在共轭匹配条件下，由式（4-13）～式（4-15）显然有 $P_r + P_l = P_g$。

信号源供给功率（总功率）为

$$P_g = \frac{1}{2} I_g V_g^* = \frac{|V_g|^2}{4} \frac{1}{R_l + R_r} = P_g + P_r + P_l \tag{4-16}$$

这说明在共轭匹配情况下，信号源供给的功率一半以热损耗的形式消耗在源的内阻上，一半功率馈给天线。馈给天线的功率一部分向空间辐射出去，由辐射电阻表示，其余部分以热的形式消耗掉。如果不计天线损耗，则共轭匹配时天线的辐射功率只有信号源所能供给的总功率的一半。

4.1.7　天线带宽

天线的性能参数如输入阻抗、方向图、主瓣宽度、副瓣电平、波束指向、极化、增益等一般是随频率的改变而变化的，有些参数随频率的改变变化较大，从而使电气性能下降。因此，工程上一般都要给出天线的频带宽度，简称天线的带宽，其定义为：天线某个性能参数符合规定标准的频率范围。这个频率范围的中点处频率称为中心频率 f_0，以此频率范围作为天线的带宽，在此频带宽度内的天线性能参数与中心频率上的值进行比较，均符合规定的标准。

不同形式的天线以及天线的不同电气性能参数对频率的敏感程度不同。例如，对称振子天线的方向图、方向性系数随频率改变的变化不大，但其输入阻抗则随频率改变而变化很大，因而匹配程度受频率的改变影响较大。所以，在一些对方向图形状要求不高的系统中，主要解决阻抗带宽的问题。

天线带宽的表示方法通常有三种。

（1）绝对带宽：指天线能实际工作的频率范围，即上下限频率之差。

$$\Delta f = f_2 - f_1 \tag{4-17}$$

（2）相对带宽：它由上下限频率之差与中心频率之比来表示。

$$\Delta f = \frac{f_2 - f_1}{f_0} \times 100\% \tag{4-18}$$

（3）比值带宽：指上下限频率之比，即 $f_2 : f_1$，如 10:1 的带宽。

4.1.8　电磁场仿真软件 HFSS

HFSS（High Frequency Structure Simulator）是 Ansoft 公司推出的三维电磁仿真软件，是世界上第一个商业化的三维结构电磁场仿真软件，是业界公认的三维电磁场设计和分析的工业标准。HFSS 提供了一个简洁直观的用户设计界面、精确自适应的场解器、拥有电性能分析能力强大的后处理器，能计算任意形状三维无源结构的 S 参数和全波电磁场。HFSS 软件拥有强大的天线设计功能，它可以计算天线参量，如增益、方向性、远场方向图剖面、远场 3D 图和 3dB 带宽；绘制极化特性，包括球形场分量、圆极化场分量、Ludwig 第三定义场分量和轴比。使用 HFSS，可以计算：基本电磁场数值解和开边界问题，近远场辐射问题；端口特征阻抗和传输常数；S 参数和相应端口阻抗的归一化 S 参数；结构的本征模或谐振解。而且，由 Ansoft HFSS 和 Ansoft Designer 构成的 Ansoft 高频解决方案，是目前唯一以物理原型为基础的高频设计解决方案，提供了从系统到电路直至部件级的快速而精确的设计手段，覆盖了高频设计的所有环节。

在天线设计中，HFSS 可为天线及其系统设计提供全面的仿真功能，精确仿真计算天线的各种性能，包括二维、三维远场/近场辐射方向图、天线增益、轴比、半功率波瓣宽度、内部电磁场分布、天线阻抗、电压驻波比和 S 参数等。

4.2　RFID 中常用的天线

RFID 系统中背向散射技术中常用的一种基本天线是半波偶极子天线。这种天线的长度为工作频率波长的一半，天线在谐振频率上的辐射阻抗为73Ω，与标准的通信系统接口的75Ω 或者50Ω 比较接近，方便进行阻抗匹配。典型的偶极子天线由两个等长的线型放置的辐射臂构成，中间连接至一个交流源（也就是辐射源）。理想中的偶极子天线是中空的圆柱状的管子。RFID 系统中的偶极子天线常采用印刷在电路板或者其他媒介上的带状偶极子，可以称之为印刷偶极子。二者虽然形状不同，但是在基本的辐射性质上是一样的。本节将首先分析理想偶极子的特点，随后介绍 RFID 系统中的偶极子天线的特征，包括折叠偶极子和其他处理方式之后的偶极子天线。

4.2.1　RFID 天线的基本要求与指标

由于 RFID 标签附着在物品上之后，标签的方向相对于读写器可能是任意的无规则排列。因此，背向散射式 RFID 系统中的标签的天线应是全向性天线，以保证在任何角度上，读写器都能够成功地读取标签 ID。

其他与 RFID 标签天线设计密切相关的设计要求如下。

（1）频段：每个国家分配给 RFID 使用的频段都不相同，设计的 RFID 天线需要工作在相应的频段上。

（2）外形和尺寸：RFID 标签需要能够方便地贴附于诸如行李箱、包装盒、设备外壳等物体上，因此标签天线的外形必须满足贴附的要求。

（3）读写距离：在各地区规定的 RFID 系统的发射能量下，读写器能读取标签信息的最小距离，与天线的增益、方向性以及天线与标签之间的阻抗匹配程度有关。

（4）成本：RFID 标签的使用数量巨大，必须满足低成本的要求。在设计标签时，成本的限制对天线的材质和基板材料提出了限制。常用的 RFID 标签天线的材料是铜、铝或者银墨。

（5）可靠性：RFID 标签的使用环境常包括不同温度、湿度和其他恶劣环境，对标签的可靠性有一定的要求。

4.2.2　偶极子天线

偶极子天线的馈电方式采用差分馈电方式。所谓的差分馈电，就是天线的馈电处一端接正电压，另一端接负电压。由于天线本身具有一定的电容和电感，当交流电加载到馈点时，电容的充放电和导体上的传导电流会产生电磁场。变化的交流电导致了变化的磁场，从而向空间中辐射电磁波。一般来说，偶极子天线可以理解为两段彼此耦合的导线。在馈入交流电后，导线的等效电容积累电子产生电势。根据模拟电子技术中电容的充电过程可知，这种电势具有抵抗充电电能的趋势。当电流流过电容的一极时，根据安培定律，位移电流产生磁场。

此磁场会阻碍电荷继续积累。当馈入的电压和积累的电势达到数值上的相等时，会彼此抵消。这种效应持续进行，就导致了谐振并能向外部空间辐射电磁波。偶极子天线附近的电磁场示意图如图 4-7 所示。

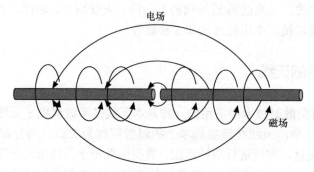

图 4-7 偶极子天线附近的电磁场示意图

常用的偶极子天线是半波偶极子。半波偶极子的天线长度为工作波长的一半。根据第 2 章的电磁波的辐射分析，可以计算半波偶极子的远场电磁场强度。

$$E_\theta \simeq j\eta \frac{I_0 e^{-jkr}}{2\pi r}\left[\frac{\cos(\frac{\pi}{2}\cos\theta)}{\sin\theta}\right] \tag{4-19}$$

$$H_\varphi \simeq j\frac{I_0 e^{-jkr}}{2\pi r}\left[\frac{\cos(\frac{\pi}{2}\cos\theta)}{\sin\theta}\right] \tag{4-20}$$

半波偶极子的功率密度可以表示为

$$W_{av} = \eta\frac{|I_0|^2}{8\pi^2 r^2}\left[\frac{\cos(\frac{\pi}{2})}{\sin\theta}\right]^2 = \eta\frac{|I_0|^2}{8\pi^2 r^2}\sin^3\theta \tag{4-21}$$

辐射功率为

$$P_{rad} = \eta\frac{|I_0|^2}{4\pi}\int_0^\pi \frac{\cos^2(\frac{\pi}{2}\cos\theta)}{\sin\theta}d\theta \tag{4-22}$$

半波偶极子三维辐射图如图 4-8 所示。

半波偶极子天线的辐射阻抗是 73Ω，与通信系统中常用的 50Ω 或者 75Ω 较为接近，在半波偶极子谐振时比较容易实现阻抗匹配。半波偶极子电场和磁场可以根据式（2-23）和式（2-24）计算得到。

偶极子天线的输入阻抗为

$$Z_A = \left[122.65 - 204.1kl + 110(kl)^2\right]$$
$$- j\left[120\left(\ln\left(\frac{2l}{a}\right) - 1\right)\cot(kl) - 162.5 + 140kl - 40(kl)^2\right] \tag{4-23}$$

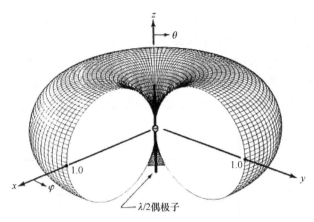

图 4-8　半波偶极子三维辐射图

式中，$k = \omega\sqrt{\varepsilon\mu}$，在满足 $1.3 \leqslant kl \leqslant 1.7$，$0.001588 \leqslant a/\lambda \leqslant 0.009525$ 时，偶极子天线的输入阻抗可以由此公式计算。

偶极子天线的三维和二维辐射图如图 4-9 所示。

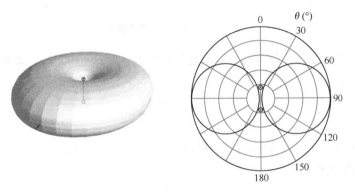

图 4-9　偶极子天线辐射图

在射频识别系统中，标签天线需要满足制造工艺简单、成本低廉等要求。圆柱状的偶极子天线不适合直接用于 RFID 系统中。射频识别技术中使用的偶极子天线为了满足制作的要求，常采用的不是典型的圆柱天线臂，而是扁平的印刷带状天线。印刷偶极子天线在天线的宽度不过大时，可以等效为细长圆柱偶极子天线。等效的细长圆柱偶极子的振子臂的半径为印刷偶极子的四分之一，等效后的天线阻抗和辐射图等其他特性按照圆柱偶极子天线来计算。

4.2.3　折叠偶极子

结构简单的半波偶极子能较好地在实现谐振频率的基础上，实现全向辐射特性和固定的（73+j42.5）Ω 的输入阻抗。但是半波偶极子较窄的带宽及其固定的阻抗限制了其在射频识别技术中的应用。将两个偶极子并列放置并在天线的端点上短路，可以构成如图 4-10 所示的折叠偶极子。有馈电点的一支成为驱动臂，另一支成为寄生臂。

改变折叠偶极子的间隙 s 和宽度能变换折叠偶极子

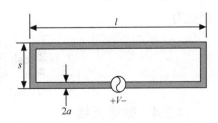

图 4-10　折叠偶极子示意图

天线的阻抗。同时，折叠偶极子天线的带宽也比半波偶极子天线的大。

折叠偶极子天线的输入阻抗可以采取如下的方式计算。

假定折叠偶极子的驱动臂和寄生臂的宽度等几何参数相同，设馈电点的电压为 V ，则流过天线的电流可以分为两部分：传输线模式电流和天线模式电流。图 4-11 是这种分析模型的示意图。I 为驱动臂上流过的总电流，I_T 为传输线模式电流的大小，I_A 为天线模式上的电流。

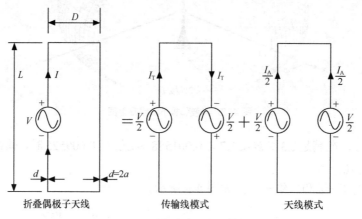

图 4-11 折叠偶极子分析模型

根据图 4-11 的描述，分解前流过驱动臂的电流 I 等于 $I_\mathrm{T}+(1/2)I_\mathrm{A}$ 。折叠偶极子的天线输入阻抗可以表示为

$$Z_\mathrm{in} = \frac{V}{I_\mathrm{T}+(1/2)I_\mathrm{A}}\qquad(4\text{-}24)$$

在图 4-11 所示的分析模型中，传输线模式在馈电点的输入电压为 $V/2$ ，电流为 I_T ，因此传输线模式下的输入电阻为

$$I_\mathrm{T} = \frac{V}{2Z_\mathrm{T}}\qquad(4\text{-}25)$$

式中，Z_T 为终端短路的双线传输线的输入阻抗。

在等效的天线模式中，两个相等的电流并行连接到同一个馈点上。长为 l 的终端短路的传输线的阻抗计算公式为

$$Z_\mathrm{T} = Z_0 \left.\frac{Z_\mathrm{L}+jZ_0\tan(kl)}{Z_0+jZ_\mathrm{L}\tan(kl)}\right|_{Z_\mathrm{L}=0} = jZ_0\tan(kl)\qquad(4\text{-}26)$$

式中，由于终端短路 $Z_\mathrm{L}=0$ ，Z_0 为传输线的特征阻抗。间距为 s 、半径为 a 的传输线的特征阻抗为

$$Z_0 = \frac{\eta}{\pi}\cosh^{-1}\left(\frac{s/2}{a}\right) = \frac{\eta}{\pi}\ln\left[\frac{s/2+\sqrt{(s/2)^2-a^2}}{a}\right]\qquad(4\text{-}27)$$

4.2.4 微带天线

在 RFID 系统标签天线技术要求应用中，当天线的尺寸大小、重量、造价、性能、安装

难易等都受到限制，常选用微带天线。

这种天线有薄的平面结构，通过选择特定的贴片形状和馈电方式或在贴片和介质基片间加负载，以获得或调整所需的谐振频率、极化、模式、阻抗等各参量。

1. 微带贴片天线结构

图 4-12 为传输线馈电方式的微带天线结构，它由很薄的金属带以远小于波长的间隔 h 置于接地导电板面上而制成，贴片与地板之间填充有介质基片。辐射单元通常刻在介质基片上。

微带贴片这样设计是为了在贴片的侧射方向有最大的辐射，这可以选择不同的贴片形状激励方式来实现。贴片可以是方形、矩形、圆形、椭圆形、三角形等。

2. 微带贴片天线辐射机理

微带天线的辐射是由其导体边沿和地板之间的边缘场产生的。其辐射机理实际上是高频的电磁泄漏。一个微波电路如果不是被导体完全封闭，电路中的不连续处就会产生电磁辐射。当频率较低时，

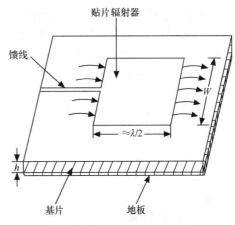

图 4-12　微带天线结构示意图

因为电尺寸很小，电磁泄漏小；但随着频率的增高，电尺寸增大，泄漏就大。再经过特殊设计，即放大尺寸做成贴片状，并使其工作在谐振状态，辐射明显增强，辐射效率大大提高，而成为有效的天线。

设辐射贴片与接地板间的介质基片中的电场沿贴片宽度 a 方向和厚度 h 方向均无变化，仅沿贴片长度 b 方向有变化，其结构如图 4-13（a）所示，则辐射场可认为是由贴片沿长度方向的两个开路端上的边缘场产生，如图 4-13（b）、图 4-13（c）所示。将边缘场分解为水平和垂直分量，由于贴片长度 $b = \lambda/2$，故两开路端的垂直电场分量反相，该分量在空间产生的场互相抵消（或很弱），而水平分量的电场是同相的。因此，远区的辐射场主要由水平分量场产生，最大辐射方向在垂直于贴片的方向。

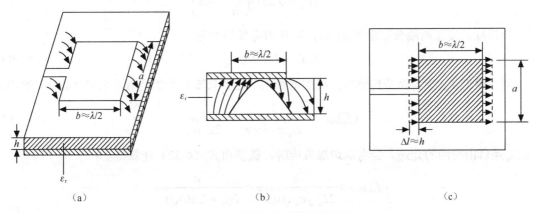

（a）　　　　　　　　　　　（b）　　　　　　　　　　　（c）

图 4-13　微带贴片天线辐射原理图

由此分析可见，矩形微带天线，可用两个相距 $\lambda/2$、同相激励的缝隙天线来等效。缝的

长度为辐射片的宽度 $W \approx \lambda_0 / 2$，缝宽 $\Delta l \approx h$，两缝隙在空间产生辐射作用。这是微带天线的传输线模型分析方法的解释。

如果介质基片中的电场同时沿贴片天线的宽度和长度方向都有变化，这时微带天线可用贴片四周缝隙的辐射来等效。

3. 微带贴片天线的设计

在微带贴片的边缘将产生边缘效应。图 4-14（a）所示的微带传输线，其电场分布如图 4-14（b）所示。大部分电力线在两种介质中的分布是不均匀的。当 $W/h \gg 1$ 及 $\varepsilon_r \gg 1$ 时，电力线主要分布在介质中。这时边缘效应使微带传输线的电尺寸比其实际尺寸要大。当部分波在介质中传播、部分波在空气中传播时，需引入有效介电常数 ε_{re} 来说明边缘效应和波在传输线中的传播。

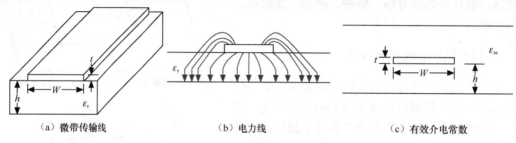

（a）微带传输线　　　　　　　（b）电力线　　　　　　　（c）有效介电常数

图 4-14　微带传输线的边缘效应

在大多数情况下，有效介电常数可表示为

$$\varepsilon_{re} = \frac{\varepsilon_r + 1}{2} + \frac{\varepsilon_r + 1}{2}\left(1 + 12\frac{h}{W}\right)^{-1/2}, W/h > 1 \qquad (4\text{-}28)$$

由于边缘效应，贴片的长度沿贴片长边的两端分别被拉长了 ΔL，它的大小与有效介电常数 ε_{re}、宽度和高度的比值（W/h）有关。其切实有效的估算关系由式（4-29）给出：

$$\frac{\Delta L}{h} = \frac{0.412(\varepsilon_{re} + 0.3)\left(\dfrac{W}{h} + 0.264\right)}{(\varepsilon_{re} - 0.258)\left(\dfrac{W}{h} + 0.8\right)} \qquad (4\text{-}29)$$

当贴片长度在两端分别延长 ΔL 时，贴片的有效长度为

$$L_e = L + 2\Delta L \qquad (4\text{-}30)$$

对主模 TM_{010}^{x} 模，微带传输线天线的谐振频率是和长度有关的函数，由式（4-31）给出。

$$(f_r)_{010} = \frac{1}{2L\sqrt{\varepsilon_r}\sqrt{\mu_0 \varepsilon_0}} = \frac{c}{2L\sqrt{\varepsilon_r}} \qquad (4\text{-}31)$$

c 是自由空间的光速。当考虑边缘效应时，就要由式（4-32）计算得出：

$$(f_{rc})_{010} = \frac{1}{2L_e\sqrt{\varepsilon_{re}}\sqrt{\mu_0 \varepsilon_0}} = \frac{c}{2(L + 2\Delta L)\sqrt{\varepsilon_{re}}}$$

$$= q\frac{c}{2L\sqrt{\varepsilon_{re}}} \qquad (4\text{-}32)$$

式中，$q = \dfrac{(f_{rc})_{010}}{(f_r)_{010}}$，被称为边缘因子。当介质的高度 h 增加时，边缘因子将加强，从而导致 L_e 增大，同时谐振频率 $(f_{rc})_{010}$ 降低。

图 4-15 是一种用作 RFID 读写器天线的微带天线。图 4-16 为此天线的辐射图。可以清晰地看到，此微带天线的主瓣大概为 60°。

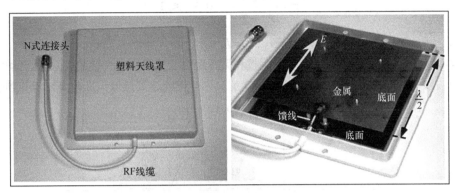

图 4-15 RFID 系统中的微带天线实例

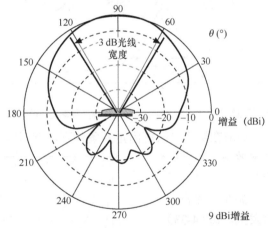

图 4-16 微带天线辐射图

4.3 天线阻抗匹配

在 RFID 技术中，标签天线的设计是十分重要的。在有源 RFID 技术中，标签天线可以直接借用一般无线通信系统中的通信天线，LF 和 HF 频段的 RFID 技术使用的电感耦合式的工作原理和设计方式已在前文介绍过。本节主要介绍 UHF 频段的 RFID 天线技术，这个频段的 RFID 是被动无源式 RFID，采用背向散射式工作方式。标签性能在读写器发射功率固定的情况下，直接决定了读写距离。

UHF RFID 中最关键的标签性能指标就是读写距离。相对于标签而言，读写器的灵敏度很高，对读写距离影响最大的就是标签的性能，其次包括标签的朝向、被标签附着的物体的表面材质、工作环境等。

读写距离 r 可以用 Friis 电磁波自由空间传输公式计算：

$$r = \frac{\lambda}{4\pi} \sqrt{\frac{P_t G_t G_r \tau}{P_{th}}} \tag{4-33}$$

式中，λ 是波长，P_t 是读写器发射能量，G_t 是发射天线的增益，G_r 是接收天线的增益，P_{th} 是 RFID 标签芯片能正常工作的阈值，τ 是传输效率。τ 定义为

$$\tau = \frac{4 R_c R_a}{\left| Z_c + Z_a \right|^2}, \ 0 \leqslant \tau \leqslant 1 \tag{4-34}$$

式中，$Z_c = R_c + jX_c$ 为芯片的输出阻抗，$Z_a = R_a + jX_a$ 为天线输入阻抗。

图 4-17 描述了天线阻抗、芯片输出阻抗和读写距离三者随频率变化的关系图。读写距离的峰值对应的频率成为标签谐振频率。标签带宽定义为标签能达到最低识别距离要求的频段范围。

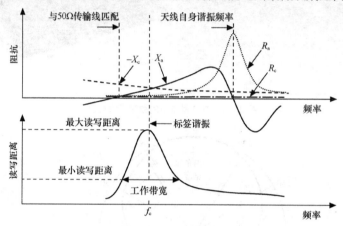

图 4-17 天线阻抗、芯片输入阻抗和读写距离随频率变化的关系示意图

从式（4-33）中，可以知道在接收灵敏度固定的条件下，读写距离由读写器有效的发射能量、标签天线增益和传输效率 τ 的乘积决定。τ 是一个与频率相关并主要决定了标签谐振的参数。标签的谐振在芯片和天线的阻抗达到共轭匹配时发生。式（4-33）能用因子 $r_0 = (\lambda/4\pi)\sqrt{P_t G_t / P_{th}}$ 进行归一化。此归一化因子是指拥有 0dBi 天线的标签在工作频段上完全匹配（$\tau=1$）情况下的读写距离。归一化后的标签性能等高线如图 4-18 所示。

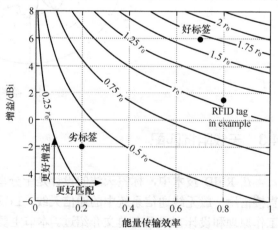

图 4-18 归一化标签性能等高线

RFID 标签天线的设计是在天线增益、阻抗、带宽等指标中不断妥协的过程。图 4-18 可以用于评估标签天线的设计效果。

4.3.1 T-Match 技术

标准 T-Match 是一种对称的平衡阻抗匹配结构，可直接用于 RFID 芯片的差分端口与偶极子之间的阻抗匹配。如图 4-19 所示，标准 T-Match 主要由两部分构成：线宽为 w_1 的长偶极子天线和线宽为 w_2 和长度为 l 的短偶极子。长为 l 的短偶极子与长偶极子平行，接着延伸

并与长偶极子短接，两者的间距为 s。图 4-20 是 T-Match 结构的等效电路图。

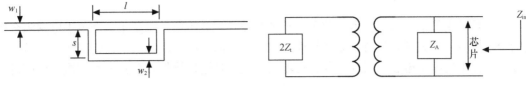

图 4-19　标准 T-Match 结构　　　　图 4-20　T-Match 等效电路图

由于 RFID 标签天线是平面印刷天线，基于传输线理论分析标准 T-Match 时，有效半径等效为线宽的 1/4。终端短路的传输线的输入阻抗 Z_t 为

$$Z_t = \mathrm{j}60\cosh^{-1}\left(\frac{s^2 - (w_1/4)^2 - (w_2/4)^2}{2(w_1/4)(w_2/4)}\right)\tan\left(k\frac{1}{2}\right) \tag{4-35}$$

式中，k 为波数。

电流流过天线时，在短接点以比例 α 发生分离，α 与两个偶极子的线宽和间距 s 有关。

$$\alpha = \frac{\cosh^{-1}\left(\dfrac{r_2^2 - r_1^2 + 1}{2r_2}\right)}{\cosh^{-1}\left(\dfrac{r_2^2 + r_1^2 - 1}{2r_1 r_2}\right)} \tag{4-36}$$

式中，$r_1 = \dfrac{w_1/4}{w_2/4}$，$r_2 = \dfrac{s}{w_2/4}$。因此，长偶极子的输入阻抗与匹配部分的阻抗以 $(1+\alpha)/1$ 耦合。若偶极子天线的阻抗为 $Z_a = R_a + \mathrm{j}X_a$，则完整的天线输入阻抗 Z_{in} 为

$$Z_{in} = R_{in} + \mathrm{j}X_{in} = \frac{2Z_t\left[(1+\alpha)^2 Z_a\right]}{2Z_t + (1+\alpha)^2 Z_a} \tag{4-37}$$

在不考虑尺寸限制的情况下，根据式（4-35）适当选取 w_1、w_2、l 和 s，可以使用标准 T-Match 将天线的输入阻抗变换到与标签低电阻、高电抗的高相位角阻抗相共轭匹配的范围，从而在工作频段取得较小的回损。图 4-21 是 T-Match 结构在 $Z_a = 75\Omega$，$l = \lambda/2$ 时的天线阻抗等高线。

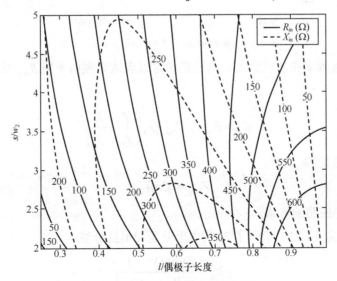

图 4-21　T-Match 结构阻抗匹配等高线

4.3.2 电感匹配技术

另一种常用的电感匹配技术是使用电感耦合技术。分析此技术基于一个关于电感耦合馈电的分析模型，探究其阻抗特性来实现天线和芯片间的宽频带阻抗匹配。值得注意的是，此设计方法并不局限于电子小天线，并且这项匹配技术是通过比较计算数值和测量数值而得到验证的。

分析模型：电感匹配技术的馈电结构如图 4-22（a）所示。天线由一个小的矩形环和一个辐射（谐振）体组成，其中，辐射（谐振）体是耦合电感。回路的两端直接连接在芯片上。耦合的强度由回路和辐射体之间的距离及回路的形状来控制。图 4-22（b）为电感耦合馈电结构的等效电路。电感耦合由一个变压器产生。天线的输入阻抗 Z_A 由式（4-38）给出。

$$Z_A = R_A + jX_A = Z_{loop} + \frac{(2\pi f M)^2}{Z_{rb}} \tag{4-38}$$

式中，Z_{rb} 与 Z_{loop} 分别是辐射体的阻抗与馈电回路的阻抗。M 是辐射体与馈电回路之间的互感，可以由假设辐射体是无限长时推导分析而得。

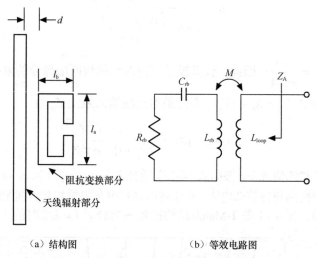

（a）结构图　　　　　　（b）等效电路图

图 4-22　电感耦合匹配技术结构图与等效电路图

辐射体的谐振频率在 f_0 附近时，它的阻抗可以表达为辐射电阻 $R_{rb,0}$ 及品质因数 Q_{rb} 关于频率的方程，即

$$Z_{rb} = R_{rb,0} + jR_{rb,0}Q_{rb}\left(\frac{f}{f_0} - \frac{f_0}{f}\right) \tag{4-39}$$

馈电回路的阻抗为

$$Z_{loop} = j2\pi f L_{loop} \tag{4-40}$$

式中，L_{loop} 是馈电回路的自感。

式（4-41）、式（4-42）给出了 Z_A 的电阻分量和电抗分量：

$$R_A = \frac{(2\pi f M)^2}{R_{rb,0}} \frac{1}{1 + u^2} \tag{4-41}$$

$$X_{\mathrm{A}} = 2\pi f L_{\mathrm{loop}} - \frac{(2\pi f M)^2}{R_{\mathrm{rb},0}} \frac{1}{1+u^2} \tag{4-42}$$

式中，$u = Q_{\mathrm{rb}}\left(f/f_0 - f_0/f\right)$。当 $f = f_0$ 时，Z_0 的分量为

$$R_{\mathrm{A},0} = R(f=f_0) = \frac{(2\pi f_0 M)^2}{R_{\mathrm{rb},0}} \tag{4-43}$$

$$X_{\mathrm{A},0} = X_{\mathrm{A}}(f=f_0) = 2\pi f_0 L_{\mathrm{loop}} \tag{4-44}$$

由式（4-43）和式（4-44）可知，$R_{\mathrm{A},0}$ 只取决于 M，$X_{\mathrm{A},0}$ 只取决于 L_{loop}。因此，$R_{\mathrm{A},0}$ 及 $X_{\mathrm{A},0}$ 可以独立调整。这意味着，提出的反馈结构得到了简单容易的方式去匹配天线的阻抗和任意芯片的阻抗 $Z_{\mathrm{c}} = R_{\mathrm{c}} + jX_{\mathrm{c}}$。

图 4-23 是针对一个阻抗为（6.2−j127）Ω 的标签芯片采用电感匹配技术设计的标签天线，工作在 915MHz。图 4-23（a）为天线的几何参数和电阻曲线图，图 4-23（b）为电抗曲线图。

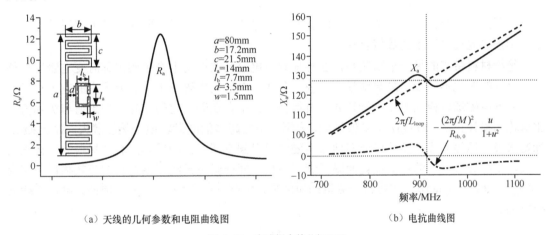

（a）天线的几何参数和电阻曲线图 （b）电抗曲线图

图 4-23 电感耦合的共轭匹配

4.4 环境影响

前面介绍了 RFID 标签天线的相关内容。RFID 标签需被贴附到各种物品，如塑料包装盒、纸盒、水瓶、金属制品等物件上。这些物体上的 RFID 标签性能将受到环境的极大影响。下面分析环境因素对 RFID 标签的影响和相应的解决方式。

4.4.1 物品材质的介电常数对标签性能的影响

按照材料的介电常数不同，可以将材料大致分为三大类：绝缘材料、导体材料和磁性材料。由于磁性材料很少见，主要考虑绝缘材料和导体材料对 RFID 标签天线的影响。在微波频段，没有材料是绝对的绝缘材料或者导体材料。

绝缘材料暴露在电场中时，自身会产生一个电场。此自生电场具有抵消部分初始电场的作用。两个电场的相互作用可以用相对介电常数 ε_{r} 来描述。此参数对介质中的电场具有重要的意义。如果令 c 为光速，那么相对介电常数为 ε_{r} 的材料中的电子移动速度 v 为

$$v = \frac{c}{\sqrt{\varepsilon_r}} \tag{4-45}$$

由于天线工作在谐振频率上时，天线周围的电磁场发生谐振。如果由于材料介电常数的影响导致电场性质发生变化，天线的谐振状态将受到影响。一般来说，引入比自由空间的介电常数大的材料会导致天线谐振频率下降。因而会造成标签天线的阻抗失配和谐振频率偏移，进而导致标签不能正常工作。例如一个在自由空间能正常工作的半波偶极子天线，嵌入一个介电常数为 ε_r 的材料中时，半波偶记子的长度比材料中的电磁波半波长大 $\sqrt{\varepsilon_r}$。因此，此天线的谐振频率将减小 $1/\sqrt{\varepsilon_r}$。

由于标签被贴附到各种不同的材料上，标签的一边是绝缘材料，一边是空气。空气的相对介电常数近似为 1。在这种情况下，可以通过计算得到等效的相对介电常数 ε_{eff}。假设均匀介质能产生与实际非均匀介质几乎完全相等的电场效果，等效介电常数可以这样计算：

$$\varepsilon_{eff} \approx \frac{\varepsilon_r + 1}{2} \tag{4-46}$$

需要注意的是，式（4-46）只能用于近似的定性计算。如果需要在数值上取得精确的近似，则需要通过电磁场的数值算法实现。

绝缘材料带来的另一个影响是，在外加时变电磁场的作用下产生的内部时变电磁场与外加电磁场的变化不同步。简单地举例来说，在 900MHz 的电磁场下，水分子中的电子不可能跟随外界电磁场以相同的频率旋转并一直保持，而是存在着一定的差异。理想值与实际值的比值称为损耗正切，即 $\tan\delta$。此值越大，表示材料将越多的能量转换为热能散失。对于 RFID 标签来说，标签天线需要尽可能多地将电磁波辐射到空间中。如果其附着的材料的损耗正切较大，将会导致过多的能量损耗而降低读写距离。同样假设天线周围材料的等效损耗正切为 $\tan\delta_{eff}$。令 $Q_d = 1/\tan\delta_{eff}$ 为材料的等效品质因数，天线的品质因素为 Q_a。根据文献，天线的效率为

$$\eta = \frac{Q_a Q_d}{Q_a + Q_d} \tag{4-47}$$

由式（4-47）可以看出，控制损耗的一种方式是选择一个小 Q 值的天线。但是，小 Q 值的天线意味着大的天线尺寸，这一点在 RFID 技术中是不可接受的。因此，天线附近材料的高损耗正切值会降低天线的性能。

总而言之，标签附着的材料会改变天线的谐振频率，从而改变天线与标签之间的阻抗匹配效果，降低标签到天线的能量传输效率。例如，对于 ε_{eff} 的材料而言，一般偶极子的输入电阻会有小幅的增加，而电抗会以 $a\sqrt{\varepsilon_{eff}}R_a Q_a$ 的比例增加。材料对电磁波的损耗则使得天线辐射到自由空间的能量损失，降低了天线的能量辐射效率。

4.4.2 金属对标签的影响

金属作为导体对 RFID 标签产生的影响与绝缘材料不同。金属能十分明显地降低 RFID 标签的性能。这种影响可以使用镜像原理和阵列天线原理来解释。

如果天线的附近存在金属板，则在金属板的另一侧虚拟一个与实际天线对称的虚拟天线，两个天线上的电流大小相等，方向相反，如图 4-24 所示。此时金属板可以忽略不计，实际天

线与虚拟天线构成一个等效系统。在有实际天线的一侧，电磁场的分布等于虚拟天线和实际天线的场的复合，而在另一侧，场不存在。

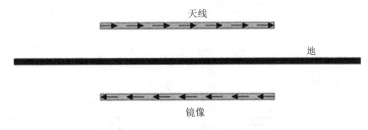

图 4-24　天线在金属板上的镜像

在天线镜像模型中，两个天线构成了二元天线阵列。按照阵列天线的理论，等效模型产生的辐射场为每个单独的天线产生的辐射场与阵因子的乘积。

对于间距为 $2h$、电流幅度比为 $1:I$、相位相差 α 的二元天线阵，阵因子为

$$S(\theta,\varphi)=\sum_{n=0}^{N-1}\dot{I}_n\mathrm{e}^{\mathrm{j}kZ_n\cos\theta}=1+I\mathrm{e}^{\mathrm{j}\alpha}\mathrm{e}^{\mathrm{j}kd\cos\theta}\qquad（4-48）$$

因此，可以计算得到其电场分布为

$$E(\theta,\phi)=\mathrm{j}\eta\frac{kI_0l\mathrm{e}^{-jkr}}{4\pi r}\sqrt{1-\sin^2\theta\sin^2\phi}\,[2\mathrm{j}\sin(kh\cos\theta)]\qquad（4-49）$$

在 h 相对于波长很小时，一般偶极子的远场辐射图可以理解为两个大小相等，方向相反的电场的叠加，结果趋近于 0。因此金属物体对 RFID 标签性能的影响是致命的。

在天线的辐射效率方面，由于天线在靠近金属表面时，其辐射电阻以 $\sin^2(2\pi/\lambda)$ 急剧减小，在天线和金属表面的距离比较近时，其辐射电阻等效为 $2(2\pi/\lambda)^2$，导致天线的辐射效率降低，影响了天线的性能。

4.4.3　抗金属标签的设计

由于金属物体的存在对 RFID 标签天线性能的影响是一项必须考虑的因素，很多方法被用于设计能在金属物体上正常工作的 RFID 标签天线，即抗金属标签天线。根据前面的分析，抗金属的设计主要从以下几个方向考虑：一是改变天线的形状，增加天线辐射阻抗和其他特征提升辐射效率和场效果；二是使用特殊的结构，破坏镜像效果。

1. 变结构天线

由于单纯的偶极子天线在靠近金属板时，天线的阻抗变换较大，而且天线可调整的参数不多，用作抗金属标签天线并不理想。将两个或者多个偶极子或者折叠偶极子并行连接，能增加天线的辐射阻抗，从而提高天线的辐射效率，同时可以调整不同分支天线的参数来获取比较理想的阻抗匹配效果和增益。这种设计方式在做定性分析时，仍然适用镜像原理。

从前面的分析可以知道，折叠偶极子的阻抗比单偶极子大。因此设计抗金属标签天线的一种方式是采用并联的折叠偶极子天线并通过阻抗匹配网络与标签芯片实现共轭匹配。图 4-25 是由双折叠偶极子天线并联之后通过 T-Match 技术连接的抗金属标签天线。图 4-26 是该标签天线在距离金属表面不同距离上的天线阻抗的仿真曲线。

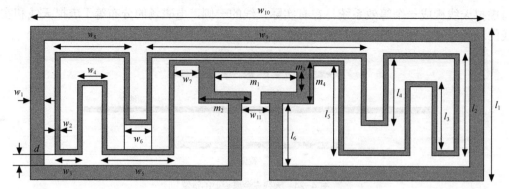

图 4-25　双折叠偶极子抗金属标签天线

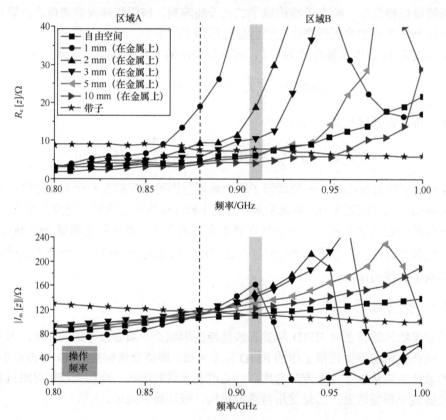

图 4-26　匹配后的天线阻抗随天线与金属板距离的仿真曲线

　　该标签使用的芯片是 Alien Higgs2 芯片，其输出阻抗在频率 910MHz 时为（7.4–j113）Ω。根据标签芯片输出阻抗和天线输入阻抗共轭匹配的要求，图 4-27 是该天线在距离金属标签不同距离上的阻抗测量结果，图 4-28 为频率 910MHz 上标签天线的辐射图。

2. AMC 与 EBG 结构

　　设计抗金属标签的另一种方法是使用特殊结构破坏镜像效果。

　　一种方法是使用 EBG（Electromagnetic Band-Gap）结构。该结构是一种周期性结构，可以控制电磁场的传播。

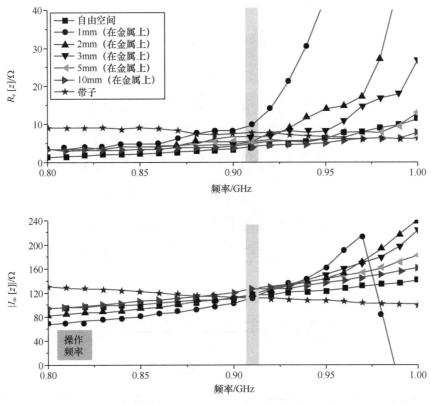

图 4-27 标签天线阻抗测量曲线

镜像效果的根本原因是，金属表面是理想电边界（Perfect Electrical Conduct，PEC）时，在发射电磁波时有 180°的相移。理想磁边界（Perfect Magnetic Conduct, PMC）反射电磁波时，相移为 0°。但是 PMC 在自然界中并不存在。EBG 结构能在一个特定的频段实现 0°相移的电磁波反射效果。需要注意的是，EBG 结构对电磁波的反射效果是与频率有关的，即其反射的电磁波的相移，随频率的不同呈现不同的值。

EBG 结构的典型构成如图 4-29 所示。整个 EBG 由按一定间距排列的导体块组成，其中间通过过孔与金属底板连接，形成类似于蘑菇的形状。图 4-29 中的每个 EBG 单元宽度为 W，间距为 g，高度为 h。

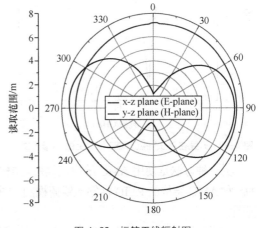

图 4-28 标签天线辐射图

若在 EBG 结构上放置一个工作在 12GHz 的半波偶极子天线，选择如下的尺寸 $W=0.12\lambda$，$g=0.02\lambda$, $h=0.04\lambda$, $r=0.0005\lambda$, $\varepsilon_r=2.20$，天线在 PEC、PMC、EBG 结构上的 S_{11} 参数如图 4-30 所示。PEC 材料，也就是金属表面一类的材料，仍然以 180°的相移反射电磁波，只能达到 −3dB 效果，而 EBG 结构在 12GHz 附近能够以非 180°的相移反射电磁波，能实现−27dB 的反射效果。EBG 结构的反射电磁波相移图如图 4-31 所示。使用 EBG 材料能很好地解决金属物体对标签性能的不利影响。

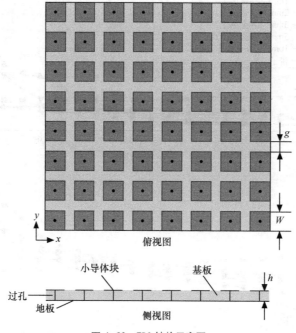

图 4-29　EBG 结构示意图

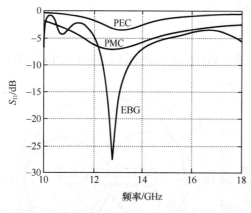

图 4-30　天线在 PEC、PMC、EBG 结构上的 S_{11} 参数图　　　　图 4-31　EBG 结构的反射电磁波相移图

　　另一种方法是使用 AMC 结构，其物理结构和电磁波的反射效果与 EBG 结构类似。图 4-32（a）为一种 AMC 结构的 RFID 标签天线俯视图，图 4-32（b）为此 AMC 结构的 RFID 标签天线底板俯视图。

　　AMC 与 EBG 的区别在于：AMC 的工作原理是利用蘑菇状的结构与地板之间形成的腔体的谐振。这种谐振很大程度上依赖于形成的腔体的高度 h 和阵列的传输相位。

$$\phi_r = k_z \cdot S - (2N+1) \cdot \frac{\pi}{2}, N = 0,1,2,\cdots \qquad (4-50)$$

　　EBG 结构的工作原理是，周期排列的阵元的谐振实现结构中行波和驻波的叠加形成表面波，阵元的长、宽和间距的不同导致不同比例的行波和驻波的汇聚在不同大小的有限空间中形成对不同频率的电磁波的不同反射效果。

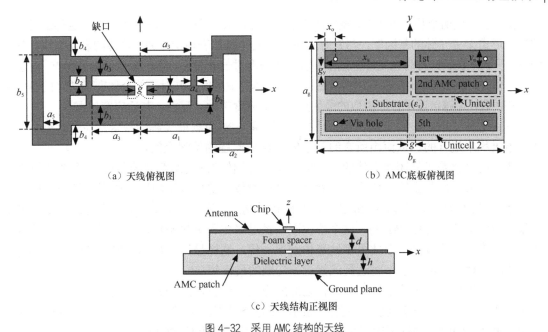

（a）天线俯视图　　　　　　　　　　　　　　（b）AMC 底板俯视图

（c）天线结构正视图

图 4-32　采用 AMC 结构的天线

利用 AMC 或者 EBG 结构的近似 PMC 性能，能够在一定的频率点上形成所需的电磁波反射效果，抵消掉金属表面的不利影响，实现抗金属 RFID 标签的设计。

4.5　RFID 天线优化

前面阐述了常用的 RFID 天线和阻抗匹配技术。调整 RFID 天线的阻抗和增益只能通过调整天线的几何参数来实现。天线外形几何尺寸参数较多时，通过理论分析模型只能确定主要参数，在实现精确的阻抗控制时，其他非主要参数也会产生一定的影响。如何确定一个天线的最优尺寸是一个重要的课题。随着电磁仿真软件的发展和各种优化算法在计算电磁场中的应用，这一问题可以通过电磁仿真软件和优化算法的结合来实现。本节介绍一个应用电磁仿真软件和遗传算法的联合优化机制。

4.5.1　遗传算法简介

遗传算法是模拟生物在自然环境中的遗传和进化过程而形成的一种自适应全局优化概率搜索算法。它起源于 20 世纪 60 年代对自然和人工自适应系统的研究。20 世纪 70 年代，De Jong 基于遗传算法的思想在计算机上进行大量纯数值函数优化计算实验，在一系列研究工作的基础上，由 Goldberg 在 20 世纪 80 年代归纳总结形成。在电磁场的数值算法用计算机实现后，遗传算法和电磁场计算方法的结合在天线优化领域得到了广泛的使用。

在遗传算法中，将 n 维决策向量 $X=[X_1, X_2, \cdots, X_n]$ 用 n 个记号 X_i 组成的符号串 X 表示。

$$X = X_1 X_2 X_3 \cdots X_n \Rightarrow X = [x_1, x_2, \cdots, x_n] \tag{4-51}$$

把每一个 X_i 看作一个遗传基因，它的所有可能取值称为**等位基因**，这样，X 就可以看作由 n 个遗传基因组成的一个染色体。一般情况下，染色体的长度 n 是固定的。根据不同的情况，这里的等位基因可以是一组整数，也可是某一范围内的实数或者是纯粹的一个记号。最简单的等位基因是由 0 和 1 这两个整数组成的，相应的染色体就可以表示为一个二进制符号串。这种编码形成的排列形式 X 是个体的基因型，与它对应的 X 值是个体的表现型。通常个体的表现型及其基因型是一一对应的，但有时也允许基因型和表现型是多对一的关系。染色体也称为个体 X，对于每一个个体 X，要按照一定的规则确定其适应度。个体的适应度与其对应的个体表现型 X 的目标函数值相关联，X 越接近于目标函数的最优点，其适应度越大，反之，其适应度越小。

在遗传算法中，决策变量 X 组成问题的解空间。对问题最优解的搜索是通过对染色体 X 的搜索过程来进行的，从而由所有的染色体 X 组成问题的搜索空间。

生物的进化是以集团为主体的。与此相对应，遗传算法的运算对象是由 M 个个体组成的集合，称为群体。与生物一代代的自然进化过程类似，遗传算法的运算过程也是一个反复迭代过程，第 t 代群体记作 $P(t)$，经过一代遗传和进化后，得到第 $t+1$ 代群体，它们也是由多个个体组成的集合，记作 $P(t+1)$。这个群体不断经过遗传和进化操作，并且每次都按照优胜劣汰的规则将适应度较高的个体更多地遗传到下一代，这样最终在群体中将会得到一个优良的个体 X，它对应的表现型 X 将达到或接近于句题的最优解 X^*。

生物的进化过程主要是通过染色体之间的交叉和染色体的变异来完成的。与此相对应，遗传算法中最优解的搜索过程也模仿生物的这个进化过程，利用遗传算子（Genetic Operators）作用于群体 $P(t)$ 中，进行下述遗传操作，从而得到新一代群体 $P(t+1)$。

（1）选择（Selection）：根据各个个体的适应度，按照一定的规则或者方法，从第 t 代群体 $P(t)$ 中选择出一些优良的个体遗传到下一代群体 $P(t+1)$ 中。

（2）交叉（Crossover）：将群体 $P(t)$ 内的各个个体随机搭配成对，对每一对个体，以某个概率（称为交叉概率）交换它们之间的部分染色体。

（3）变异（mutation）：对群体 $P(t)$ 中的每一个个体，以某一概率（称为变异概率）改变某一个或者某一些基因座上的基因值为其他的等位基因。

4.5.2 遗传算法的运算过程

遗传算法的运算过程如图 4-33 所示。

由图 4-33 可以看出，使用上述三种遗传算子（选择算子、交叉算子、变异算子）的遗传算法的主要运算过程如下。

步骤一：初始化。设置进化代数计数器 $t=0$；设置最大进化代数 T；随机生成 M 个个体作为初始群体 $P(0)$。

步骤二：个体评价。计算群体 $P(t)$ 中各个个体的适应度。

步骤三：选择运算。将选择算子作用于群体。

步骤四：交叉运算。将交叉算子作用于群体。

步骤五：变异运算。将变异算子作用于群体。群体 $P(t)$ 经过选择、交叉、变异运算后得到下一代群体 $P(t+1)$。

步骤六：终止条件判断。若 $t<T$，则 t 加 1，转到步骤二；若 $t>T$，则以进化过程中得到的具有最大适应度的个体作为最优解输出，终止计算。

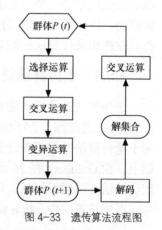

图 4-33 遗传算法流程图

4.5.3 遗传算法在天线优化中的应用

将遗传算法应用到射频识别标签天线优化领域中时，天线的几何参数作为其中的 X_i 出现；

而天线的性能，如天线的增益等作为判断适应度的函数出现。在以 MATLAB 为平台的天线优化设计方法中，MATLAB 作为控制软件，用 VB 语言编写脚本，调用天线仿真软件 HFSS，建立天线模型并仿真得到结果，输出 m 文件。MATLAB 读取 m 文件内的结果后判断优化的结果是否为最优。天线设计的具体流程如图 4-34 所示。

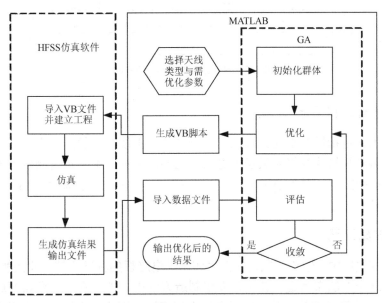

图 4-34　基于 MATLAB 的天线优化设计框图

4.6　RFID 标签天线封装

RFID 天线设计完成后，还需要与标签芯片整合并封装成完整的 RFID 标签。将设计成线圈状的天线安放在承载薄膜（即两个嵌入薄膜之一）的上面，并且使用适当的连接技术将它与芯片模块连接在一起。制造天线线圈时，主要采用下面三种工艺或方法：线圈绕制工艺、蚀刻工艺和喷墨印刷法。表 4-1 是三种工艺的优劣对比。喷墨印刷法因为其成本与环保性能成为标签天线制造的主流。

表 4-1　　　　　　　　　　三种制作天线方法的对比

工艺/方法	优势	不足
线圈绕制工艺	工艺简单	成本高，生产速度慢，污染环境
蚀刻工艺	精度高，匹配度好	成本太高，工艺复杂，污染环境
喷墨印刷法	环保，可精确控制电性能参数，线圈形状任意改变，成本低	精度稍差

承载薄膜的上面是冲压成形的薄膜，上面冲压有芯片模块的位置。通常在余下的空间内还要有填充材料。这种填充使得经过层压工序之后，上面的覆盖薄膜不会下凹到芯片部分，从而使得标签卡表面光滑。RFID 无源标签结构如图 4-35 所示。

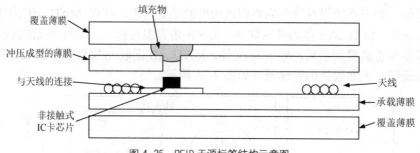

图 4-35 RFID无源标签结构示意图

4.6.1 线圈绕制工艺

线圈绕制工艺是指以通常的方式在一个绕制工具上绕制应答器线圈，并且使用烤漆对其加以固定。将芯片模块焊接到天线上之后，应答器半成品即被放置到嵌入薄膜上并用粘合剂对它进行机械固定。对于小于 125kHz 频率范围的 RFID 标签而言，由于线圈匝数多，线圈绕制工艺是唯一可行的办法。

4.6.2 蚀刻工艺

在电子工业领域中，蚀刻工艺是生产"印制"电路板的标准方法。非接触式 IC 卡的嵌入薄膜也能用这个方法来制造。在这种专用制造方法中，首先在一个塑料薄膜上层压上一个 35～70μm 厚的平面铜箔薄片，然后在这个铜箔层上面涂覆光敏胶，干燥后即可通过一个正片对其进行曝光。正片上有所需线圈形状的图案。在化学显影剂溶液中，感光胶的光照部分会被洗掉，此处的铜会重新露出来，并在随后进入的蚀刻池内，所有未被感光胶覆盖的表面上的覆铜会被蚀刻掉，这样最后就只留下了所希望的线圈形状。

4.6.3 喷墨印刷法

喷墨技术的巨大发展给 RFID 带来了新生与活力，喷墨方法制作 RFID 天线可采用水性导电油墨，经济、环保、墨层薄、印刷精度较高，而且不需要印版，印刷图案易控制，可印刷复杂的图形，基材广泛。这些特点使得喷墨印刷法可以完美地印刷 RFID 天线，并将逐步成为印刷 RFID 天线的主流方法。

水性导电油墨的组成成分主要有纳米金属颗粒（通常是银、铜）、溶剂、表面活性剂、分散稳定剂和其他助剂。其中溶剂主要是水或醇，不使用溶剂或者有少量弱溶剂，更加环保；金属的含量不用太高，降低了生产成本；用水性导电油墨喷墨形成 RFID 的图案可以较复杂，扩展了 RFID 天线的适用范围。喷墨形成的 RFID 天线图案需经过烧结、脉冲激光处理等后续工艺，使纳米金属颗粒间形成连续的导电层，可达到理想的导电性，而且烧结温度不用太高，一般在 100℃～300℃之间。目前国内外有很多厂家都在生产用于喷墨的导电油墨，例如 Acheson 电子材料公司推出一种新型的水性导电印刷油墨，能够满足印刷 RFID 天线所需的工艺性能要求。使用低固含量纳米银导电油墨，通过喷墨印刷方式在 PET 上打印 RFID 天线图案，再通过化学镀，图案上沉积一层铜，形成铜膜，并测量了导电率，图案的电阻从镀铜前的无穷大降低到 200mΩ。这种方法不用对铜箔进行蚀刻，不需高温烧结，可使用低耐热性的 PET 薄膜等，而且天线表面电阻大幅降低，减少了纳米金属的使用，进一步节约成本。图 4-36 是经过化学镀铜后得到的天线图案。

图 4-36　经过化学镀铜得到的天线图案

4.7　RFID 电子标签芯片

一般射频标签使用的主要芯片分为通用芯片和专用芯片两大类。所谓通用芯片，就是普通的集成电路芯片。其出厂时就有两种供货形式，一是封装成集成电路直接提供给最终用户使用，二是以裸芯片的形式提供给射频标签生产厂商，然后封装成射频标签。裸芯片几乎没有安全性设计，也不完全符合目前射频标签的国际标准，但是其开发使用简单，价格便宜，适合初期开发和对安全性要求不高的场合。

射频标签使用的专用芯片一般分为存储器芯片和微处理器芯片两大类。存储卡使用存储器芯片作为卡芯，智能卡则使用微处理器芯片作为卡芯。

4.7.1　射频标签的存储器芯片种类

射频标签经常使用的存储器芯片主要包括 ROM、RAM、PROM、EPRP、EEPROM 几种。

4.7.2　射频标签的微控制器芯片种类

射频标签经常使用的微控制器芯片的主要包括带加密运算的微控制器和不带加密运算的微控制器两类。射频标签使用的微控制器芯片以带有安全逻辑的存储器芯片和带有加密运算的微控制器芯片最为普遍。

考虑到射频标签与计算机的紧密相关性，以及低电压技术用于射频标签上的可靠性等问题，目前市场上推出的射频标签芯片还没有低电压芯片。由于低电压、低功耗芯片非常适合射频标签应用，随着半导体技术的发展和射频标签应用领域的逐步扩大，低电压芯片必将成为射频标签的主要芯片。

由于射频标签的应用要求有较高的安全性，用于射频标签的芯片比普通芯片需要较多地考虑安全方面。例如，防止使用高频电子显微镜读取存储器，防止用户再次激活测试功能等。此外，用于射频标签的芯片还具有较高的抗干扰能力。

4.7.3　芯片设计技术

按照能量供给方式的不同，射频标签可以分为被动标签、半主动标签和主动标签。其中，半主动标签和主动标签中芯片的能量由射频标签所附的电池提供，主动标签可以主动发出射频信号。按照工作频率的不同，射频标签可以分为低频（LF）、高频（HF）、特高频（UHF）和微波等类型。不同频段标签芯片的基本结构类似，一般都包含射频前端、模拟前端、数字基带和存储器单元等模块。其中，射频前端模块主要用于对射频信号进行整流和反射调制；模拟前端模块主要用于产生芯片内所需的基准电源和系统时钟，进行上电复位等；数字基带模块主要用于对数字信号进行编码、解码以及防碰撞协议处理等；存储器单元模块用于存储信息。

中国在 LF 和 HF 频段射频标签芯片设计方面的技术比较成熟，HF 频段方面的设计技术接近国际先进水平，已经自主开发出符合 IOS/IEC 14443A 类、B 类和 ISO/IEC 15693 标准芯片，并成功地应用于交通一卡通和中国二代身份证等项目。我国与国际主要的差距存在于片上天线与芯片的集成，目前国内还没有相应的产品应用。国内在 UHF 和微波频段的标签芯片设计方面起步较晚，目前已经掌握 UHF 频段射频标签芯片的设计技术，部分公司和研究机构已经研发出标签芯片的样片，但尚未实现批量生产。

4.7.4 标签信息写入方式

射频标签读写装置的基本功能是非接触地读取射频标签中的数据信息。从功能角度来说，单纯实现非接触地读取射频标签信息的设备称为读出装置或扫描器。单纯实现向射频标签内存中写入信息的设备称为编程器、写入器等。综合具有非接触读取与写入射频标签内存信息的设备称为读写器、通信器等。

射频标签信息的写入方式大致可以分为以下三种类型。

（1）射频标签在出厂时，已将完整的标签信息写入标签。在这种情况下，射频标签一般具有只读功能。在更多的情况下，是在射频标签芯片的生产过程中将标签信息写入芯片，这使得每一个射频标签拥有一个唯一标识符 UID。在应用中，需再建立标签唯一 UID 与待识别物品标识信息之间的对应关系（如车牌号）。只读标签信息的写入也可在应用之前，由专用的初始化设备将完整的标签信息写入。

（2）射频标签信息的写入采用有线接触方式实现，一般称这种标签信息写入装置为编程器。这种接触式的射频标签信息写入方式通常具有多次改写的能力。例如，目前在用的铁路货车射频标签信息的写入即采用这种方式。标签在完成信息注入后，通常需将写入口密闭起来，以满足应用中对其防潮、防水、防污等要求。

（3）射频标签在出厂后，允许用户通过专用设备以非接触的方式向射频标签中写入数据信息。这种专用写入功能通常与射频标签读取功能结合在一起形成射频标签读写器。具有无线写入功能的射频标签通常也具有其唯一的不可改写的 UID。这种功能的射频标签趋向于一种通用射频标签，在应用中，可根据实际需要识读其 UID 或仅识读指定的射频标签内存单元（一次读写的最小单位）。

在实际应用中，还广泛存在着一次写入多次读出（WORM）的射频标签。这种 WORM 射频标签，既有接触式改写的射频标签存在，也有非接触式改写的射频标签存在。这类 WORM 标签一般大量用在一次性使用的场合，如航空行李标签和特殊身份证件标签等。

无论是在何种情况下，对射频标签的写操作均应在一定的授权控制之下进行，否则将失去射频标签标识物品的意义。

4.8 无源 RFID 电子标签

RFID 电子标签的射频前端常采用并联谐振电路，并联谐振电路可以使低频和高频 RFID 电子标签从读写器耦合的能量最大。并联谐振电路由电感和电容并联构成，并联谐振电路在某一个频率上谐振。

4.8.1 RFID 电子标签射频前端的结构

低频和高频 RFID 电子标签的天线用于耦合读写器的磁通，该磁通向电子标签提供电源，并在读写器与电子标签之间传递信息。对电子标签天线的构造有如下要求。

（1）电子标签天线上感应的电压最大，以使电子标签线圈输出最大的电压。

（2）功率匹配，以最大程度地耦合来自读写器的能量。

（3）足够的带宽，以使电子标签接收的信号无失真。

根据以上要求，电子标签天线的电路应该是并联谐振电路。谐振时，并联谐振电路可以获得最大的电压，使电子标签线圈上输出的电压最大；可以最大程度地耦合读写器的能量；可以满足电子标签接收的信号无失真，这时只需要根据带宽要求调整谐振电路的品质因数。

RFID 电子标签射频前端天线电路的结构如图 4-47 所示。

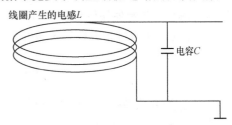

在图 4-37 中，电感 L 由线圈天线构成，电容 C 与电感 L 并联，构成并联谐振电路。在实际应用时，电感 L 和电容 C 有损耗（主要是电感的损耗），并联谐振电路相当于电感 L、电容 C 和电阻 R 三个元件并联而成。

图 4-37 电子标签射频前端天线电路的结构

4.8.2 并联谐振电路

1. 电路组成

串联谐振回路适用于恒压源，即信号源内阻很小的情况。如果信号源的内阻大，则应采用并联谐振回路。

并联谐振回路如图 4-38 所示，电感线圈、电容器和外加信号源并联构成振荡回路。在研究并联谐振回路时，采用恒流源（信号源内阻很大）分析比较方便。

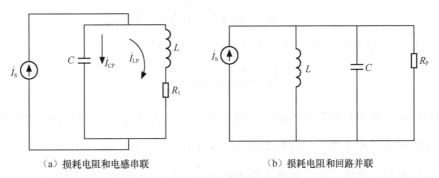

（a）损耗电阻和电感串联　　　　（b）损耗电阻和回路并联

图 4-38 并联谐振回路

在实际应用中，通常都满足 $\omega L \gg R_1$ 的条件，因此图 4-38（a）中并联回路两端间的阻抗为

$$Z = \frac{(R_1 + j\omega L)\dfrac{1}{j\omega C}}{(R_1 + j\omega L) + \dfrac{1}{j\omega C}} \approx \frac{\dfrac{L}{C}}{R_1 + j\left(\omega L - \dfrac{1}{\omega C}\right)} = \frac{1}{\dfrac{CR_1}{L} + j\left(\omega C - \dfrac{1}{\omega L}\right)} \qquad (4\text{-}52)$$

由式（4-52）可得另一种形式的并联谐振回路，如图 4-38（b）所示。因为导纳 Y 可表示为

$$Y = g + jb = \frac{1}{Z}$$

所以有

$$Y = g + jb = \frac{CR_1}{L} + j\left(\omega C - \frac{1}{\omega L}\right) \tag{4-53}$$

式中，$g = CR_1/L = 1/R_P$ 为电导，R_P 为对应于 g 的并联电阻值，$b = \omega C - 1/(\omega L)$ 为电纳。

当并联谐振回路的电纳 $b=0$ 时，回路两端电压 $\dot{V}_P = \dot{I}_S L/(CR_1)$，并且 $\dot{V}_P$ 和 $\dot{I}_S$ 同相，此时称并联谐振回路对外加信号频率源发生并联谐振。

由 $b=0$，可以推得并联谐振条件为

$$\omega_P = \frac{1}{\sqrt{LC}} \text{ 和 } f_P = \frac{1}{2\pi\sqrt{LC}} \tag{4-54}$$

式中，ω_P 为并联谐振回路谐振角频率，f_P 为并联谐振回路谐振频率。

2. 谐振特性

（1）并联谐振回路谐振时的谐振电阻 R_P 为纯阻性。

并联谐振回路谐振时的谐振电阻 R_P 为

$$R_P = \frac{L}{CR_1} = \frac{\omega_P^2 L^2}{R_1} \tag{4-55}$$

同样，在并联谐振时，把回路的感抗值（或容抗值）与电阻的比值称为并联谐振回路的品质因数 Q_P，则

$$Q_P = \frac{\omega_P L}{R_1} = \frac{1}{\omega_P R_1 C} = \frac{1}{R_1}\sqrt{\frac{L}{C}} = \frac{1}{R_1} \tag{4-56}$$

式中，$\rho = \sqrt{L/C}$ 称为特性阻抗。将 Q_P 代入式（4-55），可得

$$R_P = Q_P \omega_P L = Q_P \frac{1}{\omega_P C} \tag{4-57}$$

在谐振时，并联谐振回路的谐振电阻等于感抗值（或容抗值）的 Q_P 倍，且具有纯阻性。

（2）谐振时电感和电容中电流的幅值为外加电流源 $\dot{I}_S$ 的 Q_P 倍。

当并联谐振时，电容支路、电感支路的电流 $\dot{I}_{CP}$ 和 $\dot{I}_{LP}$ 分别为

$$\dot{I}_{CP} = \frac{\dot{V}_P}{1/(j\omega_P C)} = j\omega_P C \dot{V}_P = j\omega_P C R_P \dot{I}_S = j\omega_P C Q_P \frac{1}{\omega_P C} \dot{I}_S = j Q_P \dot{I}_S \tag{4-58}$$

式中，$\dot{V}_P$ 为谐振回路两端电压，同样可求得 $\dot{I}_{LP}$ 为

$$\dot{I}_{LP} = -j Q_P \dot{I}_S \tag{4-59}$$

从式（4-58）和式（4-59）可见，当并联谐振时，电感、电容支路的电流为信号源电流 $\dot{I}_S$ 的 Q_P 倍，所以并联谐振又称为电流谐振。

3. 谐振曲线和通频带

类似于串联谐振回路的分析方法，并由式（4-56）～式（4-58）可以求出并联谐振回路的电压为

$$\dot{V} = \dot{I}_S Z = \frac{\dot{I}_S}{\frac{1}{R_P} + j\left(\omega C - \frac{1}{\omega L}\right)} = \frac{\dot{I}_S R_P}{1 + jQ_P\left(\frac{\omega}{\omega_P} - \frac{\omega_P}{\omega}\right)} \tag{4-60}$$

因为并联谐振回路谐振时的回路端电压 $\dot{V}_P = \dot{I}_S R_P$，所以有

$$\frac{\dot{V}}{\dot{V}_P} = \frac{1}{1 + jQ_P\left(\frac{\omega}{\omega_P} - \frac{\omega_P}{\omega}\right)} \tag{4-61}$$

由式（4-61）可导出并联谐振回路的谐振曲线（幅频特性曲线）和相频特性曲线的表达式为

$$\frac{V_m}{V_{Pm}} = \frac{1}{\sqrt{1 + \left[Q_P\left(\frac{\omega}{\omega_P} - \frac{\omega_P}{\omega}\right)\right]^2}} \tag{4-62}$$

$$\phi = -\arctan\left[Q_P\left(\frac{\omega}{\omega_P} - \frac{\omega_P}{\omega}\right)\right] \tag{4-63}$$

并联谐振回路和串联谐振回路的谐振曲线的形状是相同的，但其纵坐标是 V_m/V_{Pm}，读者可自行画出其谐振曲线。

和串联谐振回路相同，并联谐振回路的同频带带宽 BW 为

$$BW = 2\frac{\Delta\omega_{0.7}}{2\pi} = 2\Delta f_{0.7} = \frac{f_P}{Q_P} \tag{4-64}$$

式中，f_P 为并联谐振频率，$2\Delta f_{0.7}$ 为谐振曲线两个半功率点的频差，Q_P 为并联谐振回路的品质因数。

4. 加入负载后的并联谐振回路

考虑源内阻 R_S 和负载电阻 R_L 后，并联谐振回路的等效电路如图 4-39 所示。

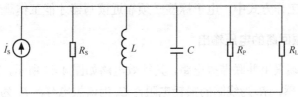

图 4-39 考虑 R_S 和 R_L 后的并联谐振回路的等效电路

此时可推出整个回路的负载品质因数 Q 为

$$Q = \frac{Q_{\mathrm{P}}}{1 + \dfrac{R_{\mathrm{P}}}{R_{\mathrm{S}}} + \dfrac{R_{\mathrm{P}}}{R_{\mathrm{L}}}} \tag{4-65}$$

和串联谐振回路一样，负载电阻 R_{L} 与源内阻 R_{S} 的接入，也会使并联谐振回路的品质因数 Q_{P} 下降。

4.9 RFID 读写器与无源标签之间的电感耦合

4.9.1 电子标签的感应电压

当电子标签进入读写器产生的磁场区域后，电子标签的线圈上会产生感应电压，当电子标鉴与读写器的距离足够近时，电子标签获得的能量可以使标签开始工作。

1. 电子标签的直流电压

法拉第通过大量实验发现了电磁感应定律。在磁场中有一个任意闭合导体回路，当穿过回路的磁通量 ψ 改变时，回路中将出现电流，表明回路中出现了感应电动势。法拉第总结出感应电动势与磁通量 ψ 的关系为

$$v = -\frac{\mathrm{d}\psi}{\mathrm{d}t} \tag{4-66}$$

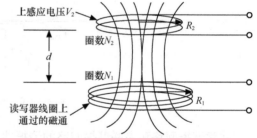

图 4-40　电子标签线圈上感应电压的示意图

即当通过电子标签线圈的磁通随时间发生变化时，电子标签上感应有电压。电子标签线圈上感应电压的示意图如图 4-40 所示。

如果读写器线圈的圈数为 N_1，电子标签线圈的圈数为 N_2，线圈都为圆形，线圈的半径分别为 R_1 和 R_2，两个线圈圆心之间的距离为 d，两个线圈平行放置，电子标签线圈上感应的电压为

$$v_2 = -\frac{\mathrm{d}\psi}{\mathrm{d}t} = -\frac{\mu_0 \pi N_1 N_2 R_1^2 R_2^2}{2(R_1^2 + d^2)^{3/2}} \frac{\mathrm{d}i_1}{\mathrm{d}t} = -M\frac{\mathrm{d}i_1}{\mathrm{d}t} \tag{4-67}$$

式（4-67）中的 M 即为式（2-13）中的互感。

由式（4-67）可以看出，电子标签上感应的电压与互感 M 成正比，即与两个线圈的结构、尺寸、相对位置和材料有关。由式（4-67）还可以看出，电子标签上感应的电压与两个线圈距离的 3 次方成反比，因此电子标签与读写器的距离越近，电子标签上耦合的电压越大，也就是说，在电感耦合工作方式中，电子标签必须靠近读写器才能工作。

2. 电子标签谐振回路的电压输出

电子标签射频前端采用并联谐振电路，其等效电路如图 4-41 所示，其中 v_2 为线圈的感应电压，L_2 为线圈的电感，R_2 为线圈的损耗电阻，C_2 为谐振电容，R_{L} 为负载电阻。

图 4-41 中的负载电阻上产生的电压为 v_2'，当电压 v_2' 达到一定值之后，通过整流电路可以

产生电子标签芯片工作的直流电压。电压 v_2' 的频率等于读写器 v_1' 的工作频率，也等于电子标签电感 L_2 和电容 C_2 的谐振频率，所以有

$$v_2' = v_2 Q = -M \frac{\mathrm{d}i_1}{\mathrm{d}t} Q \tag{4-68}$$

其中

$$i_1 = I_{1\mathrm{m}} \sin(\omega t) \tag{4-69}$$

于是得到

$$v_2' = -2\pi f N_2 S Q B_\mathrm{Z} \tag{4-70}$$

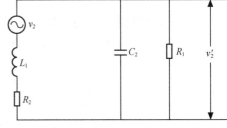

图 4-41　电子标签并联谐振的等效电路

在式（4-70）中：

$$S = \pi R_2^2 \tag{4-71}$$

$$B_\mathrm{Z} = \frac{\mu_0 N_1 R_1^2}{2(R_1^2 + d^2)^{3/2}} I_{1\mathrm{m}} \cos(\omega t) \tag{4-72}$$

4.9.2　电子标签的直流电压

电子标签通过与读写器电感耦合，产生交变电压，该交变电压通过整流、滤波和稳压后，给电子标签的芯片提供所需的直流电压。电子标签交变电压转换为直流电压的过程如图 4-42 所示。

1．整流和滤波

电子标签可以采用全波整流电路，线圈耦合得到的交变电压通过整流后，再经过滤波电容 C_P 滤掉高频成分，可以获得直流电压，电路原理图如图 4-42 所示。这时，滤波电容 C_P 又可以作为储能元件。

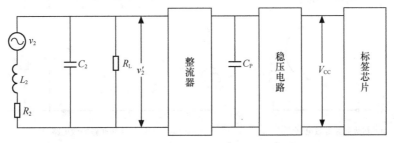

图 4-42　电子标签交变电压转换为直流电压

2．稳压电路

电子标签与读写器的距离在不断变化，使得电子标签获得的交变电压也在不断变化，导致电子标签整流和滤波以后，直流电压不是很稳定，因此需要稳压电路。

4.9.3　负载调制

负载调制是电子标签经常使用的向读写器传输数据的方法。负载调制通过对电子标签振荡回路的电参数按照数据流的节拍进行调节，使电子标签阻抗的大小和相位随之改变，从而完成调制的过程。负载调制技术主要有电阻负载调制和电容负载调制两种方式。

1. 电阻负载调制

电阻负载调制的原理电路如图 4-43 所示，开关 S 用于控制负载调制电阻 R_{mod} 接入与否，开关 S 的通断由二进制数据编码信号控制。

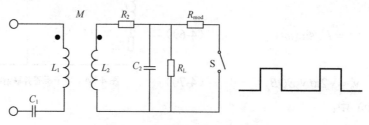

图 4-43　电阻负载调制的原理电路图

二进制数据编码信号用于控制开关 S。当二进制数据编码信号为 1 时，设开关 S 闭合，此时电子标签负载电阻为 R_{L} 和 R_{mod} 并联；当二进制数据编码信号为 0 时，开关 S 断开，电子标签负载电阻为 R_{L}。所以在电阻负载调制时，电子标签的负载电阻值有两个对应值，即 R_{L}（S 断开时）和 R_{L} 与 R_{mod} 的并联值 $R_{\text{L}} /\!/ R_{\text{mod}}$（S 闭合时）。显然，$R_{\text{L}} /\!/ R_{\text{mod}}$ 小于 R_{L}。

图 4-43 的等效电路如图 4-44 所示。在初级等效电路路中，R_{S} 是源电压 $\dot{V_1}$ 的内阻，R_1 是电感线圈 L_1 的损耗电阻，R_{f1} 是次级回路的反射电阻，X_{f1} 是次级回路的反射电抗，$R_{11} = R_{\text{S}} + R_1$，$X_{11} = \text{j}[\omega L_1 - 1/(\omega C_1)]$。在次级等效电路中，$\dot{V_2} = -\text{j}\omega M \dot{V_1}/Z_{11}$，$R_2$ 是电感线圈 L_2 的损耗电阻，R_{f2} 是初级回路的反射电阻，X_{f2} 是初级回路的反射电抗，R_{L} 是负载电阻，R_{mod} 是负载调制电阻。

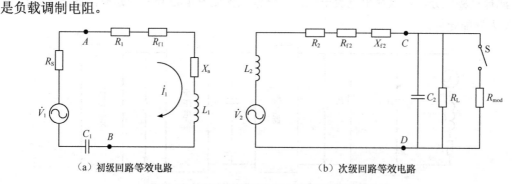

（a）初级回路等效电路　　　　　　　　　（b）次级回路等效电路

图 4-44　电阻负载调制时，初、次级回路的等效电路

（1）次级回路等效电路中的端电压 $\dot{V}_{\text{CD}}$

设初级回路处于谐振状态，则其反射电抗 $X_{f2} = 0$，故有

$$\dot{V}_{\text{CD}} = \cfrac{\dot{V_2}}{(R_2 + R_{f2}) + \text{j}\omega L_2 + \cfrac{\cfrac{1}{\text{j}\omega C_2} \cdot R_{\text{Lm}}}{\cfrac{1}{\text{j}\omega C_2} + R_{\text{Lm}}}} \cdot \cfrac{\cfrac{R_{\text{Lm}}}{\text{j}\omega C_2}}{\cfrac{1}{\text{j}\omega C_2} + R_{\text{Lm}}}$$

$$= \frac{\dot{V}_2}{1+[(R_2+R_{f2})+j\omega L_2](j\omega C_2+\frac{1}{R_{Lm}})} \tag{4-73}$$

式中，R_{Lm} 为负载电阻 R_L 和负载调制电阻 R_{mod} 的并联值。由式（4-73）可知，进行负载调制时，$R_{Lm} < R_L$，因此 $\dot{V}_{CD}$ 电压下降。在实际电路中，电压的变化反映为电感线圈 L_2 两端可测的电压变化。

该结果也可从物理概念上获得，即次级回路由于 R_{mod} 的接入，负载加重，Q 值降低，谐振回路两端电压下降。

（2）初级回路等效电路中的端电压 $\dot{V}_{AB}$

次级回路的阻抗表达式为

$$Z_{22} = R_2 + j\omega L_2 + \frac{1}{1/R_{Lm}+j\omega C_2} \tag{4-74}$$

得知在负载调制时 Z_{22} 下降，可得反射阻抗 Z_{f1} 上升（在互感 M 不变的条件下）。若次级回路调整于谐振状态，其反射电抗 $X_{f1}=0$，则表现为反射电阻 R_{f1} 增加。

R_{f1} 不是一个电阻实体，它的变化体现为电感线圈 L_1 两端的电压变化，即图 4-44（a）所示等效电路中端电压 $\dot{V}_{AB}$ 的变化。在负载调制时，由于 R_{f1} 增大，所以 $\dot{V}_{AB}$ 增大，即电感线圈 L_1 两端的电压增大。由于 $X_{f1}=0$，所以电感线圈两端电压的变化表现为幅度调制。

（3）电阻负载调制数据信息传输的原理

通过前面的分析可知，电阻负载调制数据信息传输的过程如图 4-45 所示。图 4-45（a）是电子标签上控制开关 S 的二进制数据编码信号，图 4-45（d）是对读写器电感线圈上电压解调后的波形。由图 4-45 可见，电子标签的二进制数据编码信号通过电阻负载调制方法传送到了读写器，电阻负载调制过程是一个调幅过程。

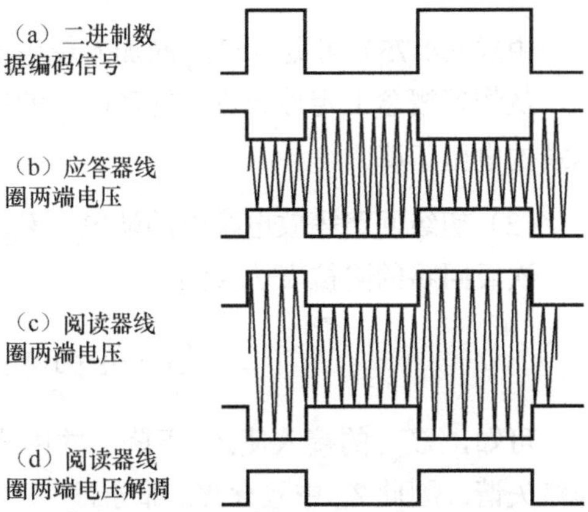

2．电容负载调制

（a）二进制数据编码信号

（b）应答器线圈两端电压

（c）阅读器线圈两端电压

（d）阅读器线圈两端电压解调

图 4-45　电阻负载调制实现数据传输的过程

电容负载调制是用附加的电容器 C_{mod} 代替调制电阻 R_{mod}，如图 4-46 所示，图中 R_2 是电感线圈 L_2 的损耗电阻。

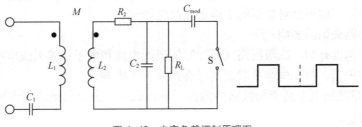

图 4-46　电容负载调制原理图

设互感 M 不变，下面分析 C_{mod} 接入的影响。电容负载调制和电阻负载调制的不同之处在于： R_{mod} 的接入不改变电子标签回路的谐振频率，因此读写器和电子标签回路在工作频率下都处于谐振状态；而 C_{mod} 接入后，电子标签（次级）回路失谐，其反射电抗也会引起读写器回路失谐，因此情况比较复杂。和分析电阻负载调制类似，电容负载调制时，初、次级回路的等效电路如图 4-47 所示。

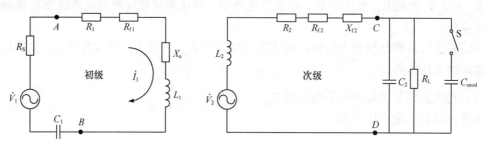

图 4-47　电容负载调制时，初、次级回路的等效电路

（1）次级回路等效电路的端电压 $\dot{V}_{CD}$

设初级回路处于谐振状态，其反射电抗 $X_{f2}=0$ ，故可得

$$\dot{V}_{CD} = \frac{\dot{V}_2}{1+(R_2+R_{f2}+j\omega L_2)[j\omega(C_2+C_{mod})+1/R_L]} \tag{4-75}$$

由式（4-75）可见， C_{mod} 的加入使电压 $\dot{V}_{CD}$ 下降，即电感线圈两端可测得的电压下降。

从物理概念上定性分析：电容 C_{mod} 的接入使电子标签的谐振回路失谐，因而电感线圈 L_2 两端的电压下降。

（2）初级回路等效电路中的端电压 $\dot{V}_{AB}$

次级回路的阻抗表达式为

$$Z_{22} = R_2 + j\omega L_2 + \frac{1}{1/R_2+j\omega(C_2+C_{mod})} \tag{4-76}$$

可知， C_{mod} 的接入使 Z_{22} 下降，并由式（4-76）可得反射阻抗 Z_n 上升。但此时由于次级回路失谐，因此 Z_{f1} 中包含 X_{f1} 部分。

由于 Z_{f1} 上升，所以电感线圈 L_1 两端的电压增加，但此时电压不仅是幅度的变化，也存在着相位的变化。

（3）电容负载调制时数据信息的传输

电容负载调制时，读写器线圈两端电压会产生相位调制的影响，但该相位调制只要能保持在很小的情况下，就不会对数据的正确传输产生影响。

（4）次级回路失谐的影响

前面讨论的基础是初、次级回路（即读写器天线电路和电子标签天线电路）都调谐的情况。若次级回路失谐，则在电容负载调制时会产生如下影响。

① 次级回路谐振频率高于初级回路谐振频率。此时，由于负载调制电容 C_{mod} 的接入，两谐振频率更接近。

② 次级回路谐振频率低于初级回路谐振频率。由于 C_{mod} 的接入，两谐振回路的谐振频

率偏差加大。因此在采用电容负载调制方式时，电子标签的天线电路谐振频率不应低于读写器天线电路的谐振频率。

习　题　4

1．简述 RFID 系统天线设计相关的几个技术指标。

2．在众多影响 RFID 天线的因素中，哪些因素最能够影响标签的识别效率？

3．空气媒介矩形波导尺寸：宽边 a=23mm，窄边 b=10mm。求此波导只传 10TE 波的工作频率范围。

4．（接题 3）此波导只传 10TE 波时，在波导宽边中央测得两个相邻的电场强度波节点相距 22mm，求工作波长 λ。

5．给定波长 λ，发射机的发射能量 P_t，假定天线增益为 Q，G_r 为天线的接收增益，假定 RFID 芯片正常工作的阈值为 p，求读写器的读写距离 R。

第 **5** 章 ▐ RFID 中的编码与调制技术

对射频识别系统来说，读写器与应答器（标签）之间的数据传输需要编码、调制、解调和信号解码几个步骤。信号编码系统的作用是把要传输的信息尽可能最佳地与传输通道的性能相匹配。本章主要介绍编码的基本原理、各种调制解调方式以及它们的优缺点。

5.1 RFID 编码

对射频识别系统来说，读写器与应答器（标签）之间的数据传输需要 5 个主要的功能模块。按从读写器到标签的数据传输方向，它们分别是读写器（发送器）中的信号编码（信号处理）模块、调制器（载波回路）、传输介质（通路），以及应答器（接收器）中的解调器（载波回路）模块和信号解码（信号处理）模块。

信号编码系统包括对信息提供某种程序的保护，以防止信息受干扰或相冲突，以及有意改变某些信号特性。

5.1.1 编码的基本原理

数据编码是实现数据通信的一项最基本的重要工作。数据编码可以分为信源编码和信道编码。信源编码是对信源信息进行加工处理，模拟数据要经过采样、量化和编码变换为数字数据，为降低需要传输的数据量，在信源编码中还采用了数据压缩技术。信道编码是将数字数据编码成适合于在数字信道上传输的数字信号，并具有所需的抵抗差错的能力，即通过相应的编码方法使接收端能具有检错或纠错能力。数字数据在模拟信道上传送时除需要编码外，还需要调制。

1. 基带信号和宽带信号

传输数字信号最普遍而且最容易的方法是用两个电压电平来表示二进制数字 1 和 0。这样形成的数字信号的频率成分从 0 开始一直扩展到很高，这个频带是数字电信号本身具有的，这种信号称为基带信号。直接将基带信号送入信道传输的方式称为基带传输方式。

当在模拟信道上传输数字信号时，要将数字信号调制成模拟信号才能传送，宽带信号则是将基带信号进行调制后形成的可以实现频分复用的模拟信号。基带信号进行调制后，其频谱搬移到较高的频率处，因而可以将不同的基带信号搬移到不同的频率处，同时传输多路基带信号，以实现对同一传输介质的共享，这就是频分多路复用技术。

表示模拟数据的模拟信号在模拟信道上传输时,根据传输介质的不同可以使用基带信号,也可以采用调制技术进行调制后再传输。例如,语音可以在电话线上直接传输,而无线广播中的声音是通过调制后在无线信道中传输的。

2. 数字基带信号的波形

最常用的数字信号波形为矩形脉冲,矩形脉冲易于产生和变换。以下以矩形脉冲为例来介绍几种常用的脉冲波形和传输码型。图 5-1 为 4 种数字矩形码的脉冲波形。

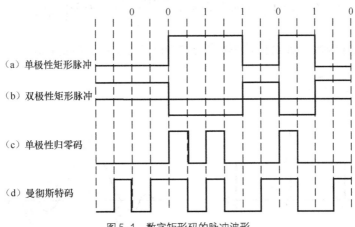

图 5-1 数字矩形码的脉冲波形

（1）单极性矩形脉冲（NRZ 码）

这是一种最简单的基带数字信号波形,此波形中的零电平和正（或负）电平分别代表 0 码和 1 码,如图 5-1（a）所示。这就是用脉冲的有和无来表示 1 码和 0 码,这种脉冲极性单一,具有直流分量,仅适合于近距离传输信息。这种波形在码元脉冲之间无空隙间隔,在全部码元时间内传送码脉冲,称为不归零码（NRZ 码）。

（2）双极性矩形脉冲

这种信号用脉冲电平的正和负来表示 0 码和 1 码,如图 5-1（b）所示。从信号的一般统计特性来看,由于 1 码和 0 码出现的概率相等,所以波形无直流分量,可以传输较远的距离。

（3）单极性归零码

这种信号的波形如图 5-1（c）所示,码脉冲出现的持续时间小于码元的宽度,即代表数码的脉冲在小于码元的间隔内,电平回到零值,所以又称为归零码。它的特点是码元间隔明显,有利于提取码元定时信号,但码元的能量较小。

（4）曼彻斯特码

曼彻斯特码的波形如图 5-1（d）所示,在每一位的中间有一个跳变。位中间的跳变既作为时钟,又作为数据:从高到低的跳变表示 1,从低到高的跳变表示 0,曼彻斯特码也是一种归零码。

3. 数字基带信号的频谱

为了分析各种数字码型在传输过程中可能受到的干扰,及其对接收端正确识别数字基带信号的影响,需要了解数字基带信号的频谱特性。

（1）单个数字码的频谱

设有数字码 $g(t)$，其持续时间为 τ，幅度为 A，如图 5-2（a）所示。该数字码可表示为

$$g(t) = \begin{cases} A & |t| \leqslant \dfrac{\tau}{2} \\ 0 & \text{其他} \end{cases} \tag{5-1}$$

由傅里叶变换到 $g(t)$ 的频谱为

$$G(\omega) = \int_{-\infty}^{+\infty} g(t)\mathrm{e}^{-\mathrm{j}\omega t}\mathrm{d}t = A\tau\frac{\sin(\omega\tau/2)}{\omega\tau/2} = A\tau\mathrm{Sa}\left(\frac{\omega\tau}{2}\right) \tag{5-2}$$

式中，$\mathrm{Sa}(\cdot)$ 为取样函数。$G(\omega)$ 的波形如图 5-2（b）所示。各过零点的频率为 $\dfrac{\omega\tau}{2} = \pm n\pi$（$n=1$，

2，…），即 $\omega = \pm\dfrac{2n\pi}{\tau}$。

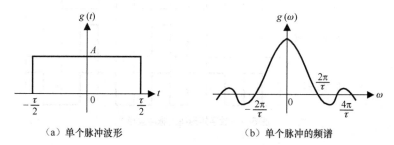

（a）单个脉冲波形　　　　　　　　　　（b）单个脉冲的频谱

图 5-2　单个脉冲的时域和频谱图

（2）脉冲序列的频谱

数字基带信号的码元 1 和 0 的出现是随机的，随机数字序列的功率谱由三部分组成。第一部分为随机序列的交流分量，属连续型频谱；第二部分为随机序列的直流分量，频谱为冲激型函数；第三部分为随和序列的谐波分量，属离散型频谱。

连续型频谱说明了随机数字序列的功率分布情况，并且由此项的分布可以找出数字序列的有效带宽，通常以第一个过零点的频率作为估算值。直流分量说明数字序列中 1，0 取值的大小及概率分布情况，离散型频谱则反映了随机序列中含有的谐波分量，在 0 和 1 出现的概率各为 0.5 时，这两项的值为 0。因此，数字序列的频谱为连续谱，其有效带宽为 $1/\tau$，τ 为码的位宽度。对于归零码，τ 为码脉冲出现的持续时间。

5.1.2　RFID 中常用的编码方式

在 RFID 中，为使阅读器在读取数据时能很好地解决同步的问题，往往不直接使用数据的 NRZ 码对射频信号进行调制，而是将数据的 NRZ 码进行编码变换后，再对射频信号进行调制。所采用的变换编码主要有曼彻斯特码、密勒码和修正密勒码等，本节介绍它们的编码方式与编/解码器电路。

1. 曼彻斯特（Manchester）码

（1）编码方式

在曼彻斯特码中，1 码是前半（50%）位为高，后半（50%）位为低；0 码是前半（50%）

位为低，后半（50%）位为高。

NRZ 码和数据时钟进行异或便可得到曼彻斯特码，如图 5-3 所示。同样，曼彻斯特码与数据时钟异或后，便可得到数据的 NRZ 码。

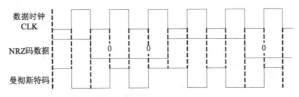

图 5-3　NRZ 码与曼彻斯特码

（2）编码器

虽然可以简单地采用 NRZ 码与数据时钟异或（模 2 加）的方法来获得曼彻斯特码，但是简单的异或方法具有缺陷性。如图 5-4 所示，由于上升沿和下降沿不理想，在输出中会产生尖峰脉冲 P，因此需要改进。

改进后的电路如图 5-5 所示，该电路的特点是采用了一个 D 触发器 74HC74，从而消除了尖峰脉冲的影响。在图 5-5 所示的电路中，需要一个数据时钟的 2 倍频信号 2CLK。在 RFID 中，2CLK 信号可以从载波分频获得。

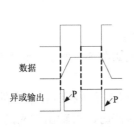

图 5-4　简单异或的缺陷

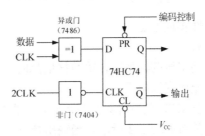

图 5-5　编码器电路

74HC74 的 PR 端接编码器控制信号，为高时，编码器工作；为低时，编码器输出为低电平（相当于无信息传输）。通常，曼彻斯特编码器用于应答器芯片，若应答器上有微控制器（MCU），则 PR 端电平由 MCU 控制；若应答器芯片为存储卡，则 PR 端电平可由存储器数据输出状态信号控制。

起始位为 1，数据为 00 的时序波形如图 5-6 所示。D 触发器采用上升沿触发，74HC74 功能表如表 5-1 所示。由图 5-6 可见，由于 2CLK 被倒相，使下降沿对 D 端（异或输出）采样，避开了可能会遇到的尖峰 P，所以消除了尖峰 P 的影响。

表 5-1　　　　　　　　　　　　　　**74HC74 功能表**

输入				输出	
PR	**CL**	**CLK**	**D**	**Q**	**$\overline{Q}$**
L	H	×	×	H	L
H	L	×	×	L	H
H	H	↑	H	H	L
H	H	↑	L	L	H

注：表中 H 和 L 分别表示高、低电平，↑表示上升沿触发。

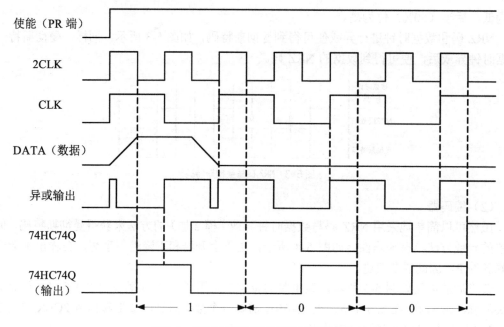

图5-6 曼彻斯特码编码器时序波形图示例

（3）软件实现方法

① 编码。

通常，采用曼彻斯特码传输数据信息时，信息块格式如图 5-7 所示，起始位采用 1 码，结束位采用无跳变低电平。

因此，当 MCU 的时钟频率较高时，可将曼彻斯特码和 2 倍数据时钟频率的 NRZ 码相对应，其对应关系如表 5-2 所示。当输出数据 1 的曼彻斯特码时，可输出对应的 NRZ 码 10；当输出数据 0 的曼彻斯特码时，可输出对应的 NRZ 码 01；结束位的对应 NRZ 码为 00。对应的编码示意图如图 5-8 所示。

图5-7 数据传输的信息块格式　　　　　　　图5-8 曼彻斯特码方法示意图

表 5-2　　　　　　　　　　　曼彻斯特码于 2 倍数据时钟频率的 NRZ 码

曼彻斯特码	1	0	结束位
NRZ 码	10	01	00

从上述描述可见，在使用曼彻斯特码时，只要编好 1、0 和结束位的子程序，就可以方便地由软件实现曼彻斯特码的编码。

② 解码。

在解码时，MCU 可以采用 2 倍数据时钟频率读入输入数据的曼彻斯特码。首先判断起始位，其码序为 10；然后将读入的 10、01 组合转换成为 NRZ 码的 1 和 0；若读到 00 组合，则表示收到了结束位，如图 5-8 所示。从表 5-2 可知，11 组合是非法码，出现的原因可能是传输错误或产生了碰撞冲突，因此曼彻斯特码可以用于检测碰撞冲突，而 NRZ 码不具有此特性。

2. 密勒（Miller）码

（1）编码方式

密勒码的编码规则如表5-3所示。密勒码的逻辑0的电平和前位有关，逻辑1虽然在位中间有跳变，但是上跳还是下跳取决于前位结束时的电平。

表5-3 密勒码的编码规则

bit(*i-1*)	bit *i*	编码规则
X	1	bit *i* 的起始位置不变，中间位置跳变
0	0	bit *i* 的起始位置跳变，中间位置不变
1	0	bit *i* 起始位置不跳变，中间位置不跳变

密勒码的波形及其与NRZ码、曼彻斯特码的波形关系如图5-9所示。

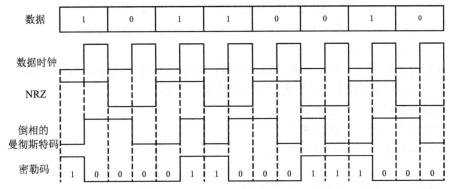

图5-9 密勒码波形及其与NRZ码、曼彻斯特码的波形关系

（2）解码器

密勒码的传输格式如图5-10所示，起始位为1，结束（停止）位为0，数据位流包括传送数据和它的检验码。

密勒码的编码电路如图5-11所示，该电路的设计基于图5-9中的波形关系。从图5-9中发现，倒相的曼彻斯特码的上跳沿正好是密勒码波形中的跳变沿，因此由曼彻斯特码来产生密勒码，编码器电路就十分简单。在图5-11中，倒相的曼彻斯特码作为D触发器74HC74的CLK信号，用上跳沿触发，触发器的Q输出端输出的是密勒码。

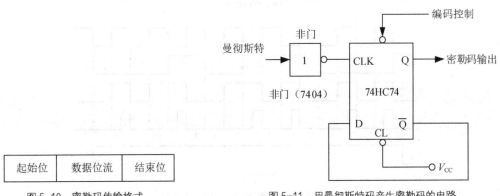

图5-10 密勒码传输格式　　　　　图5-11 用曼彻斯特码产生密勒码的电路

3. 修正密勒码

在 RFID 的 ISO/IEC 14443 标准（近耦合非接触式 IC 卡标准）中规定：载波频率为 13.56 MHz；数据传输速率为 106kbit/s；在从阅读器（Proximity Coupling Device，PCD）向应答器（Proximity IC Card，PICC）的数据传输中，ISO/IEC 14443 标准的 TYPE A 中采用修正密勒码方式对载波进行调制。

（1）编码规则

TYPE A 中定义如下三种时序。

时序 X：在 $64/f_c$ 处，产生一个 Pause（凹槽）。

时序 Y：在整个位期间 $(128/f_c)$ 不发生调制。

时序 Z：在位期间的开始产生一个 Pause。

在上述时序说明中，f_c 为载波频率，频率为 13.56 MHz，Pause 脉冲的底宽为 0.5～0.3μs，90%幅度宽度不大于 4.5μs。这三种时序用于对帧编码，即修正的密勒码。

修正密勒码的编码规则如下。

① 逻辑 1 为时序 X。

② 逻辑 0 为时序 Y。但下述两种情况除外：若相邻有两个或更多 0，则从第二个 0 开始采用时序 Z；直接与起始位相连的所有 0，用时序 Z 表示。

③ 通信开始用时序 Z 表示。

④ 通信结束用逻辑 0 加时序 Y 表示。

⑤ 无信息用至少两个时序 Y 表示。

（2）编码器

修正密勒码编码器的原理框图如图 5-12（a）所示，假设输入数据为 0011 0100，则图 5-12（a）所示的原理框图中有关部分的波形如图 5-12（b）所示，其相互关系如下。

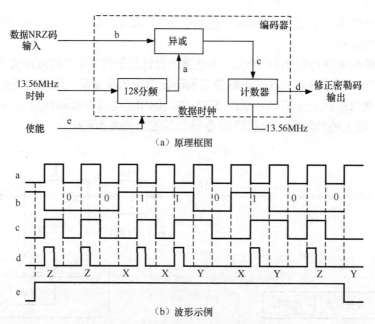

图 5-12　修正密勒码编码器的原理框图

　　使能信号 e 激活编码器电路，使其开始工作，修正密勒码编码器位于阅读器中，因此使能信号 e 可由 MCU 产生，并保证在其有效后的一定时间内，数据 NRZ 码开始输入。图 5-12（b）的波形 a 为数据时钟，由 13.56 MHz 经 128 分频后产生，数据速率为 $13.56 \times 10^6/128 = 106\text{kbit/s}$。

　　波形 b 为示例数据的 NRZ 码，第 1 位为起始位 0，第 2～7 位为数据信息（01 1010），其后是结束位（以 NRZ 码 0 给出）。编码电路要将 NRZ 码 0011 0100 编码为修正密勒码。

　　在图 5-12（b）所示的波形中，a 和 b 异或（模 2 加）后形成的波形 c 有一个特点，即其上升沿正好对应于 X、Z 时序所需的起始位置。用波形 c 控制计数器开始，对 13.56MHz 时钟计数，若按模 8 计数，则波形 d 中的 Pause 脉宽为 $8/13.56 \approx 0.59\mu\text{s}$，满足 TYPE A 中凹槽脉冲底宽的要求。波形 d 中注出相应的时序为 ZZXXYXYZY，完成了修正密勒码的编码。当送完数据后，拉低使能电平，编码器停止工作。以上就是修正密勒码编码器最基本的原理。

　　波形 c 实际上就是曼彻斯特码的反相波形。用它的上升沿使输出波形跳变便产生了密勒码，而用其上升沿产生一个凹槽就是修正密勒码。

5.2　RFID 的调制方式

　　能量从天线以电磁波的形式发射到周围的空间。改变电磁波的三种信号参数（功率、频率和相位）之一，就可以对信息进行编码，并传送到空间内的任一点去。信息（数据）对电磁波的影响称作调制，未调制的电磁波称为载波。

　　可从测得的接收功率、频率或相位的变化中重建信息。这个过程称为解调。

5.2.1　模拟调制

　　在传统的无线电技术中，模拟调制是主要的调制方法。根据电磁波的三个不同参数，模拟调制可分为振幅调制、频率调制和相位调制。当被调制的载波参数为幅度时，此类调制称为幅度调制，当被调制的载波参数为频率或相位时，此类调制统称为角度调制。下面根据调制的定义，对模拟调制和解调进行分析。

1．幅度调制

（1）普通调幅（AM）

　　设载波信号为 $v_c(t) = V_{cm} \cos \omega_c t$，调制信号为 $v_\Omega(t) = V_{\Omega m} \cos \omega_\Omega t$，并且 $\omega_\Omega \gg \Omega$，（$\omega_c = 2\pi f_c$，$\Omega = 2\pi F$），$V_{cm} > V_{\Omega m}$。

①　调幅的定义。

　　调幅就是用调制信号控制载波幅度，使载波幅度按照调制信号的规律变化，即

$$V_{cm}(t) = V_{cm} + k_a v_\Omega(t) = V_{cm} + k_a V_{\Omega m} \cos \Omega t = V_{cm}(1 + m_a \cos \Omega t) \tag{5-3}$$

k_a 是由电路决定的常数，$m_a = \dfrac{k_a V_{\Omega m}}{V_{cm}}$ 称为调幅指数。

②　调幅波（AM）的频谱

　　从频域角度来描述调幅波时，主要看它的频谱成分和带宽。

$$v_c(t) = V_{cm} \cos \omega_c t + \frac{1}{2} m_a V_{cm} \cos(\omega_c + \Omega)t + \frac{1}{2} m_a V_{cm} \cos(\omega_c - \Omega)t \tag{5-4}$$

式（5-4）表明，调幅波含有三条高频谱线，一条位于 ω_c 处，幅度为 V_{cm}；另外两条位于载频 ω_c 两边，称为上下旁频，频谱分别是 $\omega_c + \Omega$ 和 $\omega_c - \Omega$，幅度均为 $0.5m_aV_{cm}$。

由此可以看出：调制的过程是频谱的线性搬移过程；载频仍保持调制前的频率和幅度，因此它没有反映调制信号的信息，在 AM 调制中，只有两个旁频携带了调制信号的信息。

③ 调幅波（AM）的带宽

调幅波的带宽 $BW=2F$，即为调制信号频率的两倍。

（2）抑制载波的双边带调幅（DSBSC）

从节省功率的角度出发，将普通调幅波（AM）中的载波抑制掉，即得到抑制载波的双边带调幅（DSBSC）。很明显，抑制载波的双边带信号的宽度与 AM 调幅波相同，即 $BW=2F$。DSBSC 调制节省了功率，但是没有节省频带。

依照同样的信号假设，则 DSBSC 信号的表达式为

$$v(t) = AV_{\Omega m}V_{cm}\cos\Omega t\cos\omega_c t$$
$$= \frac{1}{2}AV_{\Omega m}V_{cm}\cos(\omega_c + \Omega)t + \frac{1}{2}AV_{cm}V_{\Omega m}\cos(\omega_c - \Omega)t \tag{5-5}$$

由式（5-5）可以看出，DSBSC 信号是调制信号与载波信号相乘的结果，DSBSC 信号的波形有两个特点：它的上下包络均不同于调制信号的变化形状；在调制信号为零的两旁，由于调制信号的正负发生了变化，所以已调波的相位在零点处发生了 180°的突变。

（3）单边带调幅（SSBSC）

DSBSC 信号的两个边带是完全对称的，每个边带都携带了相同的调制信号信息。从节省频带的角度出发，只需要发射一个边带（上边带或下边带），因此得到单边带调幅。单边带信号的带宽与 AM 信号、DSBSC 信号相比，其缩减了 50%，且功率利用率提高了一倍。

依照同样的信号假设，则 SSBSC 信号的表达式为

$$v(t) = \frac{1}{2}AV_{\Omega m}V_{cm}\cos(\omega_c + \Omega)t \tag{5-6}$$

（4）调幅信号的产生。

① AM 和 DSBSC 信号的产生。

从频谱的角度来看，AM、DSBSC 和 SSBSC，都是将调制信号的频谱不失真地搬移到载频两边。而实现频谱不失真搬移的最基本方法是在时域上将两个信号相乘，如图 5-13 所示。

在图 5-13 中，滤波器的中心频率为 C，带宽为 $2F$。

图 5-13 频谱线性搬移的基本方法

但在实际的应用中，由于 AM 已调波的包络反映了调制信息，不适合于用非线性功率放大器放大，为了在发射机中应用高效率的非线性功率发大器，AM 一般在发射机的末级进行，称为高电平调制。

② SSBSC 信号的产生。

产生 SSBSC 信号有两种基本方法：滤波法和移相法。

滤波法：由抑制载波的双边带信号滤除一个下边带（或一个上边带），即可得单边带信号。这个方法的难点在于滤波器的实现。当调制信号的最低频率很小时，上下两边带的频差很小，

这就要求滤波器的矩形系数几乎接近 1，这导致滤波器实现十分困难。

移相法可以这样实现：

将单边带信号的表达式转换为两个双边带信号之和。

$$V_{\text{SSBL}} = \frac{1}{2} A V_{\Omega m} V_{cm} \cos(\omega_c - \Omega)t = \frac{1}{2} A V_{\Omega m} V_{cm} (\cos\Omega t \cos\omega_c t + \sin\Omega t \sin\omega_c t) \tag{5-7}$$

$$V_{\text{SSBH}} = \frac{1}{2} A V_{\Omega m} V_{cm} \cos(\omega_c + \Omega)t = \frac{1}{2} A V_{\Omega m} V_{cm} (\cos\Omega t \cos\omega_c t - \sin\Omega t \sin\omega_c t) \tag{5-8}$$

因此，单边带信号可以采用图 5-14 所示的方法实现。

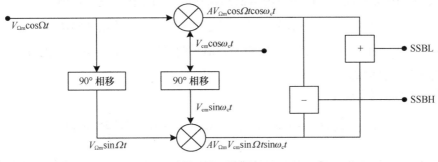

图 5-14　移相法

移相法实现 SSBSC 信号是用移相网络对载频和调制信号分别进行 90°移相，将移相或不移相的载波及调制信号相乘，分别得到两个双边带信号，再对它们相加减，得到所需的上边带或下边带。移相法的优点是避免了制作滤波要求极高的带通滤波器，但它的关键点是载波和基带信号都需要准确的 90° 移相，而幅频特性又应为常数，这是很困难的。

（5）振幅解调

振幅解调的一种方法是从调幅波中恢复出低频调制信号，也称为检波。从频域上看，振幅解调是把已调波的边带搬回到低频，也是属于线性频谱搬移，因此实现的基本方法仍然是在时域上将两信号相乘，并通过滤波器滤出所需的信号，如图 5-15 所示。

图 5-15　相干解调

这种方法称为相干解调，也称为同步检波。相干解调需要一个与已调波的载波同频同相的参考信号。相干解调的关键点是必须保证参考信号与已调波的载波同频同相，否则会引起失真。

相干解调是一种性能优良的解调方式，但其难点在于同步信号的获取，它的实现电路比较复杂。

振幅解调的一种方法是包络检波，包络检波输出的电压直接反映了输入高频信号包络变化的解调电路的电压值，它的电路结构非常简单，而且不需要同步信号，属于非相干解调。但由于只有普通调幅（AM）波的包络与调制信号成正比，而 DSBSC 与 SSBSC 波的包络不直接反映调制信号的变化，所以包络检波只适用于 AM 波的解调。

2．频率调制

用调制信号控制高频载波的频率称为调频（FM），用调制信号控制高频载波的相位称为调相（PM）。调频和调相都表现为高频载波的瞬时相位随调制信号的变化而变化，都属于角度调制。一般来说，模拟调频比模拟调相应用广泛。

（1）调频波的基本性质

① 调频和调相的定义

设高频载波为 $v_c(t)=V_{cm}\cos\omega_c t$ ，调制信号为 $v_\Omega(t)=V_{\Omega m}\cos\omega_\Omega t$ 。调频定义为高频载波的瞬时频率随着低频调制信号的变化而变化，则有

$$\omega(t)=\omega_c+k_f v_\Omega\cos\Omega t=w_c+k_f V_{\Omega m}\cos\Omega t=w_c+\Delta\omega_m\cos\Omega t \tag{5-9}$$

式中，k_f 是由电路决定的常数。

调相定义为高频载波的瞬时相位随着低频调制信号的变化而变化，则

$$\phi(t)=\omega_c t+k_p v_\Omega(t)=\omega_c t+k_p V_{\Omega m}\cos\Omega t=\omega_c t+\Delta\phi_m\cos\Omega t \tag{5-10}$$

其中，$\Delta\phi_m=k_p V_{\Omega m}$ 称为最大相移，它仅与调制信号的幅度有关，与其频率无关。

② 调频波的表达式

调频波的相位变化规律为

$$\phi(t)=\int\omega(t)\mathrm{d}t=\int(\omega_c+k_f v_{\Omega m}\cos\Omega t)\mathrm{d}t=\omega_c t+\frac{k_f V_{\Omega m}}{\Omega}\sin\Omega t \tag{5-11}$$

其中，调频波的相位变化与调制信号的积分成正比，最大相移为 $\Delta\phi_m=\dfrac{\Delta\omega_m}{\Omega}$ ，它不仅与调制信号的幅度有关，而且反比于调制信号的频率。因此，调频波的表达式为

$$v(t)=V_{cm}\cos\phi t=V_{cm}\cos(\omega_c t+\frac{k_f V_{\Omega m}}{\Omega}\sin\Omega t) \tag{5-12}$$

定义最大相移 $\Delta\phi_m$ 为调频指数 m_f ，即

$$m_f=\frac{\Delta\omega_m}{\Omega} \tag{5-13}$$

同样，调相波可以表示为

$$v(t)=V_{cm}\cos\phi(t)=V_{cm}\cos(\omega_c t+k_p V_{\Omega m}\cos\Omega t) \tag{5-14}$$

同时定义最大相移 $\Delta\phi_m$ 为调相指数 m_p 。

③ 调频波的频谱

调频波的频谱结构具有如下特点。

（A）以载波 ω_c 为中心，有无数对边频分量。每条频谱间的距离为调制频率 Ω ，即调频波含有 ω_c ， $\omega_c\pm\Omega$ ， $\omega_c\pm 2\Omega$ ， …， $\omega_c\pm n\Omega$ （n 为正整数）的频率分量。

（B）调频波的每条谱线的幅度为 $J_n(m_f)V_m$ 。

（2）调频信号的产生

产生调频波有两种方法：一是直接调频法，如图 5-16（a）所示，用调制信号直接控制振荡器的频率，使振荡频率跟随调制信号而变化；二是间接调频法，如图 5-16（b）所示，用调制信号的积分值控制调相电路，使调相电路的输出相位与控制信号成正比，由于频率是相位的微分，因此输出信号的频率和调制信号成正比，从而实现了调频。

直接调频法原理简单，偏差较大，但由于振荡器直接受控，因此频率稳定度不高。而间接调频法的核心是调相，其载波信号是由晶振产生的，因此频率稳定度高。但间接调频法的缺点是频偏小，必须有扩展电路去扩展频偏。

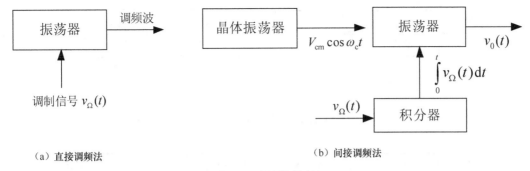

（a）直接调频法　　　　　　　　　　　　（b）间接调频法

图 5-16　调频波的产生

（3）调频信号的解调

调频波的解调称为频率检波，简称为鉴频。鉴频器的功能是将输入调频波的瞬时频率变化转换为输出电压。鉴频特性应该为线性，且能保证一定的鉴频范围和鉴频灵敏度。

5.2.2　数字调制

在射频数字系统中，载波被数字基带信号调制，也就是说载波的参数（幅度、频率、相位）随数字量基带信号的变化而变化。在数字调制中也有调幅、调频和调相，它们被分别称为移幅键控（ASK）、移频键控（FSK）和移相键控（PSK）。

下面介绍几种常见的数字调制方式。

1．二进制振幅键控

二进制振幅键控（2ASK）方法是数字调制中最早出现的，也是最简单的一种调制方法。这种方法最初用于电报系统，但由于它的抗噪声能力较差，因而在数字通信中用得不多。

（1）信号的产生

通常二进制振幅键控信号的产生方法（调制方法）如图 5-17 所示。二进制振幅键控信号，由于一个信号状态始终为零，此时相当于处于断开状态，故又被称为通断键控（OOK）信号。

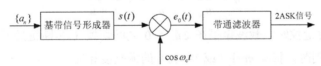

图 5-17　二进制振幅键控（2ASK）信号的产生

（2）解调

二进制振幅键控信号有两种基本的解调方法：非相干解调（包络检波法）及相关解调（同步检测法）。相应的接收系统组成框图如图 5-18 所示。图 5-18 中的"抽样判决器"用于提高数字信号的接收性能。

（3）频谱

在振幅键控时，载波震荡的振幅按二进制编码信号在两种状态 u_0 和 u_1 之间切换，如图 5-19 所示。$\hat{u}_1$ 可以取 $\hat{u}_0 \sim 0$ 的值。$\hat{u}_0$ 和 $\hat{u}_1$ 二者之比称为监控度 m。

为了得到键控度，计算载波信号的键控与非键控的振幅之间的算术平均值，即

$$\hat{u}_{\mathrm{m}} = \frac{\hat{u}_0 + \hat{u}_1}{2} \tag{5-15}$$

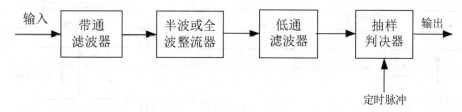

（a）非相干解调（包络检测法）

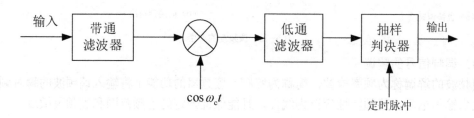

（b）相干解调（同步检测法）

图 5-18　二进制振幅键控（2ASK）信号的接收系统组成框图

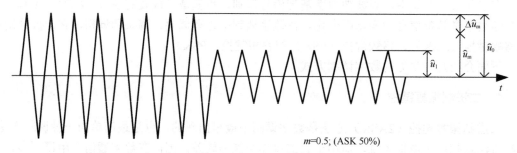

$m=0.5; (ASK\ 50\%)$

图 5-19　ASK 调制时，载波的振幅按二进制编码信号在两种状态之间切换

由振幅变化 $\hat{u}_0 - \hat{u}_{\mathrm{m}}$ 与平均值 $\hat{u}_{\mathrm{m}}$ 之比，可计算出键控度，即

$$m = \frac{\Delta \hat{u}_{\mathrm{m}}}{\hat{u}_{\mathrm{m}}} = \frac{\hat{u}_0 - \hat{u}_{\mathrm{m}}}{\hat{u}_{\mathrm{m}}} = \frac{\hat{u}_0 - \hat{u}_1}{\hat{u}_0 + \hat{u}_1} \tag{5-16}$$

在 100% 的振幅键控时，载波振幅在 $2\hat{u}_{\mathrm{m}} \sim 0$ 之间切换（通-断键控）。在模拟信号（正弦波震荡）振幅调制时，将与 $m=1$（或 100%）的调制度相应。

上述计算键控度的方法与用模拟信号（正弦波震荡）的振幅调制时调制度的计算方法相同。然而，在键控与模拟调制之间存在重要的区别。在键控时，载波信号在未调制时的振幅为 $\hat{u}$；而在模拟调制时，载波信号在未调制时的振幅为 $\hat{u}_{\mathrm{m}}$。

$$m' = 1 - \frac{\hat{u}_1}{\hat{u}_0} \tag{5-17}$$

从图 5-20 中的例子可以得出：键控度 $m' = 0.66$（66%）。对键控<15% 和键控度>85% 来说，两种计算方法之间的区别可以忽略不计。

二进制编码信号由 0 和 1 状态的序列组成，周期为 T，比特持续时间为 τ。从数学角度来看，振幅键控调制是编码信号 $u_{\mathrm{code}}(t)$ 乘以载波震荡 $u_{\mathrm{cr}}(t)$。对键控度 $m<1$ 来说，可采用附加常数 $(1-m)$，使得非键控状态时仍可以用 1 乘以 $u_{\mathrm{HF}}(t)$。

$$u_{\mathrm{ASK}}(t) = (m \cdot u_{\mathrm{code}}(t) + 1 - m) \cdot u_{\mathrm{HF}}(t) \tag{5-18}$$

因此，通过编码信号频谱与载波频率 f_{cr} 的卷积，或者通过编码信号的傅里叶展开乘以载波震荡，即可得到振幅键控信号的频谱。它在上边带和下边带中包含了编码信号的频谱，与载波对称。

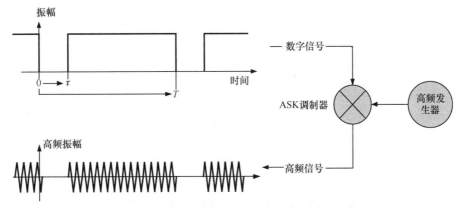

图 5-20　正弦载波信号的 100% ASK 调制

周期时间为 T、比特持续时间为 τ 的相同脉冲波形（见图 5-21），会产生如表 5-4 所示的频谱。

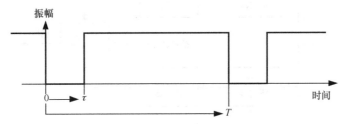

图 5-21　二进制编码信号的周期时间 T 和比特持续时间 τ 的示意图

表 5-4 脉冲调制的载波振荡的谱线

名称	频率	振幅
载波振荡	f_{CR}	$u_{HF}(t) \cdot (1-m) \cdot (T-\tau)/T$
第 1 条谱线	$f_{CR} \pm 1/T_S$	$u_{HF}(t) \cdot m \cdot \sin(\pi \cdot \tau/T)$
第 2 条谱线	$f_{CR} \pm 2/T_S$	$u_{HF}(t) \cdot m \cdot \sin(2\pi \cdot \tau/T)$
第 3 条谱线	$f_{CR} \pm 3/T_S$	$u_{HF}(t) \cdot m \cdot \sin(3\pi \cdot \tau/T)$
第 n 条谱线	$f_{CR} \pm n/T_S$	$u_{HF}(t) \cdot m \cdot \sin(n\pi \cdot \tau/T)$

2. 二进制频移键控

二进制移频键控信号 0 符号对应的是载频 w_1，1 符号对应的是载频 w_2（与 w_1 不同的另一载频）的已调波形，而且 w_1 与 w_2 之间的改变是瞬间完成的。

（1）信号的产生

根据以上分析，容易知道：二进制移频键控信号可利用一个矩形脉冲序列对一个载波进行调频而获得。这是移频键控信号早期的实现方法，也是利用模拟调频法实现的数字调频方法。二进制移频键控信号的另一个产生方法是采用键控法，即利用受矩形脉冲序列控制的开关电路对两个不同的独立频率源进行选通。以上两种产生二进制移频键控信号的方法如图 5-22 所示。其中，$s(t)$ 代表信息的二进制矩形脉冲序列，$e_0(t)$ 是二进制移频键控信号。

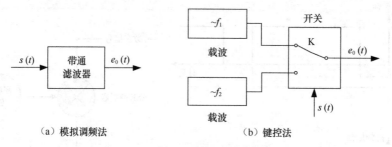

（a）模拟调频法　　　　　　　　　　（b）键控法

图 5-22　二进制频移键控信号的产生

（2）解调

二进制频移键控信号常用的解调方法是非相干检测法和相干检测法，如图 5-23 所示。二进制频移键控信号还有其他的解调方法，如鉴频法、过零检测法和差分检测法。

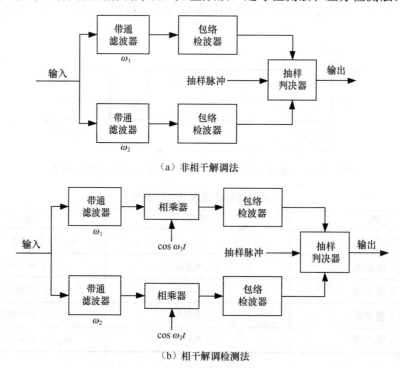

（a）非相干解调法

（b）相干解调检测法

图 5-23　二进制频移键控信号常用的解调方法

（3）频谱

2FSK 是用二进制编码信号使载波震荡频率在两种频率 f_1 和 f_2 之间切换，如图 5-24 所示。

把两种特定频率 f_1 和 f_2 的算术平均值定义为载波频率 f_{CR}。载波频率与特定频率之间的差称为频差。

$$f_{CR} = \frac{f_1 + f_2}{2} \tag{5-19}$$

$$\Delta f_{CR} = \frac{|f_1 + f_2|}{2} \qquad （5\text{-}20）$$

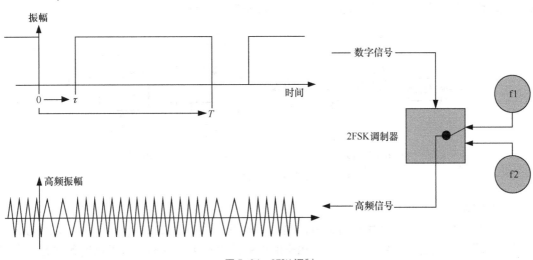

图 5-24　2FSK 调制

从时间函数的角度来看，可以把 2FSK 信号看作是 f_1 和 f_2 的两种振幅键控信号的组合。因此 2FSK 信号的频谱可由两种振幅键控震荡的频谱叠加得出，如图 5-25 所示。在射频识别系统中用基带编码，产生了非对称的频移键控。

$$\tau \neq \frac{T}{2} \qquad （5\text{-}21）$$

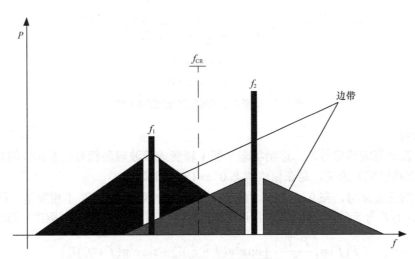

图 5-25　2FSK 调制的频谱

在这种情况下，相对于中心频率的频谱 Δf_{CR} 也是不对称分布的。

3. 二进制移相键控（2PSK）

二进制移相键控（2PSK）调制是受键控的载波相位按照基带脉冲的变化而变化的一种数字调制方式。

（1）信号的产生

二进制移相键控信号的实现通常有两种方法：模拟调制法和键控法，如图 5-26 所示。其中，$s(t)$ 代表信息的二进制矩形脉冲序列，$e_0(t)$ 是二进制移频键控信号。

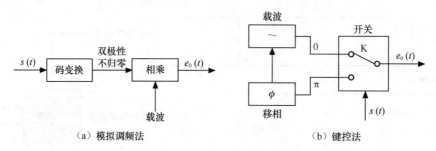

（a）模拟调频法　　　　　　　　（b）键控法

图 5-26　二进制移相键控信号的产生

（2）解调

二进制移相键控信号常用的解调方法是相干检测法，如图 5-27（a）所示，又因为这里的相干解调实际上起着鉴相的作用，故相干解调中的"相乘—低通"又可以用各种鉴相器代替，如图 5-27（b）所示。图 5-27 中的解调过程实际上是输入已调信号与本地载波信号进行极性比较的过程，故常称为极性比较法解调。

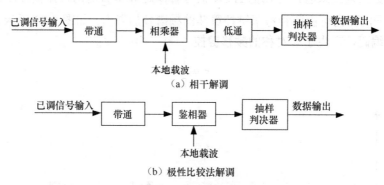

（a）相干解调

（b）极性比较法解调

图 5-27　二进制移相键控信号的接收系统

（3）频谱

相移键控是将编码信号的二进制状态 0 和 1 转变成载波震荡相对基准相位的相应状态。对 2PSK（相移键控）来说，是在相位状态 $0°\sim180°$ 切换。

从数学的角度来看，在 $0°\sim180°$ 的相位切换与载波震荡被 1 和−1 相乘是一样的。

对键控比 τ/T 为 50%的情况来说，可以用式（5-8）来计算 2PSK（相移键控）的功率频谱。

$$P(f) = \left(\frac{P \cdot T_\mathrm{S}}{2}\right) \cdot [\sin c^2\pi(f - f_0)T_\mathrm{S} + \sin c^2\pi(f + f_0)T_\mathrm{S}] \tag{5-22}$$

式中，P 为发送功率；T_S 为比特持续时间，其值为 τ；f_0 为中心频率；$\sin c(x) = \dfrac{\sin(x)}{x}$。

两个边带的包络线按照函数 $(\sin(x)/x)^2$ 围绕着载波频率 f_0，这使得频率在 $f_0 \pm 1/T_\mathrm{S}$、$f_0 \pm 2/T_\mathrm{S}$、$f_0 \pm n/T_\mathrm{S}$ 时为零。在频率范围 $f_0 \pm 1/T_\mathrm{S}$ 内，90%的发送器功率被传输出去，如图 5-28 所示。

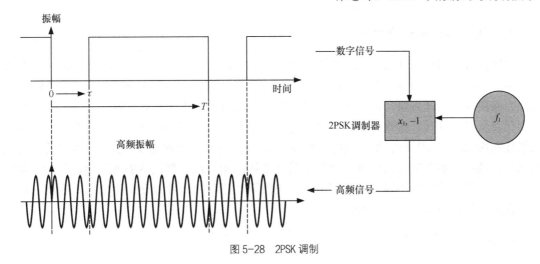

图 5-28　2PSK 调制

5.2.3　二进制数字调制系统的性能比较

以上分别介绍了二进制数字调制系统最常用的几种调制，下面比较这几种调制的频带宽度、调制与解调方法以及误码率等。

1．频带宽度

当码元宽度为 T_S 时，2ASK 系统和 2PSK 系统的频带宽度近似为 $2/T_S$，2FSK 系统的带宽近似为 $|f_2 - f_1| + 2\dfrac{1}{T_S} > 2\dfrac{1}{T_S}$。因此，从频带宽度或频带利用率上看，2FSK 系统最不可取。

2．误码率

表 5-5 中列出了各种二进制数字调制系统的误码率 P_e 与输入信噪比 r 的关系。从表 5-5 能够清楚地看出，在每一对相干和非相干的键控系统中，相干方式略优于非相干方式。另外，三种相干（或非相干）方式之间，在相同误码率条件下，在信噪比要求上，2PSK 比 2FSK 小 3dB、2FSK 比 2ASK 小 3dB。由此看出，在抗加性高斯白噪声方面，相干 2PSK 性能最好，2FSK 次之，2ASK 最差。

表 5-5　　　　　　　　　　二进制系统误码率公式一览表

名称	$P_e \sim r$ 关系
相干 2ASK	$P_e = \dfrac{1}{2}\mathrm{erfc}\dfrac{\sqrt{r}}{2}$
非相干 2ASK	$P_e = \dfrac{1}{2}\mathrm{e}^{\frac{-r}{4}}$
相干 2FSK	$P_e = \dfrac{1}{2}\mathrm{erfc}\dfrac{\sqrt{r}}{2}$
非相干 2FSK	$P_e = \dfrac{1}{2}\mathrm{e}^{\frac{-r}{2}}$
相干 2PSK	$P_e = \dfrac{1}{2}\mathrm{erfc}\sqrt{r}$

3. 对信道特性变化的敏感性

在选择数字调制方式时，还应该考虑最佳判决门限对信道特性的变化是否敏感。在 2FSK 系统中，不需要人为设置判决门限，它直接比较两路解调输出的大小做出判决。在 2PSK 系统中，判决器的最佳判决门限为 0，与接收机输入信号的幅度无关。因此，它不随信道特性的变化而变化。这时，接收机比较容易保持在最佳判决门限状态。对于 2ASK 系统，判决器的最佳判决门限为 $a/2$（当 $P(1)=P(0)$时），它与接收机输入信号的幅度有关。当信道特性发生变化时，接收机输入信号的幅度 a 将随之发生变化；相应地，判决器的最佳判决门限也将随之变化。此时，接收机不容易保持在最佳判决门限状态，从而导致误码率增大。因此，就信道特性变化的敏感性而言，2ASK 系统的性能最差。

4. 设备的复杂程度

二进制振幅键控、二进制移频键控以及二进制移相键控这三种方式的发送设备复杂程度相差不多，接收端的复杂程度则与所选用的调制和解调方式有关。对于同一种调制方式，相干解调的设备要比非相干解调时复杂；而同为非相干解调时，2PSK 的设备最复杂，2FSK 次之，2ASK 的设备最简单。设备越复杂，其造价也就越高。

通过上面的比较可以看出，在选择调制和解调方式时，要考虑的因素比较多。通常，只有全面考虑系统的要求，并且抓住其中最主要的要求，才能做出比较恰当的选择。如果抗噪声性能是主要考虑的方面，则应该考虑相干 2PSK，而 2FSK 最不可取；如果带宽是主要考虑的方面，则应该考虑相干 2PSK、2ASK，而 2FSK 最不可取；如果设备的复杂性是主要考虑的方面，则应该考虑非相干方式。

目前，用得最多的数字调制方式是相干 2PSK 和非相干 2FSK。

5.2.4　副载波调制法

副载波调制法广泛应用在无线电技术中。例如，在 VHF 无线电广播中，频率为 38kHz 的立体声副载波随基带声音通道一起传输。基带只包含单声道信号。为获取两个声音通道 L 和 R 所需的差分信号 L-R，可调制立体声副载波以便"无声地"传输。因为副载波的使用呈现为多电平调制。所以，在举例中首先用差分信号调制副载波，以便最后用已调的副载波信号去调制 VHF 发送器。

就射频识别系统而言，副载波调制法主要用在频率范围为 6.78MHz、13.56MHz 和 27.125MHz 的电感耦合系统中，而且是从电子标签到读写器的数据传输口电感耦合的射频识别系统的负载调制，与读写器天线上的高频电压的振幅键控（ASK）调制有相似的结果。代替在基带编码的信号节拍中对负载电阻的切换，用基带编码的数据信号首先调制低频率的副载波。可以选择振幅键控（ASK）、移频键控（FSK）或移相键控（PSK）调制作为调制副载波的方法。副载波频率本身通常是通过对操作频率的二分制分频产生的。13.56MHz 的系统大多使用的副载波频率为 847kHz（13.56MHz/16）、424kHz（13.56MHz/32）和 212kHz（13.56MHz/64）。已调的副载波信号则用于切换负载电阻。

观察产生的频谱可以理解使用副载波带来的好处。

副载波进行负载调制时，首先在围绕操作频率±副载波分频 f_H 的距离上产生两条谱线。真实的信息随着基带编码的数据流对副载波的调制被传输到两条副载波谱线的边带中。另一方面，如果采用的是在基带中进行的负载调制，数据流的边带将直接围绕着工作频率的载波信号，如图 5-29 所示。

对于松耦合的电子标签系统来说，在读写器的载波信号介于接收的负载调制的调制边带之间的差别在 80～90dB 的范围内波动。通过数据流的调制边带的移频，可以将两个副载波调制产物中的一个滤出并解调。至于是使用 $f_T + f_H$，还是 $f_T - f_H$，都无所谓，因为在所有的边带中都包含了信息。

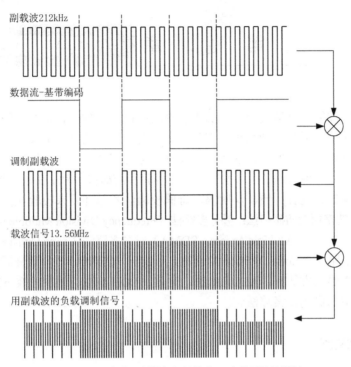

图 5-29　用负载调制的振幅键控（ASK）的副载波调制

习　题　5

1．简述 RFID 编码的基本原理。

2．RFID 中常用的编码方式有哪些？简述各种编码方式的优缺点。

3．模拟调制主要包括哪些调制方法？调幅信号分别是如何产生的？

4．常见的数字调制方式有哪些？信号分别是如何产生的？

第6章 数据校验和防碰撞算法

为了保证接收端能正确地校验数据的正确性及纠错，在数据传输时要进行必要的数据校验。在 RFID 系统中，射频识别系统工作时，多个电子标签数据传输发生通信冲突，引起数据之间相互干扰的情况，在射频识别系统中设置一定的相关命令，用以解决冲突问题。这些命令被称作防碰撞命令或算法。本章主要介数据校验和防碰撞算法。在数据校验中主要介绍：反馈纠错、前向纠错、混合纠错、汉明码、奇偶校验法和循环冗余校验法；在防碰撞算法中主要介绍 RFID 系统常用的防碰撞法：频分多路法（Frequency Division Multiple Access，FDMA）、空分多路法（Space Division Multiple Access，SDMA）时分多路法（Time Division Multiple Access，TDMA）和码分多路法（Code Division Multiple Access，CDMA）。本章最后将对防碰撞算法进行举例，其中主要的方法有：ALOHA 法、时隙 ALOHA 法、动态时隙 ALOHA 法、二进制搜索算法、动态二进制搜索算法。

6.1 差错控制编码

差错控制有检错法和纠错法两种方法。检错法是指在传输中仅仅发送足以使接收端检测出差错的附加位，接收端检测到一个差错就要求重新发送数据。纠错法是指在传输中发送足够的附加位，使接收端能以很高的概率检测并纠正大多数差错。检错法只能检测到数据传输过程中有错误发生，而不能纠正这些错误。错误的纠正方法有两种：一种方法是当通过检验码发现有错误时，接收方要求数据的发送方重新发送整个数据单元；另一种方法是采用错误纠正码传输数据，自动纠正发生的错误。

理论上可以纠正任何一种二进制编码错误。但是错误纠正码比错误检测码复杂得多，数据的冗余位需要很多。数据单元传输过程中发生的错误有三种：单位错误、多位错误和突发错误。纠正多位错误和突发错误所需的位数很大，在大多数情况下，纠错的效率低下。因此，大多数的纠错技术都局限于一位、两位或三位的错误。目前，汉明码是一种常用的错误纠正编码技术。

6.1.1 差错控制的基本方式

差错控制方式基本上分为反馈纠错和前向纠错两类。在这两类基础上又派生出一类称为混合纠错。

1. 反馈纠错

反馈纠错是指发信端采用某种能发现一定程度传输差错的简单编码方法，对所传信息进行编码，加入少量监督码元，在接收端根据编码规则检查收到的编码信号，一旦检测出有错码，即向发信端发出询问信号，要求重发。发信端接收到询问信号时，立即重发已经发生传输差错的那部分信息，直到正确收到为止。所谓发现差错，是指在若干接收码元中知道有一个或一些是错的，但不一定知道错误的准确位置。

2. 前向纠错

前向纠错是指发信端采用某种在解码时能纠正一定程度传输差错的较复杂的编码方法，使接收端在收到的信元中不仅能发现错码，还能够纠正错码。采用前向纠错方式时，不需要反馈信道，也不需反复重发而延误传输时间，对实时传输有利，但是纠错设备比较复杂。

3. 混合纠错

混合纠错是指少量错误在接收端自动纠正，差错较严重、超出自行纠正能力时，就向发信端发出询问信号，要求重发。因此，混合纠错是前向纠错和反馈纠错两种方式的混合。

RFID 系统一般使用反馈纠错或前向纠错方式。

6.1.2 汉明码

汉明码是 1950 年由 Hamming 首先构造的，它是一种能够自动检测并纠正单个错误的线性纠错码，即（Single Error Correcting，SEC）码，它不仅性能好，而且编译码电路非常简单，易于实现。从 20 世纪 50 年代问世以来，在提高系统可靠性方面获得了广泛的应用。最先用于磁芯存储器，20 世纪 60 年代初用于大型计算机，20 世纪 70 年代在 MOS 存储器中得到应用，后来在中小型计算机中普遍采用，目前常用于 RFID 系统中纠正多位错误。

设数据位数为 m，校验位数为 k，则总编码位数为 n，$n=m+k$，有 Hamming 不等式：

$$2^k - 1 \geqslant n , \ 2^k \geqslant m + k + 1 \tag{6-1}$$

这个不等式可以理解为：如果 n 位码长中有一位出错，可能产生 n 个不正确的代码（错误位也可能发生在校验位），所以加上 k 位校验后，就需要定位 $m+k$（$=n$）个状态。用 2^k 个状态中的一个状态指出"有无错"，其余 2^{k-1} 个状态便可用于错误定位。要能充分地定位错误，则须满足式（6-1）的关系。由此不等式得到校验位数与可校验的最大信息位之间的关系见表 6-1。

表 6-1　　　　　　　Hamming 校验位数与可校验的最大信息位数之间的关系

校验位数 k	可校验的最大信息位数	编码总位数 n	检验位数 k	可校验的最大信息位数	编码总位数 n
1	0	1	5	26	31
2	1	3	6	57	63
3	4	7	7	120	127
4	11	15	—	—	—

Hamming 码无法实现 2 位或 2 位以上的纠错，Hamming 码只能实现一位纠错。

下面介绍汉明码距与编码纠错能力的关系。

汉明码距是指长度相同的两个符号序列（码字）a 和 b 之间对应位置上不同码元的个数，用符号域 $D(a,b)$ 表示。例如，两个二元序列：

$$a=101111,$$
$$b=111100,$$

则得 $D(a,b)=3$。

有了汉明码距的概念，就可以用汉明码距来描述码的纠错检测能力。如果一组编码的码长为 n，将这些资源全部利用上，可以对 2^n 个符号进行编码，但这样一来，这个编码就没有任何抗干扰能力，因为合法码字之间的最小汉明码距为 1，任何一个符号编码的任意一位发生错误，就变成了另外一个符号的编码，它也是一个合法的码字。接收端不能判断是否有错误发生。

可以在 2^n 个可用的码字中间选择一些码字来对信源符号进行编码，把这些码字称为合法码字，而其他没有使用的码字称为非法码字。这样合法码字之间的汉明距离就会拉开，有些合法码字发生错误后有可能变成非法码字，接收端收到这些非法码字后，可以判断出传输过程中出现了错误。码字之间的最小汉明距离越大，编码的抗干扰能力就越强。如果编码的最小汉明距离为 2，那么任何合法码字发生一位错误都会变成非法码字，但不能确定是由哪一个合法码字错误引起的，因此这个编码可以发现一位错误。如果编码的最小汉明距离为 3，那么任何合法码字发生一位错误都会变成非法码字，而且距离原来的码字距离为 1，而距离其他任何合法码字的最小距离为 2，因此可以确定这个非法码字是由哪一个合法码字发生错误引起的，这个编码用作纠错编码可以发现一位错误并纠正一位错误。如果发生了两位错误，也可以发现，但是如果试图纠正这个错误，就会产生新的错误；如果把这种编码只当作检错编码，则可以发现两个错误。以此类推，可以总结出编码的最小汉明码距与编码纠错检错能力之间的关系如下。

要发现（检测）e 个随机错误，则要求码的最小距离 $d_{\min} \geqslant e+1$。

要纠正 e 个随机错误，则要求码的最小距离 $d_{\min} \geqslant 2e+1$。

要纠正 e 个随机错误，同时检测 $f(\geqslant e)$ 个错误，则要求码的最小距离 $d_{\min} \geqslant e+f+1$。

如果一个分组码的数据位长度为 k，校验位长度为 r，总的编码长度为 n，$n=k+r$，则总的可以编码的合法码字的个数为 2^k，总的码字个数为 2^n，可以看出，检验位的长度越长，合法码字所占的比例就越小，如果这些码字能够尽可能地在所有的码字中均匀分布，合法码字之间的最小汉明码距就越大，编码的抗干扰能力也就越强，因此设计编码方法最重要的任务就是使合法码字尽可能地均匀分布。

6.2 常用的差错控制方法

最常用的差错控制方法有奇偶校验法、循环冗余校验法和汉明码等。这些方法用于识别数据是否发生传输错误，并且可以启动校正措施，或者舍弃传输发生错误的数据，要求重新传输有错误的数据块。

6.2.1 奇偶校验法

奇偶校验法是一种很简单并且广泛使用的校验方法。这种方法是在每一字节中加上一个奇偶校验位，并被传输，即每字节发送 9 位数据。数据传输前通常会确定是奇校验还是偶校验，以保证发送端和接收端采用相同的校验方法进行数据校验。如果校验位不符，则认为传输出错。

奇校验是在每字节后增加一个附加位，使得 1 的总数为奇数。奇校验时，校验位按如下规则设定：如果每字节的数据位中 1 的个数为奇数，则校验位为 0；若为偶数，则校验位为 1。奇校验通常用于同步传输。而偶校验是在每字节后增加一个附加位，使得 1 的总数为偶数。偶校验时，校验位按如下规则设定：如果每字节的数据位中 1 的个数为奇数，则校验位为 1；若为偶数，则校验位为 0。偶校验常用于异步传输或低速传输。

校验的原理是：如果采用奇校验，发送端发送的一个字符编码（含校验位）中，1 的个数一定为奇数，在接收端对接收字符二进制位中 1 的个数进行统计，若统计出 1 的个数为偶数，则意味着传输过程中有 1 位（或奇数位）发生差错。事实上，在传输中偶然一位出错的机会最多，故奇偶校验法经常采用。

然而，奇偶校验法并不是一种安全的检错方法，其识别错误的能力较低。如果发生错误的位数为奇数，那么错误可以被识别，而当发生错误的位数为偶数时，错误就无法被识别了，这是因为错误互相抵消了。数位的错误，以及大多数涉及偶数个位的错误都有可能检测不出来。它的缺点在于：当某一数据分段中的一个或者多位被破坏，并且在下一个数据分段中具有相反值的对应位也被破坏时，这些列的和将不变，因此接收方不可能检测到错误。常用的奇偶校验法为垂直奇偶校验、水平奇偶校验和水平垂直奇偶校验。

图 6-1 垂直奇偶校验数据格式和发送顺序

1. 垂直奇偶校验

垂直奇偶校验是在垂直方向上以列的形式附加上校验位。假设数据格式及其发送顺序如图 6-1 所示，则垂直奇偶校验的编码规则如表 6-2 所示。

表 6-2　　　　　　　　　垂直奇偶校验时的数据格式及其发送顺序

位/数字		0	1	2	3	4	5	6	7	8	9
C_1		0	1	0	1	0	1	0	1	0	1
C_2		0	0	1	1	0	0	1	1	0	0
C_3		0	0	0	0	1	1	1	1	0	0
C_4		0	0	0	0	0	0	0	0	1	1
C_5		1	1	1	1	1	1	1	1	1	1
C_6		1	1	1	1	1	1	1	1	1	1
C_7		0	0	0	0	0	0	0	0	0	0
偶校验	C_8	0	1	1	0	1	0	0	1	1	0
奇校验		1	0	0	1	0	1	1	0	0	1

偶校验：

$$r_i = I_{1t} + I_{2i} + \cdots + I_{mi} (i = 1, 2, \cdots, n) \tag{6-2}$$

奇校验：

$$r_i = I_{1t} + I_{2i} + \cdots + I_{mi} + 1 (i = 1, 2, \cdots, n) \tag{6-3}$$

式中，m 为码字的定长位数，n 为码字的个数，均为二进制加法。

设垂直奇偶校验的编码效率为 R，则

$$R=m/(m+1) \tag{6-4}$$

垂直奇偶校验又称为纵向奇偶校验，它能检测出每列中发生的奇数个错误，但检测不出偶数个错误，因而对差错的漏检率接近 1/2。

图 6-2　水平奇偶校验的数据格式及其发送顺序

2. 水平奇偶校验

水平奇偶校验是在水平方向上以行的形式附加上校验位。假设数据格式及其发送顺序如图 6-2 所示，则水平奇偶校验的编码规则如表 6-3 所示。

表 6-3　　　　　　　　　水平奇偶校验的编码规则

位/数字	0	1	2	3	4	5	6	7	8	9	校验位
C_1	0	1	0	1	0	1	0	1	0	1	1
C_2	0	0	1	1	0	0	1	1	0	0	0
C_3	0	0	0	0	1	1	1	1	0	0	0
C_4	0	0	0	0	0	0	0	0	1	1	0
C_5	1	1	1	1	1	1	1	1	1	1	1
C_6	1	1	1	1	1	1	1	1	1	1	1
C_7	0	0	0	0	0	0	0	0	0	0	0

偶校验：

$$r_i=I_{t1}+I_{i2}+\cdots+I_{in}(i=1,2,\cdots,m) \tag{6-5}$$

奇校验：

$$r_i=I_{t1}+I_{i2}+\cdots+I_{in}+1(i=1,2,\cdots,m) \tag{6-6}$$

式中，m 为码字的定长位数，n 为码字的个数，均为二进制加法。

设水平奇偶校验的编码效率为 R，则

$$R=n/(n+1) \tag{6-7}$$

水平奇偶校验又称为横向奇偶校验，它不但能检测出各段同一位上发生的奇数个错误，而且能检测出突发长度 $\leq m$ 的所有突发错误，其漏检率要比垂直奇偶校验法低，但是实现水平奇偶校验时，一定要使用数据缓冲器。

3. 水平垂直奇偶校验

水平垂直奇偶校验是在结合水平奇偶校验和垂直奇偶校验的基础上形成的一种校验方法。它是在一批字符传送之后，另外增加一个称为"方块校验字符"的检验字符，方块校验字符的编码方式是使所传输字符代码的每个纵向列中位代码的 1 的个数成为奇数（或偶数）。假设数据格式及其发送顺序如图 6-3 所示，如果水平和垂直方向上都使用偶校

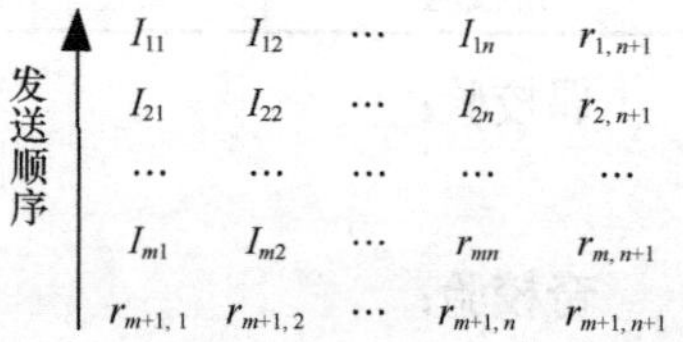

图 6-3　水平垂直奇偶校验时数据格式及其发送顺序

验，则水平垂直奇偶校验的编码规则如表 6-4 所示。

表 6-4 水平垂直奇偶校验法举例

位/数字	0	1	2	3	4	5	6	7	8	9	校验码字
C_1	0	1	0	1	0	1	0	1	0	1	1
C_2	0	0	1	1	0	0	1	1	0	0	0
C_3	0	0	0	0	1	1	1	1	0	0	0
C_4	0	0	0	0	0	0	0	0	1	1	0
C_5	1	1	1	1	1	1	1	1	1	1	1
C_6	1	1	1	1	1	1	1	1	1	1	1
C_7	0	0	0	0	0	0	0	0	0	0	0
方块校验字符	0	1	1	0	1	0	0	1	1	0	1

$$r_{i,n+1}=I_{t1}+I_{i2}+\cdots+I_{in}(i=1,2,\cdots,m) \tag{6-8}$$

$$r_{m+1}=I_{1j}+I_{2j}+\cdots+I_{mj}(j=1,2,\cdots,n) \tag{6-9}$$

$$
\begin{aligned}
r_{m+1,n+1}&=r_{m+1,1}+r_{m+1,2}+\cdots+r_{m+1,n}\\
&=r_{1,n+1}+r_{2,n+1}+\cdots r_{m,n+1}
\end{aligned}
\tag{6-10}
$$

式中，m 为码字的定长位数，n 为码字的个数。

设水平垂直奇偶校验的编码效率为 R，则

$$R = mn/[(m+1)(n+1)] \tag{6-11}$$

水平垂直奇偶校验又称为纵横奇偶校验。它能检测出传输过程中发生的所有 3 位或 3 位以下的错误、奇数个错误、大部分偶数个错误以及突发长度 $\leqslant m+1$ 的突发错误，可使误码率降至原误码率的百分之一到万分之一，有较强的检错能力，但是有部分偶数个错误不能检测出来。水平垂直奇偶校验还可以自动纠正差错，使误码率降低 2～4 个数量级，适用于中、低速传输系统和反馈重传系统，被广泛用于通信和某些计算机外部设备中。

6.2.2 循环冗余校验法

循环冗余校验（Cyclic Redundancy Check，CRC）法是分组线性码的分支，主要应用于二元码组。它是利用除法及余数的原理来做错误侦测（Error Detecting）的。

这是一种比较精确、安全的检错方法，能够以很大的可靠性识别传输错误，并且编码简单，误判概率很低，但是这种方法不能够校正错误。循环冗余校验法在通信系统中得到了广泛的应用，特别适用于传输数据经过有线或无线接口时，识别错误的场合。下面重点介绍循环冗余校验法的工作原理及其计算方法。

1. CRC 的工作原理

循环冗余校验法是一种较为复杂的校验方法，它不产生奇偶校验码，而是将整个数据块当成一个连续的二进制数据 $M(x)$，在发送时，将多项式 $M(x)$ 用另一个多项式 $G(x)$（被称为生成多项式）来除，然后利用余数进行校验。从代数的角度可将 $M(x)$ 看成是一个多项式，即 $M(x)$ 可被看作系数是 0 或 1 的多项式，一个长度为 m 的数据块可以看成是 $x^{m-1}\sim x^0$ 的 m 次多项式的系

数序列。例如，一个 8 位二进制数 10110101 可以表示为 $1x^7+0x^6+1x^5+1x^4+0x^3+1x^2+0x+1$。

在实际应用时，发送装置计算出 CRC 校验码，并将 CRC 校验码附加在二进制数据 $M(x)$ 后面一起发送给接收装置，接收装置根据接收到的数据重新计算 CRC 校验码，并将计算出的 CRC 校验码与收到的 CRC 校验码进行比较，若两个 CRC 校验码不同，则说明数据通信出现错误，要求发送装置重新发送数据。该过程也可以表述为：发送装置利用生成多项式 $G(x)$ 来除以二进制数据 $M(x)$，将相除结果的余数作为 CRC 校验码附在数据块之后发送出去，接收时先对传送过来的二进制数据用同一个生成多项式 $G(x)$ 去除，若能除尽，则余数为 0，则说明传输正确；若除不尽，则说明传输有差错，可要求发送方重新发送一次。其工作过程如图 6-5 所示。

采用循环冗余校验法，能检查出所有的单位错误和双位错误，以及所有具有奇数位的差错和所有长度小于等于校验位长度的突发错误，能查出 99%以上比校验位长度稍长的突发性错误。其误码率比水平垂直奇偶校验法还可降低 1～3 个数量级，因而得到了广泛应用。

2．相关计算

CRC 校验码的计算是一种循环过程。CRC 校验的计算包括要计算 CRC 值的数据字节以及所有前面的数据字节的 CRC 值。数据块中的每一被校验过的字节都用来计算整个数据块的 CRC 值。

从数学角度来看，CRC 校验码就是利用生成多项式 $G(x)$ 去除一个多项式 $M(x)$（数据字节）来获取的。CRC 校验码就是相除后所得的余项。

要计算 m 位数据块 $M(x)$ 的 CRC 校验码，生成多项式 $G(x)$ 必须比该多项式短，且生成多项式 $G(x)$ 的高位和低位必须为 1。CRC 的基本思想是：将 CRC 校验码加在数据块的尾部，使这个带 CRC 校验码的多项式能够被生成多项式除尽。当接收设备收到带校验码的数据块时，用生成多项式去除，如果有余数，则数据传输出错。

计算 CRC 校验码和带 CRC 校验码的发送数据 $T(x)$ 的算法如下。

设 $G(x)$ 为 r 阶，在数据块 $M(x)$ 的末尾附加 r 个 0，使数据块变为 $m+r$ 位，则相应的多项式为 $x^r M(x)$。

按模 2 除法用对应于 $G(x)$ 的位串去除对应于 $x^r M(x)$ 的位串。

按模 2 减法从对应于 $x^r M(x)$ 的位串中减去余数（总是小于等于 1）。结果就是要传送的带循环冗余校验码的数据块，即多项式 $T(x)$。

3．计算举例

下面举例说明 CRC 校验码（见图 6-4）和带 CRC 校验码的发送数据 $T(x)$ 的计算过程（见图 6-5）。

设数据块 $M(x)$ 的二进制表示形式为 1101011011，生成多项式 $G(x)=x^4+x+1$，则 $G(x)$ 的二进制表示形式为 10011，数据块为 I101011011，除数为 10011，附加 4 个 0 以后形成的数据块为 11010110110000，传输的数据块为 11010110111110。

显然，如果利用 $G(x)$ 对发送数据 $T(x)$ 执行新的 CRC 计算，所得结果为 0。CRC 校验的这种独特性质可以用来检测串行数据传输中的错误。CRC 校验的一大优点是识别错误的可靠性，即使有多重错误，也只需要少量的操作就可以识别。16 位的 CRC 就适用于校验 4 000

字节长的数据块的完整性。超过此长度时，性能明显下降。射频识别系统中传输的数据块都比 4 000 字节短，这意味着除了 16 位的 CRC 以外，也可以使用 12 位和 8 位的 CRC。

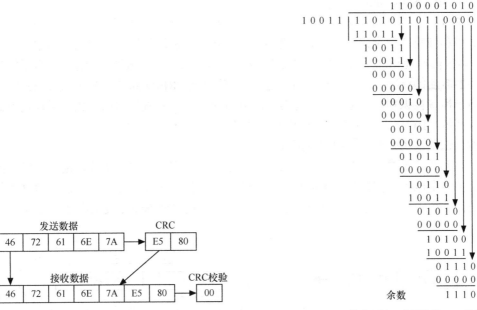

图 6-4 循环冗余校验法的工作过程

图 6-5 CRC 校验码以及发送数据 $T(x)$ 的计算

4．常用的 CRC 生成多项式

CRC 在数据通信中得到了广泛的应用。表 6-5 列出了已经成为国际标准的四种 CRC 生成多项式，其中 CRC-12 用于字符长度为 6 位的情况，其余三种用于字符长度为 8 位的情况。CRC-32 出错的概率比 CRC-16 低 10^{-5}。由于 CRC-32 的可靠性，把 CRC-32 用于传输重要数据十分合适，所以 CRC-32 在通信、计算机等领域应用十分广泛。在一些 UART 通信控制芯片内都采用了 CRC 校验码进行差错控制；以太网卡芯片、MPEG 解码芯片中，也采用 CRC-32 进行差错控制。

表 6-5 常用的 CRC 生成多项式

名称	生成多项式
CRC-12	$x^{12}+x^{11}+x^3+x^2+x+1$
CRC-16	$x^{16}+x^{15}+x^2+1$
CRC-CCITT	$x^{16}+x^{12}+x^5+1$
CRC-32	$x^{32}+x^{26}+x^{23}+x^{22}+x^{16}+x^{12}+x^{11}+x^{10}+x^8+x^7+x^5+x^4+x^2+x+1$

6.3 防碰撞算法

射频识别系统工作时，可能会有一个以上的电子标签同时处在读写器的作用范围内，这样如果有两个或两个以上的电子标签同时发送数据，就会出现通信冲突，数据相互干扰（碰撞）。同样，有时也有可能多个电子标签处在多个读写器的工作范围之内，它们之间的数据通信也会引起数据干扰，不过一般很少考虑后面的这种情况。为了防止这些冲突产生，射频识别系统中需要设置一定的相关命令，解决冲突问题，这些命令被称为防碰撞命令或算法（Anti-collision Algorithms）。

在 RFID 系统中的碰撞有以下特征：读写器和电子标签之间数据包总的传输时间由数据包的大小和波特率决定，传播延时可忽略不计；RFID 系统包括大量的电子标签并且是动态的（有可能随时超出读写器范围），通过竞争激励的办法占用信道进行通信；在电子标签没有被读写器激活的情况下，不能和读写器进行通信，对于 RFID 系统这种主从关系是唯一的，一旦电子标签被识别，就可以和读写器之间以点对点的模式进行通信。相对于稳定方式的多路存取系统，RFID 系统仲裁通信过程是短暂的。

射频识别系统中存在三种通信形式。

（1）无线广播式，即在一个读写器的阅读范围内存在多个电子标签，读写器发出的数据流同时被多个电子标签接收。这同数百个无线电广播接收机同时接收一个发送信息类似，而信息是由一个无线电广播发射机发射的，这种通信方式也被称作无线电广播，如图 6-6 所示。

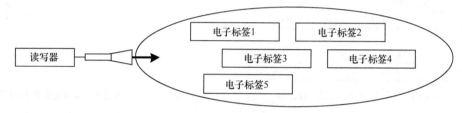

图 6-6　无线电广播方式

（2）在读写器的作用范围有多个电子标签同时传输数据给读写器（见图 6-7），这种通信形式称为多路存取通信。

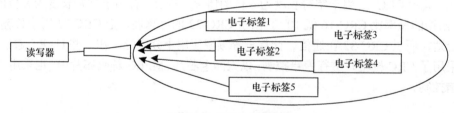

图 6-7　多路存取通信

（3）多个读写器同时给多个电子标签发送数据。现在射频识别系统中这种情况很少遇到，常常遇到的是多路存取通信方式。

每个通信通路有规定的通路容量。这种通路容量是由这个通信通路的最大数据率以及供给它使用的时间片确定的。分配给每个电子标签的通路容量必须满足：当多个电子标签同时把数据传输给一个单独的读写器时，不能出现互相干扰（碰撞）。

对于电感耦合的 RF1D 系统来说，只有读写器中的接收部分作为共同的通路，供读写器作用范围的所有电子标签才将数据传输给读写器使用。最大数据速率是由电子标签天线的有效带宽和读写器得出的。对于微波的 RFID 系统来说，最大数据速率较大。

对于 RFID 系统来说，只存在很短的动作周期，这种周期被较长的不等时间间隔中断。如何才能可靠地防止由于电子标签的数据包在读写器的接收器中相互碰撞，导致数据包中的数据不能读出呢？如何选择一种合理的方法来完成一系列的操作就成为 RFID 系统中相当重要的问题。在 RFID 系统中，这种多路存取的技术方法（该方法能够使多路存取无故障地进行）被称为防碰撞法。

几乎对于所有的 RFID 系统的特殊挑战都是由此而生：某个数据包不能与在这个读写器作用范围内的所有其他电子标签的数据包一起读出。因此，对电子标签来说，首先应该能够发现在读写器作用场内的其他电子标签的存在。防碰撞法的任务就是检测读写器作用范围内的电子标签，并合理地管理这些电子标签的数据传输。

RFID 系统常用的防碰撞法有以下 4 种：频分多路法（Frequency Division Multiple Access，FDMA）、空分多路法（Space Division Multiple Access，SDMA）时分多路法（Time Division Multiple Access，TDMA）和码分多路法（Code Division Multiple Access，CDMA）。下面分别介绍这 4 种方法。

6.3.1　频分多路（FDMA）法

FDMA 是把若干使用不同载波频率的传输通路同时供给通信用户使用的技术。

RFID 系统可以使用能够自由调整的、非发送频率谐振的电子标签。对电子标签的能量供应以及控制信号的传输则使用最佳的使用频率 f_a。电子标签的应答可以使用若干供选用的电子标签频率 $f_1 \sim f_n$。因此，电子标签的传输，可以使用完全不同的频率，如图 6-8 所示。

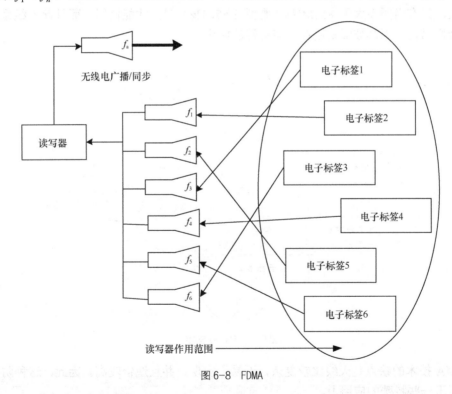

图 6-8　FDMA

对于负载调制的射频识别系统或反向散射系统，为了从电子标签向读写器传输数据，可以使用不同的、独立的副载波频率。

FDMA 的缺点是读写器非常昂贵，因为在每个接收通路上都必须有自己单独的接收器供使用。因此，这种防碰撞方法被限制用于一些特殊的应用。

6.3.2 空分多路（SDMA）法

SDMA 可以理解为在分离空间范围内重新使用确定资源的技术。SDMA 一般又可以分为以下两种方法。一种方法是使单个读写器的距离明显减少，而把大量的读写器和天线覆盖面积并排地安置在一个阵列中，当电子标签经过这个阵列时，与之最近的读写器就可以与之交换信息，而因为每个天线的覆盖面积小，所以相邻的读写器区域内如有其他电子标签仍可以相互交换信息而不会受到相邻的干扰，这样许多电子标签在这个阵列中（由于空间分布）可以同时读出而不会相互影响。

第二种方法是在读写器上利用一个自适应控制的天线，直接对准某个电子标签读取数据（自适应 SDMA 如图 6-9 所示）。所以不同的电子标签可以根据其在读写器作用范围内的角度位置区分开来。可以利用相控阵天线作为电子控制定向天线，这种天线由若干偶极子元件构成。这些偶极子元件由独立的、确定的相位控制，天线的方向是由各个不同方向上的偶极子的单个波叠加出的。在某个方向上，偶极子元件的单个场叠加由于相位关系，得到加强；在其他方向上，则由于全部抵消或部分抵消而被削弱。为了改变方向，可以调节各个偶极子供给相位的可调高频电压。为了启动某一电子标签，必须使电子标签扫描阅读周围的空间，直至电子标签被读写器的"搜索波束"检测到为止，RFID 用的自适应 SDMA 由于天线的结构尺寸过大，只有当频率大于 850MHz（典型 2.45GHz）时，才能使用，而且此天线系统非常复杂，价格昂贵，因此被限制用在一些特殊的应用。

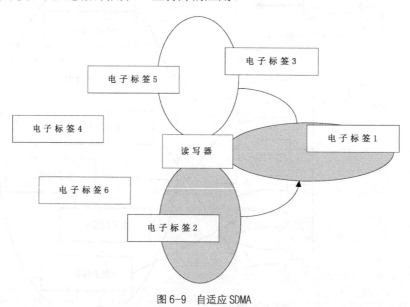

图 6-9　自适应 SDMA

SDMA 技术的缺点是天线比较复杂，不易于实现，并且造价较高。因此，这种防碰撞法被限制用于一些特殊的应用上。

6.3.3 时分多路（TDMA）法

TDMA 法是把整个可供使用的通路容量按时间分配给多个用户的技术。它在数字移动无线电系统的范围内广泛使用。对于 RFID 系统，TDMA 成为防碰撞算法最大的一族。这种方法又分为电子标签控制（驱动）法和读写器控制（询问驱动）法。TDMA 法的分类如图 6-10 所示。

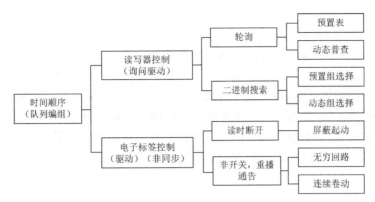

图 6-10　TDMA 法的分类

电子标签控制（驱动）法是非同步的，因为这里对读写器的数据传输没有控制，如 ALOHA 法。按照电子标签成功地完成数据传输后是否通过读写器的信号而断开，又可以区分为开关断开法和非开关法。

读写器控制（询问驱动）法是同步的，这里所有的电子标签同时由读写器进行控制和检查。通过一种规定的算法在读写器的作用范围内，首先选择较大的电子标签组中的一个电子标签，然后选择一个电子标签和读写器之间进行通信（如鉴别、读出、写入数据）。为了选择另外一个电子标签，应该解除原来的通信关系，保证在同一个时间里只建立一个通信关系，并且可以快速地按时间顺序来操作电子标签。所以读写器询问驱动法也称作定时双工传输法。

读写器驱动方法可以分为轮询和二进制搜索算法，所有这些方法都以一个独特的序列号来识别电子标签为基础。轮询需要有所有可能用到的电子标签序列号清单，所有序列号依次被读写器询问，直至某个相同序列号的电子标签响应为止。然而，所有序列号依次被阅读这个过程依赖于电子标签的数目，可能会很慢。因此，只适用于作用区域仅有几个已知电子标签的场合。

最灵活和最广泛推广使用的方法是二进制搜索算法。为了从一组电子标签中选择其中之一，读写器发出一个请求命令，有意识地将电子标签序列号传输时的数据碰撞引导到读写器上。在二进制搜索算法中起决定作用的是：电子标签使用的信道编码（如曼彻斯特编码）必须能够确定碰撞准确的比特位置。这个算法将在 6.4 节中详细分析。

6.3.4　码分多路（CDMA）法

CDMA 是在数字技术的分支——扩频通信技术上发展起来的一种崭新的无线通信技术。CDMA 技术的原理是基于扩频技术，即将需传送的具有一定信号带宽的信息数据，用一个带宽远大于信号带宽的高速伪随机码进行调制，使原数据信号的带宽被扩展，再经载波调制并发送出去。接收端使用完全相同的伪随机码，与接收的带宽信号做相关处理，把宽带信号换成原信息数据的窄带信号，即解扩，以实现信息通信。其工作的基础就是产生正交的伪随机码（互相关性很小的伪随机码），作为扩频码及地址码。

这种多路方式软件设计困难，而且读写器每一路都需要相应的硬件或软件支持，非常复杂，所以不适合于 RFID 系统。

6.4 防碰撞算法举例

读写器应该能够顺利地完成在读写器作用范围内识别电子标签、读写数据信息的操作。目前在射频识别系统中，主要采用时分多路法的原理，使每个电子标签在单独的某个时隙内占用信道与读写器进行通信，防止碰撞产生，也就是数据能够准确地在读写器和电子标签之间传输，这种协议被称为防碰撞协议（Collision Resolution Protocols，CRP）。实际的射频识别系统常用的反碰撞算法主要有 ALOHA 算法、时隙 ALOHA 算法、二进制搜索算法和动态二进制搜索算法等，这些算法在实践中经常用到，下面分别进行介绍。需要注意的是，在介绍时，算法进行了一些简化，以便在理解算法的作用原理时省去不必要的累赘。

6.4.1 ALOHA 法

ALOHA 是一种为交互计算机传输而设计的时分多路法的多路存取方式。1968 年开始研究，最初由美国夏威夷大学应用于地面网路，1973 年应用于卫星通信系统。ALOHA 系统采用的多址方式实质上是一种无规则的时分多址，或者称为随机多址。

ALOHA 法是所有防碰撞方法中最简单的防碰撞方法。只要有一个数据包提供使用，这个数据包就立即从电子标签发送到读写器中。因此，这种处理本身与电子标签控制的、随机的 TDMA 法有关。

这种方法仅用于只读电子标签中。这类电子标签通常只有一些数据（序列号）需要传送给读写器，并且是在一个周期性的循环中将数据发送给读写器。数据传输时间只是重复时间的一小部分，以致在传输之间产生相当长的间歇。此外，各个电子标鉴的重复时间之间的差别是微不足道的。所以存在一定的概率，两个电子标签可以在不同的时间段上设置它们的数据，使数据包不互相碰撞。

ALOHA 系统中的数据交换时间过程如图 6-11 所示。可见，在 ALOHA 系统中交换的数据包量 g 与在确定的时刻 t_0 同时发送的电子标签数量（即 0，1，2，3，…）相符。平均交换的数据包量 G 与经过一段观察时间 T 的平均值相符。平均交换的数据包量 G 可以用最简单的方法从一个数据包的传输持续时间 τ 计算出来。

$$G = \sum_{1}^{n} \frac{\tau_n}{T} r_n \tag{6-12}$$

式中，$n=1,2,3,\cdots$ 是系统中的电子标签的数量，$r_n=0,1,2,\cdots$ 是在观察时间 T 内由电子标签 n 发送的数据包的数量。

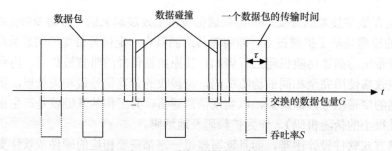

图 6-11　ALOHA 系统中的数据交换时间过程

吞吐率 S 等于 1，即在传输期间无错误的传输数据包，在所有其他的情况下等于 0，这是因为没有发送，或者由于碰撞不能无错误地读出传输的数据。传输通路的（平均）吞吐率 S，可由交换的数据包量 G 得出。

$$S = Ge^{-2G} \tag{6-13}$$

如果观察交换的数据包量 G 和吞吐率 S 的关系（见图 6-12），那么当 G=0.5 时，S 的最大值为 18.4%。对较小的交换的数据包量来说，传输通路的大部分时间没有被利用；扩大交换的数据包量时，电子标签之间的碰撞立即明显增加，80%以上的通路容量没有利用。

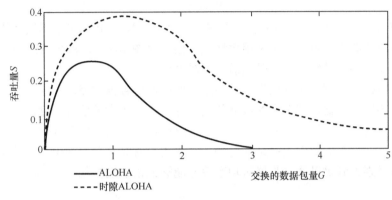

图 6-12 ALOHA 和时隙 ALOHA 的吞吐率曲线的比较

然而，由于 ALOHA 算法实现起来非常简单，它可以作为防碰撞算法很好地适应只读电子标签系统。ALOHA 算法也被应用到了数字信息网络中。

成功概率 q，即无碰撞传输数据包的概率，可以从平均交换的数据包量 G 和吞吐率 S 计算出来。

$$q = \frac{S}{G} = e^{-2G} \tag{6-14}$$

由此可以推知，如果在统一的数据规模上发现了关于所需时间的说明，与读写器的作用范围内的电子标签数量有关，那么这是必要的，这样能可靠地读出作用范围内的所有电子标签。

从数据包和平均交换的数据包量 G 的传输时间 T，可以求出在观察时间 T 内的无错误传输的数据包的数量 k 的概率 $p(k)$，概率 $p(k)$ 是使用平均值 G/τ 的 Poisson 分布。

$$p(k) = \frac{\left(G\dfrac{T}{\tau}\right)^k}{k!} e^{-G\frac{T}{\tau}} \tag{6-15}$$

6.4.2　时隙 ALOHA 法

使 ALOHA 法对比较小的吞吐率最佳化的途径就是时隙 ALOHA 法。电子标签只在规定的同步时隙内，才传输数据包。在这种情况下，对所有电子标签必需的同步应由读写器控制。因此，这涉及一种随机的、读写器控制的 TDMA 防碰撞法。

时隙 ALOHA（slotted ALOHA）法是一种时分随机多址方式，可以提高 ALOHA 法的吞吐率。它是将信道分成许多时隙（slot），每个时隙正好传送一个分组。时隙的长度由系统时钟决定，各控制单元必须与此时钟同步。对于 RFID 系统，电子标签只在规定的同步时隙内，才能传输数据包，对所有的电子标签所必需的同步由读写器控制。因为使用时隙 ALOHA 法时，数据包的传送总是在同步的时隙内才开始，所以与简单的 ALOHA 法相比，可能出现碰撞的时间只有一半那么多。

假设数据包大小一样（因而传输时间 τ 相同），并且两个电子标签在时间间隔 $T \leqslant 2\tau$ 内要把数据包传输给读写器，那么在使用简单的 ALOHA 法时，总会出现碰撞。由于在使用时隙 ALOHA 法时，数据包的传送总是在同步的时隙内才开始，所以发生碰撞的时间区间缩短到 $T = \tau$。因而，可以得出时隙 ALOHA 法的吞吐率 S 为

$$S = Ge^{-G} \tag{6-16}$$

对于时隙 ALOHA 法来说，交换的数据包量在 $G=1$ 时，吞吐率 S 达到最大值，为 36.8%。因此，这一简单的改进，可使信道利用率增加一倍（见图 6-13）。和纯 ALOHA 一样，发生碰撞后，各电子标签仍是经过随机时延后分散重发的。

设有若干数据包在同一时间发送，并不是必然会产生数据碰撞。如果一个电子标签比其他电标签更加靠近读写器，那么它的数据包由于给接收器更大的信号强度，就比其他电子标签的数据包更容易"通过"。这种效应被称作"俘获效应"。这种俘获效应对吞吐率特性曲线的影响很有利。这里起关键作用的是阈值 b，它表明只有具有什么样电平的数据包，才比其他数据包的信号强大到足以使接收器对功率信号能够无错误地检测：

$$S = Ge^{\frac{bG}{1+b}} \tag{6-17}$$

6.4.3 动态时隙 ALOHA 法

从上一节可以看出，时隙 ALHOA 系统的吞吐率 S 在交换数据包量 G 大约为 1 时，达到最大值。如果有许多电子标签处于读写器的作用范围内，如同存在的时隙那样，再加上另外到达的电子标签，那么吞吐率很快接近于 0。在最不利的况下，经过多次搜索也可能没有发现序列号，因为没有唯一的电子标签能单独处于一个时隙之中而发送成功。因此，需要准备足够大量的时隙。但是这样的做法降低了防碰撞算法的性能。因为，所有时隙段的持续时间与可能存在的电子标签数目有关，也许只有唯一的电子标签处于读写器的作用范围内。弥补的方法就是动态时隙 ALOHA 法，这种方法可以使用可变数量的时隙。

动态时隙 ALOHA 法是根据碰撞问题本身的这一数学特性的防碰撞方法。它既没有检测机制，也没有恢复机制，只是通过某种数据编码检测冲突存在，动态地调整各读写器的报警时间，从而达到将数据帧接收错误率降低到所要求的程度，同时对电子标签的数据吞吐率没有什么损失。基本原理是：用请求命令传送可供电了标签（瞬时的）使用的时隙数，读写器在等待状态中的循环时隙段内发送请求命令（使在读写器作用范围内的所有电子标签同步，并促使电子标签在下一个时隙内将它的序列号传输给读写器），然后有 1~2 个时隙给可能存在的电子标签使用。如果有较多的电子标签在两个时隙内发生了碰撞，就用下一个请求命令增加可供使用的时隙的数量（如 1、2、4、8 等），直到能够发现一个唯一的电子标签为止。

然而，也可以用有很大数量的时隙（如 16、32、48 等）经常地提供使用。为了提高性能，只要读写器认出了一个序列号，就立即发送一个中断命令，"封锁"接在中断命令后面的时隙中，其他电子标签地址的传输。

ALOHA 法、时隙 ALOHA 法、动态时隙 ALOHA 法的所有电子标签都是通过随机发送数据的原理，相对来说不能够保证整个系统的可靠性，信道的利用率也比较低。

6.4.4 二进制搜索算法

最灵活和最广泛推广使用的方法是二进制搜索算法。为了从一组电子标签中选择其中之一，读写器发出一个请求命令有意识地将电子标签序列号传输时的数据碰撞引导到读写器上。

实现二进制搜索算法系统的必要前提是能辨认出在读写器中数据碰撞的准确的比特位置。为此，必须有合适的位编码方法。首先要比较 NRZ 编码和 Manchester 编码的碰撞状况。选择 ASK 调制副载波的负载电感耦合系统作为电子标签系统。基带编码中的 1 电平使副载波接通。0 使副载波断开。

NRZ 编码：某位的值由在一个位窗（bit Window-t_{Bit}）内由传输通路的静态电平表示。这种逻辑 1 编码为静态高电平，逻辑 0 编码为静态低电平，如图 6-13 所示。

如果两个电子标签之一发送了副载波信号，那么这个信号由读写器译码为高电平，且被认定为逻辑 1。读写器不能确定，读入的某位究竟是若干电子标签发送的数据相互重叠的结果，还是某个电子标签单独发送的信号，信息校验和（奇偶校验、CRC 校验）的应用仅仅能够确定数据块中任何一位出现了传输错误。

Manchester 编码：某位的值由一个位窗（t_{Bit}）内电平的改变（上升/下降沿）来表示。这里，逻辑 0 编码为上升沿，逻辑

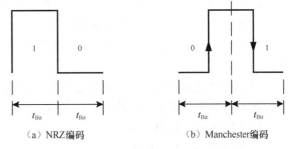

（a）NRZ编码　　（b）Manchester编码

图 6-13　NRZ 编码和 Manchester 编码

1 编码为下降沿，如图 6-14 所示。在数据传输过程中没有变化的状态是不允许的，并且作为错误被识别。

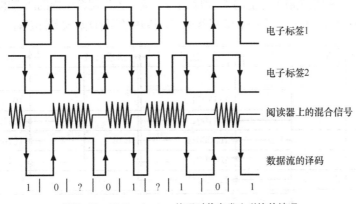

电子标签1

电子标签2

阅读器上的混合信号

数据流的译码

| 1 | 0 | ? | 0 | 1 | 1 | ? | 1 | 0 | 1 |

图 6-14　用 Manchester 编码时信息发生碰撞的情况

由两个（或多个）电子标签同时发送的数位有不同的值，则接收的上升边和下降边互相抵消，以致在整个位窗的持续时间内，接收器接收到的是不间断的副载波信号。在 Manchester 编码中对这种状态未做规定。因此，这种状态导致了一种错误，从而用这种方法可以按位回溯跟踪碰撞的出现（见图 6-14）。

为了实现二进制搜索算法系统，就要选用 Manchester 编码。下面介绍算法系统本身如下。

二进制搜索算法系统是由在一个读写器和多个电子标签之间规定的相互作用（命令和应

答）顺序（规则）构成的，目的在于从较大的一组电子标签中选出任意一个电子标签。

为了实现这个算法系统，需要一组指令。这组指令能由电子标签处理。此外，每个电子标签都拥有一个唯一的序列号。为了举例说明，这里用 8 位的序列号：最大可以使用 256 个电子标签处于运行状态，这是为了保证序列号的唯一性。

相应指令如下。

REQUEST——请求（序列号）：此命令发送一序列号作为参数给电子标签。电子标签把自己的序列号和接收到的序列号比较，如果是小于或等于，则此电子标签回送其序列号给读写器。这样可以缩小预选的电子标签的范围。

SELECT——选择（序列号）：用某个事先确定的序列号作为参数发送给电子标签。具有相同序列号的电子标签将此作为执行其他命令（如读出和写入数据）的切入开关，即选择这个电子标签。具有其他序列号的电子标签只对 REQUEST 命令应答。

RD-DATA——读出数据：选中的电子标签将其存储的数据发送给读写器。

UNSELECT——取消选样：取消一个选中的电子标签，电子标签进入"无声"状态，这种状态中的电子标签完全是非激活的，对收到的 REQUEST 命令不做应答。为了重新活化电子标签，必须进行复位操作。

在二进制搜索算法系统中使用上述命令，现以 4 个在读写器范围内的电子标签为例说明。它们在 00～FFh 范围内只有唯一的序列号。

电子标签 1：10110010。

电子标签 2：10100011。

电子标签 3：10110011。

电子标签 4：11100011。

算法系统在重复操作的第一次中，由读写器发送 REQUEST（≤ 11111111）命令。序列号 11111111 是在本例中的系统最大可能的 8 位序列号。读写器作用范围内的所有电子标签的序列号都小于或等于 11111111，从而此命令被读写器作用范围内的所有电子标签应答，如图 6-15 所示。

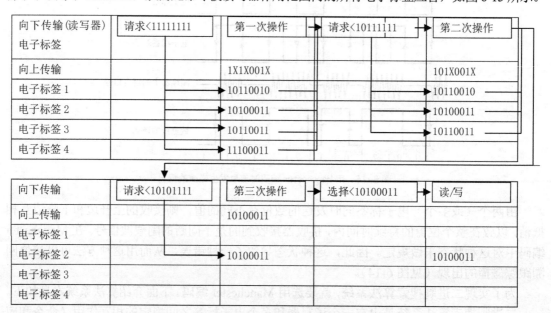

图 6-15　读写器运用二进制搜索算法选择电子标签的过程

对于二进制算法系统功能可靠性起决定性作用的是所有电子标签需要准确同步，使这些电子标签准确地在同一时刻开始传输它们的序列号。只有这样，才能按位判定碰撞的发生。

在接收序列号的 0 位、4 位和 6 位时，由于电子标签在这些位的不同内容的重叠造成了碰撞。可以根据读写器作用范围内的两个或多个电子标签得出结论：在接收的序列号中出现了一次或多次碰撞。更仔细地分析表明：由于接收的位顺序为 1X1X001X，从而可以得出所接收的序列号的 8 种可能性，如表 6-6 所示。

表 6-6			可能出现的序列号			
位序号	7	6	5	4	3-2-1	0
读写器接收的数据	1	X	1	X	001	X
可能的序列号 A	1	0	1	0	001	0
可能的序列号 B^*	1	0	1	0	001	1
可能的序列号 C^*	1	0	1	1	001	0
可能的序列号 D^*	1	0	1	0	001	0
可能的序列号 E	1	1	1	0	001	0
可能的序列号 F^*	1	1	1	0	001	0
可能的序列号 G	1	1	1	1	001	0
可能的序列号 H	1	1	1	1	001	1

注：带*的电子标签地址在本例中是实际存在的。

第 6 位是最高值位，在重复操作的第一次中，此位上出现了碰撞。这意味着：不仅在序列号 ≥ 11000000 的范围内，而且在序列号 ≤ 10111111 的范围内，至少各有一个电子标签存在。为了能够选择到一个单独的电了标签，必须根据已有的了解来限制下一次重复操作的搜索范围。可随意区分，例如，在帧 ≤ 1011111 的范围内进一步搜索。为此，将第 6 位置 0（有碰撞的最高位），仍将所有低位置 1，从而暂时对所有的低值位置置之不理。

限制搜索范围形成的一般规则如表 6-7 所示。

表 6-7	二进制搜索算法的地址参数形成的一般规则	
检索命令	第一次重复操作：范围=	第 n 次重复操作：范围=
请求 $\geq$ 范围	0	位 $(X)=1$、位 $(\cdots X-1)=0$
请求 $\leq$ 范围	序列号 Max	位 $(X)=0$、位 $(\cdots X-1)=1$

第 (X) 位是接收到的电子标签地址最高位*；*在前面的重复操作中，这一地址上出现了碰撞。

读写器发出 REQUEST（≤ 10111111）命令后，所有满足此条件的电子标签都做出应答，并将自己的序列号发送给读写器。在本例中，这些电子标签是电子标签 1、2 和 3（见图 6-16）。现在接收的序列号的 0 位和 4 位出现了碰撞。由此得出：在第二次重复操作的搜索范围内至少还存在两个电子标签，还需要进一步确定的序列号的四种可能性可从接收的序列号 101X001X 得出，如表 6-8 所示。

表 6-8   第二次重复操作以后，搜索范围内可能的序列号

位序号	7-6-5	4	3-2-1	0
读写器接收的数据	101	X	001	X
可能的序列号 A	101	0	001	0
可能的序列号 B^*	101	0	001	1
可能的序列号 C^*	101	1	001	0
可能的序列号 D^*	101	1	001	1

注：带*的电子标签地址在本例中是实际存在的。

在第二次重复操作中，仍然出现的碰撞要求在第三次重复操作中进一步缩小搜索范围。使用表 6-7 中的规则，可以得出新的搜索范围为≤10101111。读写器 REQUEST（≤10101111）命令给电子标签。该搜索条件只有电子标签 2 满足，电子标签 2 单独对命令做出响应。之后读写器用 SELECT 命令选择电子标签 2，对 RD-DATA 命令应答。在读出/写入动作完成以后，读写器用 UNSELECT 命令使电子标签 2 进入"无声"状态，这样电子标签 2 对后继的请求命令不再做出应答。假如在读写器作用范围内有很多电子标签等待处理，则可以用这种方法使选择一个单独的电子标签所需的重复操作次数逐渐减少。在本例中，可以重复以上防碰撞算法来选择尚未处理的电子标签 1、标签 3 或标签 4 中的一个电子标签。

为了从较大量的电子标签中发现一个单独的电子标签，需要重复操作。其平均次数 L 取决于读写器作用范围内的电子标签总数 N。

$$L(N) = \log_2 N + 1 \qquad (6\text{-}18)$$

可以看出利用二进制搜索算法可以快速简单地解决碰撞问题。如果只有唯一的一个电子标签处在阅读器作用范围内，那么只需要唯一的一次重复操作，以便发现电子标签的序列号（在这种情况下不出现碰撞）。如果有一个以上的电子标签出现在读写器作用范围内，那么重复操作的平均数很快增加，结果如图 6-16 所示。

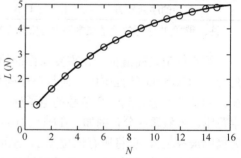

图 6-16 平均搜索次数 $L(N)$ 与作用范围内
电子标签总数 N 的关系

6.4.5 动态二进制搜索算法

上述二进制搜索法不仅搜索的范围比较大，而且电子标签的序列号总是一次次完整地传输。然而，在实际中，电子标签的序列号按系统的规模可能长达 10 字节，以致不得不传输大量的数据，而仅仅是为了选择一个单独的电子标签。如果更仔细地研究读写器和单个电子标签之间的数据流（见图 6-17），就可以得出以下结果。

命令中（X–1）～0 各位不包含给电子标签的补充信息，因为（X–1）～0 各位总是被置为 1 的。

电子标签应答的序列号的 N～X 各位不包含给读写器的补充信息，因为 N～X 这些位是已知给定的。

由此可见：传输的序列号的各自互补部分是多余的，本来也是不必传输的。

这样可以得出一种最佳的算法：代替序列号的两个方向上完整地传输，序列号或搜索范围标准地传输现在简单地改变为部分位（X）。

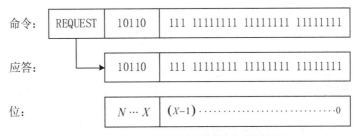

图 6-17 读写器和单个电子标签之间的数据流

图 6-17 在搜索一个 4 字节序列号时,读写器的命令(第 n 次重复操作)的应答

其中,命令和电子标签传输的数据大部分是多余的(灰色部分)。用 X 表示最高位的位置,在此最高位出现了位碰撞。

读写器在 REQUEST(请求)命令中,只发送要搜索的序列号的已知邻分($N \sim X$)作为搜索的依据并中断传输。然后读写器选择出所有在($N \sim X$)位中的序列号与搜索依据相符的电子标签,传输它们的序列号的剩余各位,即($X-1 \sim 0$)位为应答。在 REQUEST 命令中的附加参数(有效位的编号)将余下各位的数量通知电子标签。

动态二进制搜索算法的举例如图 6-18 所示。电子标签都使用了同前例中相同的序列号,由于未加改动地使用了形成规则(见表 6-7),所以重复操作的过程也与前例相同。然而,要传输的数据数量和所需时间的减少可达 50%。

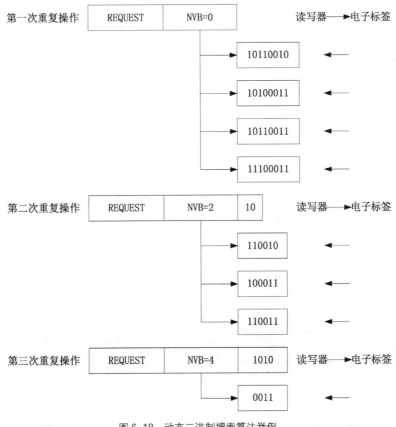

图 6-18 动态二进制搜索算法举例

习 题 6

1. 差错控制的方式有哪三种？简述各自的特点。

2. 设有一个码长 $n=15$ 的汉明码，试求其监督位 r 为多少？写出其监督码元和信息码元之间的关系。

3. 已知一个（7,4）循环码的全部码组为

0000000	1000101	0001011	1001110
0010110	1010011	0011101	1011000
0100111	1100010	0101100	1101001
0110001	1110100	0111010	1111111

写出该循环码的生成多项式 $g(x)$ 和生成多项式 $G(x)$。

4. 本章列举了 5 种防碰撞算法的例子，描述其中的二进制搜索算法。

第 7 章　常用的 RFID 标准

为推动 RFID 产业的发展，一些标准化组织制定了 RFID 相关标准，并在全球范围内积极推广。本文将介绍部分 RFID 标准化组织，并介绍 3 种标准：国际标准 ISO 14443 的"识别卡——近耦合集成电路卡"、国际标准 ISO 15693 的"识别卡——非接触式集成电路卡——疏耦合卡"和 ISO/IEC18000 标准的第六部分。

7.1　RFID 标准化组织

为了更好地推动 RFID 这一产业的发展，很多标准化组织纷纷制定 RFID 相关标准，并在全球范围内积极推广这些标准。目前，在 RFID 技术发展过程中，已经形成了 IOS、EPCglobal、UID、AIM 和 IP-X 五大标准化组织，这些组织分别代表国际上不同团体或者国家的利益。

7.1.1　ISO

国际标准化组织（International Organization for Standardization，ISO）是公认的全球非营利性工业标准组织，和其他国际标准化机构如国际电子科技化委员会（IEC）、国际电信联盟（ITU）等是 RFID 国际标准的主要制定机构。

在 ISO 中，大多数的 RFID 标准是由 ISO 下属的技术委员会（TC）或者 ISO 和 IEC 联合技术委员会（Joint Tech Committee，JTC1）制定的。为了满足不同工作领域的标准制定需要，TC 和 JTC1 又可以分成若干子委员会（sub committee，SC），在 SC 中还有若干工作组（work group，WG）负责具体的 ISO/IEC 国际标准的起草、讨论、修正、制定、表决和公布等事宜。在 ISO/IEC 中，主要的 SC 是 SC17 和 SC31。

（1）SC17 负责 ISO14443 和 ISO15693 非接触式利能卡标准的具体起草、讨论修正、制定、表决和最终 ISO 国际标准的公布，至今为止，ISO 14443 标准中的非接触式智能卡可以分为 Type A，Type B，Type C，Type D，Type E，Type F 和 Type G 几类。

（2）SC31 负责工业应用和国际商品流通领域的自动识别、数据采集和相关设备的技术、数据格式、数据语法、数据结构、数据编码的标准化工作。目前，SC31 负责制定一维条形码、二维条形码、射频识别、实时定位 4 种自动识别技术的基础技术标准。

对于 RFID 应用标准，ISO 是在 RFID 编码、空中接口协议、读写器协议等基础标准的基础上，针对不同使用对象，确定了使用条件、标签尺寸、标签粘贴位置、数据内容格式、使用频段等特定应用要求的具体规范，同时包括数据的完整性、人工识别等其他一些要求。除了 SC17 之外，各个领域的应用标准由其他分技术委员会负责。

（1）ISO TC 104/SC4/WG2：集装箱和集装箱相关应用的自动电子识别。

（2）ISO TC 23/SC 19/WG3：动物识别。

（3）ISO TC 204：运输和控制系统的射频识别。

（4）ISO TC 68/SC6：金融交易卡、相关媒介和操作。

（5）ISO TC 122/WG4：条形码标签封装。

7.1.2 EPCglobal

全球产品电子编码组织 EPCglobal 是以欧美企业为主要阵营的 RFID 标准组织，它是由美国统一编码协会（UCC）和国际物品编码协会（EAN）联合发起的非营利性机构，拥有 500 多家会员，同时获得了美国 IBM、微软、Auto-ID Lab 等公司的技术研究支持。EPCglobal 利用 Internet、RFID 和全球统一识别系统编码技术给每个实体对象唯一的代码，创造实现全球物品信息实时共享的实物信息互联网（物联网）。

目前，EPCglobal 已经发布了一系列技术规范，包括电子产品代码（EPC）、电子标签规范和互操作性、识读器与电子标签通信协议、中间件软件系统接口、PML 数据库服务器接口、对象名称服务和 PML 产品元数据规范等。

除了发布工业标准外，EPCglobal 还负责 EPCglobal 号码注册管理。EPCglobal 系统是一种基于全球统一标识系统和通用商务标准（EAN·UCC）编码的系统。作为产品与流通信息的代码化表示，EAN·UCC 编码具有一整套涵盖了贸易流通过程各种有形或无形产品所需的全球唯一的标识代码，包括贸易项目、物流单元、位置、资产、服务关系等标识代码。EAN·UCC 标识代码随着产品或服务的产生在流通源头建立，并伴随着该产品或服务的流动贯穿个过程。EAN·UCC 标识代码是固定结构、无含义、全球唯一的全数字型代码。在 EPC 标签信息规范 1.1 中采用 64～96 位的 EPC，在 EPC 标签 2.0 规范中采用 96～256 位的 EPC。

对于 RFID 来说，EPCglobal 基本上是专注于 860MHz～960MHz 的工作频段，主要的标准是 EPC global Class 1 Gen2。EPC global Class 1 Gen2 主要包括两个部分：一是空中接口通信协议标准，主要定义读写器与标签之间物理层和逻辑层的功能要求；二是一致性测试需求，主要定义标签和读写器之间的物理交互、通信过程和指令的兼容性测试需求。

7.1.3 UID

日本技术核心组织是由日本政府经济产业省牵头，由电子、信息和印刷等行业厂商组成的。该中心成立的主要目的是推进日本 RFID 电子标签技术规格的制定，其主要职能如下。

（1）UID 编码空间的分配。

（2）UID 解析服务器的运用。

（3）UID 技术的研究开发。

（4）UID 技术的应用和试验。

（5）安全通信认证局的运营。

（6）uCode 标签的认证。

目前，日本和欧美的 RFID 标准在使用工作频段、信息位数和应用领域等方面有许多不同点。

（1）日本的电子标签采用的频段为 2.4GHz 和 13.56MHz，欧美的 EPC 准则采用超高频段。

（2）日本的电子标签的信息位数为 128 位，EPC 标准的位数为 96 位。

（3）日本的电子标签标准可用于库存管理、信息发送和接收以及产品和零部件的跟踪管理等，EPC 标准侧重于物流管理、库存管理等。

7.2　ISO/IEC 14443——近耦合 IC 卡

国际标准 ISO 14443 以"识别卡——近耦合集成电路卡"为标题说明非接触式近耦合 IC 卡的作用原理和工作参数。人们对此理解为作用距离大约为 7～15cm 的非接触式 IC 卡，主要在售票领域中使用，这种 IC 卡作为数据载体通常包含一个微处理器。

这项标准由以下部分组成。

第 1 部分：物理特性。

第 2 部分：射频接口。

第 3 部分：初始化与防冲突。

第 4 部分：传输协议。

7.2.1　物理特性

这项标准的第 1 部分规定了 IC 卡的机械性能。尺寸与国际标准 ISO7810 中的规定相符，即 85.72mm×54.03mm×0.76mm 左右容差。

此外，这一部分标准中还有对弯曲和扭曲试验的附加说明，以及使用紫外线、X 射线和电磁射线的辐射试验的附加说明。

7.2.2　射频接口

近耦合 IC 卡的能量是通过阅读器发送频率为 13.56MHz 的交变磁场来提供的。IC 卡中包含一个大面积的天线线圈，典型的线圈具有 3～6 匝。

由阅读器产生的磁场强度不允许超过或低于极限值，即 $1.5A/m \leqslant H \leqslant 7.5A/m$。当把 $H_{min} \leqslant A/m$ 用作近耦合 IC 卡的动作磁场强度 H_{min} 时，指的是：产生磁场强度为 $1.5A/m$ 的阅读器（如一个可移动的、用电池驱动的、发送功率相当小的阅读器）在与发送天线的距离 $x=0$（IC 卡放在上面）时，其阅读 IC 卡的动作磁场强度为 $H_{min} = 1.5A/m$。

如果阅读器的磁场强度及近耦合 IC 卡的动作磁场强度是已知的，那么可以估计系统的作用距离。符合国际标准 ISO14443 的阅读器的典型磁场强度曲线，如图 7-1 所示。在 IC 卡的动作磁场强度为 $1.5A/m$ 的情况下，可得出的作用距离为 10cm。（图 7-1 中，天线电流 $i_1=1A$，天线直径 $D=15cm$，线圈匝数 $N=1$）

遗憾的是，在这项标准的发展中没能得出一个共同的通信接口。由于这个原因，在国际标准 ISO 14443 中，对阅读器和近耦合 IC 之间的数据传输规定了两种完全不同的方法：A 型和 B 型，一张 IC 卡只能支持两种通信方法之一。然而，一个符合标准的阅读器必须能够以任一方法通信，以便支持所有的 IC 卡。这要求阅读器在闲置状态（IC 卡）时，能在两种通信方法之间周期地转换。

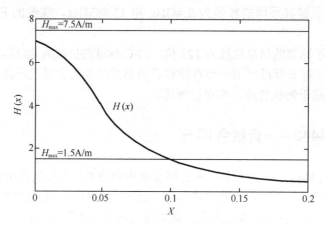

图 7-1　近耦合 IC 卡阅读器的典型磁场强度曲线
（天线电流 I_1=1A，天线直径 D=15cm，线圈匝数 N=1）

然而，在阅读器和 IC 卡之间的通信过程中，不允许在两种方法之间转换。

1. 通信接口——A 型

对 A 型 IC 卡来说，规定采用改进型 Miller 编码的 100%振幅键控调制作为从阅读器到 IC 卡传输数据的调制方法。为了保证对 IC 卡连续供电，回扫间隙的时间大约只有 2～3s。标准中详细地规定了由阅读器产生的高频信号进入对起振和停振状态时，回扫间隙的要求。为了从 IC 卡到阅读器传输数据，使用副载波的负载调制方法，其频率为 f_H = 847kHz(13.56MHz/16)。副载波的调制是对曼彻斯特编码的数据流的副载波通过键控方式来完成的。

在两种传输方向上，波特率为 f_{Bd} = 106kbit/s(13.56MHz/128)。

2. 通信接口——B 型

对 B 型 IC 卡来说，使用 10%的 ASK 调制作为从阅读器到 IC 卡的数据传输的调制方法，使用简单的 NRZ 编码。标准中详细地规定了高频信号在起振和停振状态时，进入 0/1 的过渡状态，由此可以得出对发送天线的质量要求。

为了从 IC 卡向阅读器传输数据，B 型也使用了有副载波的负载调制，副载波频率为 f_H = 847kHz(13.56MHz/16)。副载波的调制是对 NRZ 编码的数据流的副载波通过 180°相移键控（BPSK）来完成的。

在两个传输方向上，波特 f_{Bd} = 106kbit/s(13.56MHz/128)。

3. 概况

综上所述，国际标准 ISO 14443-2 中给出的关于射频识别系统的阅读器与 IC 卡之间的物理接口方面的参数，如表 7-1 和表 7-2 所示。

表 7-1 阅读器（PCD）到 IC 卡（PICC）的数据传输

PCD 到 PICC	A 型	B 型
调制	ASK 100%	ASK 10%（键控度 8%～12%）
位编码	改进型 Miller 码	NRZ 编码
同步	位级同步（帧起始、帧结束标记）	每字节有一个起始位和一个结束位（说明见第 3 部分）
波特率	106kBd	106kBd

表 7-2 IC 卡（PICC）到阅读器（PCD）的数据传输

PICC 到 PCD	A 型	B 型
调制	用振幅键控调制的 847kHz 负载调制的副载波	用相位键控调制的 847kHz 负载调制的副载波
位编码	Manchester 编码	NRZ 编码
同步	1 位"帧同步"（帧起始，帧结束标记）	每字节有一个起始位和一个结束位（说明见第 3 部分）
波特率	106kBd	106kBd

7.2.3 初始化与防冲突

如果一个近耦合的 IC 卡处于某阅读器的作用范围内，首先就要在阅读器和 IC 卡之间建立起通信关系。此外，还必须考虑到：在这个阅读器的作用范围内，有多于一个 IC 卡存在或者已经同某一个 IC 卡建立了通信关系。因此，这一部分标准首先规定了协议（帧）的结构。在第 2 部分中，该协议由规定的基本要素：数据位、帧起始标记和帧结束标记构成。另外，这部分标准还规定了为选择一个单独的 IC 卡使用的防冲突方法。因为对 A 型和 B 型来说，不同的调制方法是以不同的协议和防冲突方法为前提的，所以在这项标准的第 3 部分中分别规定了 A 型和 B 型两种类型。

1．A 型卡

只要有一个 A 型 IC 卡到达了阅读器的作用范围内，并且有足够的电能可以使用，卡中的微处理器就开始工作。在执行一些初始化程序（在复合卡的初始化程序中还必须检测：IC 卡是在非接触式，还是接触式工作模式中）后，IC 卡即处于所谓的闲置状态。此时，阅读器可以与作用范围内的其他 IC 卡交换数据。然而，处于闲置状态（IDLE）的 IC 卡决不能在阅读器传输数据时，给其他 IC 卡造成影响，即不干扰正在进行的通信。

如果 IC 卡在 IDLE 状态接收到了有效的 REQA 命令（请求 A），则回送请求的应答字组 ATQA（ATR）给阅读器，如图 7-2 所示。为了保险起见，使发送给阅读器作用范围内的另外一个 IC 卡的数据不致错误地解释 REQA 命令，REQA 命令仅由 7 个数据位组成。而回送的 ATQA 字组由 2 个字节组成，并且在标准帧中被回送，如图 7-3 所示。

一定要排除把发送给另外一个 IC 卡的有用数据错误地解释为 REQUEST 命令（S 为帧启动，E 为帧结束）的情况。

当 IC 卡对 REQA 命令 A 做了应答之后，IC 卡处于 READY 状态。现在，阅读器可识别出：在作用范围内至少有一张 IC 卡存在，并通过发送 SELECT 命令启动防冲突算法。这里采用的防冲突方法是动态的二进制检索树算法。为了传输检索的准则和应答 IC 卡，采用了面向位的帧。这样，在发送一方发送任意数量的字节后，都能在阅读器和 IC 卡之间转变成相反的传输方向。SELECT 命令的 NVB 参数主要用于描述检索准则的实际长度，如图 7-4 所示。

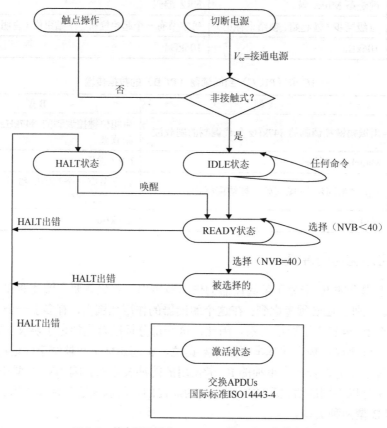

图 7-2 符合国际标准 ISO 14443 的 A 型 IC 卡的状态图

图 7-3 REQUEST 命令的 7 个数据位组成　　　图 7-4 防冲突过程中阅读器与 IC 卡之间的所有数据

也就是说，命令、应答和有用数据都作为标准帧传输。总是以帧起始信号（S）开始，接着是任意数量的数据字节。每一数据字节用一个奇偶校验位以防止传输错误。用帧结束信号（E）结束数据传输，简单的序列号长度为 4 字节。如果通过防冲突算法查找一个序列号，那么阅读器在 SELECT 命令中要发送完整的序列号（NVB=40h），以便选择合适的 IC 卡。具有查找序列号的 IC 卡采用 SISLECT 选择应答 SAK 来确认这条命令，并处于 ACTIVE 状态，即选择状态。而在这方面的一个特殊情况是：不是所有 IC 卡的序列号都是 4 字节长（单倍长度）。标准也允许有 7 字节长的序列号（二倍长度），甚至允许 10 字节长的序列号（三倍长度）。如果选择的 IC 卡可供使用的序列号为单倍长度或三倍长度的序列号，那么这使 IC 卡在给阅读器的 SAK 中通过设定一个"串联位"（b_3=1）发出信号，并表明 IC 卡处于 READY 状态。这样，阅读器再次启动防冲突算法，以便求出序列号的第二部分。对 10 字节长的序列号来说，必须重复使用防冲突算法，甚至第三次使用防冲突算法。现在为了使 IC 卡发出对应的信号，应该表明启动算法查找的是序列号的哪一部分，这就要在 SCLECT 命令中区分为三个串联级（CL1、CL2 和 CL3）如图 7-5 所示。在查找序列号时，必须总是首先从串联级 1 启动。为了排除较长序列号的碎片与一个较短序列号偶然相同，在防冲突算法中将串联标志（CT=88h）在预先规定的位置上插入 7 字节或 10 字节长序列号中。因此，对于较短序列号来说，在相应的字节位置上此标志从未出现过。

序列号可以是 4、7 或 10 字节长，因此必须多次使用具有不同级联长度（CL）的算法，还应当关注阅读器命令与 IC 卡应答之间的准确定时。标准规定了 IC 卡的同步状态，因此，应答的发送只能在固定时间间隙中规定的时刻完成，如表 7-3 所示。

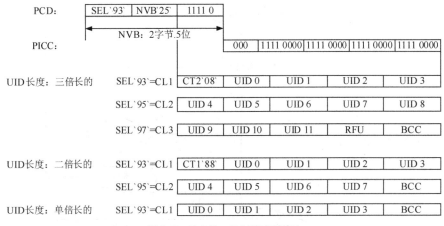

图 7-5　动态的二进制搜索树算法

表 7-3　　　　　　　　　　　　　　电子标签在防冲突时要求的时间响应

最后接收的字节	要求的时间响应
1	$t_{RESPONE}=(N \cdot 128+84) \cdot t_0$
0	$t_{RESPONE}=(N \cdot 128+20) \cdot t_0$

$N=9$ 适用于对 REQA、WakeUp（唤醒）命令或 SELECT 命令的应答，对其他命令（如应用命令）来说，必须是 $N \geqslant 9$（$N=9,10,11,\cdots$）。

2. B 型卡

如果一个 B 型 IC 卡被置入了阅读器的作用范围内，那么 IC 卡在执行一些初始化程序后，首先到达 IDLE 状态，并等待接收有效的 REQB（REQUEST-B）命令，如图 7-6 所示。

对 B 型 IC 卡来说，通过发送 REQB 命令可以直接启动防冲突算法。使用的方法是动态的时隙 ALOHA 法。对这种方法来说，阅读器的槽数可以动态地变化，可供使用的槽的数量编码在命令 B 的参数中。为了能够在选择 IC 卡时进行预选，REQB 命令具有另外一个参数，即"应用系列标识符"（AFI），用这个参数作为检索准则可事先规定某些应用，如表 7-4 所示。

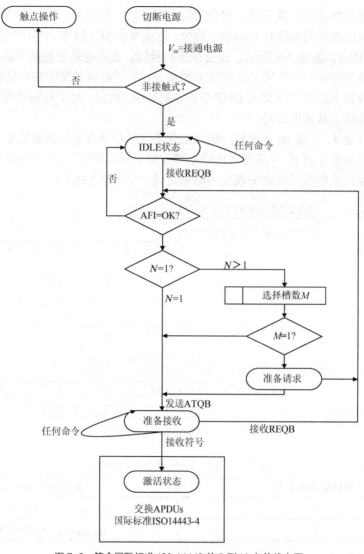

图7-6　符合国际标准 ISO 14443 的 B 型 IC 卡的状态图

表 7-4　　　　　　　　　　　　　　REQB 命令中的应用组

AFI，bit7～bit4 应用组	AFI，bit3～bit0 分组	备注
0000	0000	所有应用组和分组
-	0000	某应用组的所有分组
'X'	'Y'	只有应用组 X 的分组 Y
0001	—	运输（近距离交通、航空路线等）
0010	—	支付（银行、车票等）
0011	—	识别（身份证、驾驶证等）
0100	—	电信（电话卡、GSM 等）
0101	—	医疗（医疗保险卡等）
0110	—	多媒体（因特网服务、收费电视等）

AFI，bit7～bit4 应用组	AFI，bit3～bit0 分组	备注
0111	—	娱乐（数码抽彩卡等）
1000	—	数据存储（便携式文件等）
1001-1111	—	RFU（留做备用）

当 IC 卡接收到有效的 REQB 命令后，IC 卡就查明：在其卡内存储的应用中是否含有参数 AFI 预选的应用组。若有，则用 REQB 命令的参数 M 来求出供防冲突使用的槽数 N，如表 7-5 所示。如果可供使用的槽数大于 1，那么必须在每个 IC 卡的随机数发生器中规定槽的号码，IC 卡在其卡内将它的应答传输给阅读器。为了保证 IC 卡与槽同步，阅读器在每个槽开始时发送自己的槽标志。IC 卡就等待着：直到接收到事先规定的槽标志时（Ready-Requested 状态），才发送对 REQB 命令的应答 ATQB（对 Request-B 的应答）（见图 7-7 和图 7-8）。

表 7-5　　　　　　　　通过在 REQB 命令中的参数 M 来设置可供使用的槽数

参数字节：M(bit2～bit0)	槽数 N
000	1
001	2
010	4
011	8
100	16
101	RFU
11X	RFU

防冲突标示（Apf）中有（05h）的备用值。该值在其他命令的参数 NAD 中不准使用，以便避免混淆。

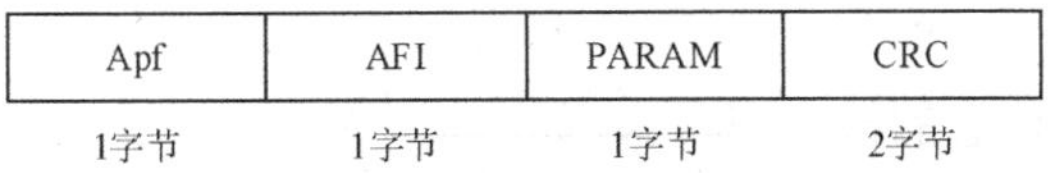

Apf	AFI	PARAM	CRC
1字节	1字节	1字节	2字节

图 7-7　REQB 命令的结构

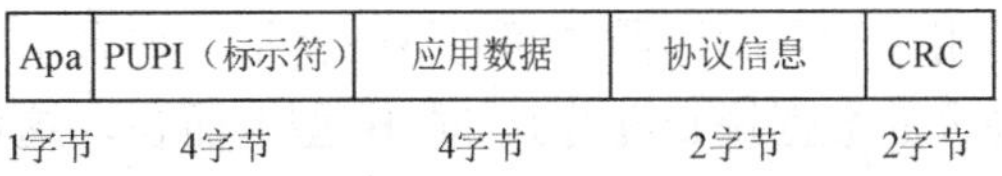

Apa	PUPI（标示符）	应用数据	协议信息	CRC
1字节	4字节	4字节	2字节	2字节

图 7-8　ATQB 结构（对 Request-B 的应答）

槽标志（见图 7-9）发送后，阅读器经过很短时间就可以确定：在当前的槽内是否有一个 IC 卡已经开始传输对 ATQB 的应答。如果不是这种情况，那么该槽可通过逐个发送槽标志简单地中断，以便节省时间。

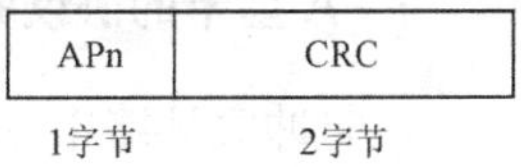

APn	CRC
1字节	2字节

图 7-9　槽标志的结构

槽的流水号依次在参数 APn 中编码：APn=`nnnn0101b`=`n5h`；n 为槽标志 1～15。

由 IC 卡发送的请求应答 ATQB 是将一系列有关 IC 卡的重要集总参数传输给阅读器（见图 7-8）。为了能够选择 IC 卡，请求应答 ATQB 应包含 4 字节的序列号。与 A 型 IC 卡相反，B 型 IC 卡的序列号没必要与芯片紧密相连，而是可由一随机数据组成。每次加电复位可以另行求出随机数（PUPI，拟唯一 PICC 标识符）。在参数"协议信息"内将非接触式接口参数编码，如 IC 卡可能的最大波特率、最大帧参数或者有关选择的协议说明。此外，参数"应用数据"可以包含在 IC 卡上多种可供应用（多功能 IC 卡）的信息。

只要阅读器无错误地接收到 IC 卡的 ATQB，就可以有针对性地选择一个 IC 卡。这是用第一

个应用命令来完成的。这个应用命令由阅读器发送。命令的结构与标准帧相符（见图 7-10），而
该帧的附加信息接在特殊的首标，即在位于前面
扩展的 ATTRIB-Prefix（见图 7-11）中。

NAD（节点地址）的值 X5h（05h, 15h,
25h, …, E5h, F5h）应该保留防冲突命令，以避
免同应用命令混淆。

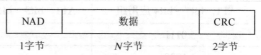

图 7-10　在阅读器和 B 型 IC 卡之间，
双向传输应用数据的标准帧结构

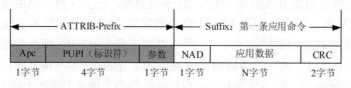

图 7-11　ATTRIB-Prefix

如果 IC 卡的标识符与首标的标识符（PICC）相符，那么通过位于前面的 ATTRIB-Prefix
发送应用命令来选择一个 IC 卡。ATTRIB-Prefix 本身由要选择的（事先求出的）卡序列号
（PUPI）和一个参数字节组成。参数字节包含关于阅读器的通信参数方面的重要信息，如阅
读器的命令和 IC 卡之间应答的最大等待时间、负载调制器中的副载波信号的接通与由 IC 卡
发送的第一个数据位要等待的时间。

7.2.4　传输协议

在一个阅读器和一种近耦合 IC 卡之间建立起通信关系之后，就可以向卡发送数据读、写
和处理命令。这部分标准描述了必要的数据协议结构及
传输错误的处理，为的是保证数据在通信系统各单元中
无误地传输。

对 A 型卡而言，必须传输附加信息，使协议的配置
适用于卡和阅读器之间的不同特征（如合适的波特率、
最大的数据块长度等）。对 B 型卡而言，这种信息的传
输已经在防冲突处理中完成（ATQB、ATTRIB）。因此，
对于这类卡来说，可以直接启动协议。

1．A 型卡的协议激活

在防冲突环路中，A 型卡的选择将通过发送 SAK（选
择响应）来确认。SAK 中包含以下信息：该卡是否符合
国际标准 ISO 14443-4 协议、该卡是否含有权限的协议
（如 MIFARE）。

如果该卡符合 IOS 14443-4 协议，那么阅读器通过
发送一种 RATS 命令（响应选择请求）来请求卡的 ATS
（选择响应）信息，如图 7-12 所示。RATS 命令包含为
以后通信用的重要参数：FSDI 和 CID。

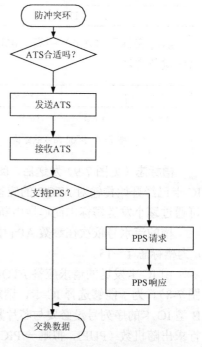

图 7-12　防冲突后对卡的 ATS 请求

FSDI 规定了允许从卡向阅读器发送数据块的最大字节数，典型值为 16, 24, 32, …, 128
和 256 字节。

此外，将 IC 卡配给一个 CID（卡识别符）。通过 CID，可以在选择状态中使多个 A 型卡同时与一个阅读器交换信息，以及某个卡通过自身的 CID 有目的地动作。

由 IC 卡作为对 RATS 命令的应答而发送的 ATS（选择响应）相当于保持连接 IC 的 ATR（清除响应），并描述了 IC 卡操作系统的重要协议参数，这样可以使卡片和阅读器之间的数据传输与应用特征最佳适配。

ATS 中包含的参数如表 7-6 所示。

表 7-6 ATS 描述 A 型卡的重要协议参数

参数	描述
FSCI	帧长度卡整数：允许从阅读器向卡发送数据块的最大字节数
DS	数据速率发送：在从卡向阅读器传输数据时，支持 IC 卡数据速率（如 106、204、408、816kbit/s）
DR	数据速率发送：在阅读器向卡传输数据时，支持 IC 卡数据速率（如 106、204、408、816kbit/s）
FWI	帧等待整数：该参数定义了"帧等待时间"，即一个阅读器在发送命令后等待 IC 卡响应的最大时间，如果超过这个时间仍然没有得到卡的应答，那么在通信中出现"超时错误"
SFGI	启动帧保护整数：该参数定义了"启动帧等待时间"，它是专门用于在 ATS 之后执行第一条应用命令而需要的"帧等待时间"
是否支持 CID、NAD	该参数说明 IC 卡中的操作系统是否支持 CID 参数（卡识别符）和 NAD 参数（节点地址）
历史字节	历史字节包含由 IC 卡上操作系统自由定义的附加信息，如版本号

接收到 ATS 后，阅读器立即发送一条专用的 PPS（协议参数选择）命令来转换传输波特率。从初始的 106kbit/s 波特率起，双向传输波特率可以互不相关，可按 2、4 或 8 的系数提高波特率，只要 IC 卡能够在 ATS 中的可选参数 DS 和 DR 支持比较高的波特率即可。

2. 协议

在国际标准 ISO 14443-4 中描述的协议支持阅读器和 IC 卡之间的应用数据传输（APDU 为应用数据单）。其中，要传输的 APDU 包含任意数据，如命令、响应。这种协议的结构在很大程度上依赖于众所周知的协议 T=1（ISO 7816-3），为的是在现有的 IC 卡操作系统中能够简单地集成这种协议，尤其是针对双端口 IC 卡。

ISO 14443 卡的整个数据传输可以按照 OSI 分层模型来描述，如图 7-13 所示。在这一模型中，每一层都承担自己特定的任务，并且对它的上一层是透明的。第 1 层称为物理层，它规定了传输介质和数据编码。对此，国际标准 ISO 14443-2 提供两种同等重要的方法，即 A 类型和 B 类型。第 2 层称为引导层，它控制阅读器和 IC 卡之间的数据传输。第 2 层的主要任务有：数据块（CID）自动正确编址、超大数据块（链接）顺序传输、时间特性监视（FWT、WTX）及传输错误处理。第 7 层称为应用层，它包含应用数据，以及用于 IC 卡的命令或对命令的响应。非接触式 IC 卡，在应用层中使用的数据结构通常与接触式 IC 卡的应用数据结构完全一样。特别是对于双端口 IC 卡而言，这一点是非常有意义的，这是因为在应用层上应用的通信接口与接触式或非接触式是无关的。第 3～6 层主要用于复杂的局域网中，用于处理和进一步传输数据。对 IC 卡而言，在 OSI 中，这几层不用。

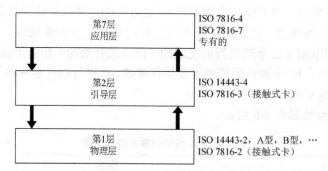

图 7-13　IC 卡的 ISO/OSI 分层模型

激活 IC 卡后（如 A 型卡在发送 ATS 和一个实际的 PPS 后），它将等待来自阅读器的第一个命令。然后，在其下面的过程中始终按照这一原理（阅读器为主者，IC 卡为从者）进行信息交换。因此，阅读器总是先给 IC 卡发送一个命令，IC 卡执行完命令后，将给阅读器发送响应。这种过程绝对不允许中断，因为 IC 卡自身不能引导与阅读器通信。

引导层数据块（帧）的基本结构如图 7-14 所示。根据它功能的不同，其可以分为以下三种类型。

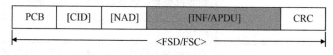

图 7-14　ISO14443 标准的帧结构
（灰色部分为应用层 7 的数据，封装在引导层的协议帧内）

I 块（信息块）；应用层的数据传输（APDU）。

R 块（恢复块）：传输错误的处理。

S 块（监控块）：协议的上层控制。

一般通过不同的 PCB（协议控制字节）编码来区分不同的数据块，如图 7-15 所示。

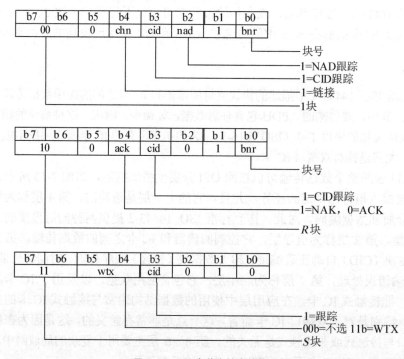

图 7-15　PCB 字节在帧中的编码

可选择的 CID 用于对处于阅读器动作区域内的某个 IC 卡进行编址。这样可以使多个 IC 卡同时被激活，并通过它自己的 CID 按规定工作。引入 NAD 字节（节点地址）将保证国际标准 ISO 14443-5 和 ISO 7816-3（T=1）相兼容。国际标准 ISO 14443 没有规定该字节的应用。

在 I 块的情况下，信息域（INF）作为应用层（APDU）数据的存储器，其内容是完全透明传输的。也就是说，不对协议的内容做任何分析或评价，而是直接地继续传送。

为了控制错误，只是附加一个 16 位的 CRC 作为错误检测代码 EDC。

7.3 ISO/IEC 15693 标准——疏耦合 IC 卡（VICC）

国际标准 ISO 15693 以"识别卡—非接触式集成电路卡—疏耦合卡"为标题说明非接触疏耦合 IC 卡的作用原理和工作参数。这里的识别卡指的是作用距离直至 1m 的非接触式 IC 卡，例如，这种 IC 可用于出入检查。这种 IC 卡主要使用价格便宜的简单"状态机"式存储器组件作为数据载体。

ISO 15693 标准由以下部分组成。

第 1 部分：物理特性。

第 2 部分：空气接口与初始化。

第 3 部分：防冲突和传输协议。

7.3.1 物理性质

标准的第 1 部分规定了疏耦合 IC 卡的机械性能。疏耦合 IC 卡（VICC）的尺寸与国际标准 ISO7810 中的规定相符，即 85.72mm×54.03mm×0.76mm 容差。

此外，这一部分标准还有对弯曲和扭曲试验的附加说明，以及对用紫外线、X 射线和电磁射线的辐射试验的附加说明。

7.3.2 空气接口与初始化

疏耦合 IC 卡的能量由发送频率为 13.56MHz 的阅读器产生的交变磁场提供。疏耦合 IC 卡中包含一个大面积的天线线圈，典型的线圈有 3～6 匝。

由阅读器产生的磁场强度不允许超过或低于极限值 $115\mathrm{mA/m} \leqslant H \leqslant 7.5\mathrm{A/m}$。$H_{min} \leqslant 115\mathrm{mA/m}$ 用于疏耦合 IC 卡的动作磁场强度 H_{min}。

1. 阅读器到疏耦合 IC 卡的数据传输

从阅读器到疏耦合 IC 卡传输数据，不仅使用 10% 的振幅键控（ASK）调制，而且使用了 100% 的 ASK。此外，与选择的调制度无关，有两种不同的编码方法："256 中取 1"代码和"4 中取 1"代码。

疏耦合 IC 卡必须支持两种调制和编码方法，如表 7-7 所示。然而，并不是所有的组合都有同样的意义。因此，在用"256 中取 1"编码时，10% 的 ASK 调制优先在"长距离模式"中使用。在这种组合中，与载波信号（13.56MHz）的磁场强度相比，调制波边带的较低磁场强度容许充分利用许可的磁场强度对 IC 供给能量（参见联邦通信委员会 FCC 规范 15 第 3 部分：当载波信号的最大磁场强度为 42dBμA/m 时，调制波边带容许的磁场强度是 50dB）。与此相反，阅读器的"4 中取 1"编码可与 100% 的 ASK 调制组合，应用于在作用距离变短或在阅读器的附近有屏蔽的场合。

表 7-7　　　　　　　　　国际标准 ISO 15693 的调制和编码方法

参数	值	备注
能量供给	13.56MHz±7kHz	电感耦合
阅读器到卡的数据传输		
调制	10%的 ASK、100%的 ASK	IC 卡支持两种方法
位编码	长距离模式：256 中取 1 快速模式：4 中取 1	IC 卡支持两种方法
波特率	长距离模式：1.65kbit/s 快速模式：26.48kbit/s	
卡到阅读器的数据传输		
调制	用副载波的负载调制	
位编码	Manchester、ASK（423kHz）或 FSK（423/485kHz）调制副载波	
波特率	长距离模式：1.65kbit/s 快速模式：26.48kbit/s	通过阅读器选择

2．"256 中取 1" 编码

这种编码方式是一种脉冲位置调制（Pulse Position Modulation，PPM），通过控制明确规定用在 0～255 值的范围内的脉冲位置来表示传输的数据之值，如图 7-16 所示。PPM 能够在一个节拍中同时传输 8 位（1 字节）。1 字节的整个传输时间为 4.833ms，这与持续时间 9.44s 的 512 个时间段相符。一个调制脉冲只能完成奇数时间段，传输数据的值 n 可以很容易地从脉冲位置求出。

$$脉冲位置=(2 \cdot n)+1 \tag{7-1}$$

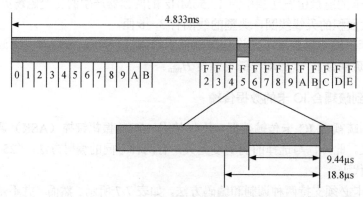

图 7-16　通过 9.44μs 长的 512 个时间段的互相排列形成 "256 中取 1" 的编码

从调制脉冲时间位置可以求出在 0～255 值的范围内要传输的数据值，调制脉冲只能在奇数时间段（1，3，5，7，…）出现。

由 1 字节的传输时间（4.833ms）得出数据传输速率为 1.65kbit/s。

用规定的帧信号（帧起始——SOF，帧结束——EOF）表明数据传输的开始和结束，如

图 7-17 所示。在标准中，帧起始和帧结束的信号编码可使这些符号在有用数据传输过程中不可能出现，以保证帧信号清晰。

SOF	字节1	字节2	…	字节N	EOF

图 7-17 由帧起始信号（SOF）、数据和帧结束信号（EOF）组成的信息块结构

"256 中取 1"编码的帧起始信号是由在时间距离为 37.76μs（9.44μs×4）之间的两个 9.44μs 长的调制脉冲组成的，如图 7-18 所示。

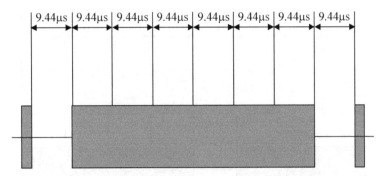

图 7-18 用"256 取 1"编码的数据开始传输时的帧起始信号的编码

帧结束信号是由一个唯一的时间为 9.44μs 的调制脉冲组成的，该脉冲在偶数时间段内被发送，这样可以保证与数据字节有明显的区别，如图 7-19 所示。

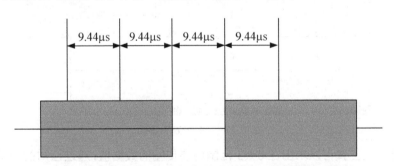

图 7-19 帧结束信号由在偶数时间段（$t=2$）的调制脉冲组成

3."4 中取 1"编码

这种编码方式也是一种脉冲位置调制，脉冲的时间位置决定它代表的数值。在一个节拍中可以同时传输 2 位。要传输的值在 0～3 范围内。1 字节的整个传输时间为 75.52μs。相应于持续时间为 9.44μs 的 8 个时间段。调制脉冲只能在奇数的时间段内传输。传输的数据之值可以很容易地从脉冲位置求出。

$$脉冲位置=(2 \cdot n)+1 \qquad (7\text{-}2)$$

由 1 字节的传输时间（75.52μs）得出数据传输速率为 26.48kbit/s。

在"4 中取 1"编码的情况下，帧起始信号是由相距为 37.76μs，持续时间为 9.44μs 的两个调制脉冲组成，如图 7-20 所示。在帧起始信号的第二个调制脉冲后，经 18.88μs 的附加间

歇后，便开始了有用数据的第一个字符，如图 7-21 所示。

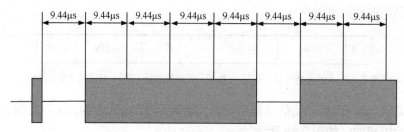

图 7-20　"4 中取 1"编码的帧起始信号

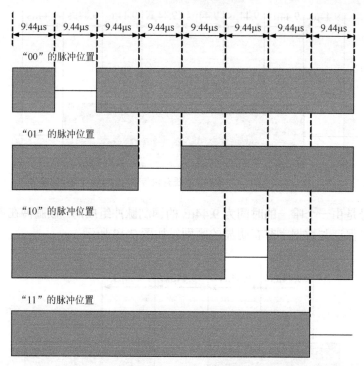

图 7-21　"4 中取 1"编码

从调制脉冲的位置可以求出在 0～3 范围内要传输的数据值，通过已知的帧结束信号表明传输结束。

4. 疏耦合 IC 卡向阅读器的数据传输

为了从疏耦合 IC 卡向阅读器传输数据，用负载调制副载波。电阻或电容调制阻抗在副载波频率的时钟中接通和断开。而副载波本身在 Manchester 编码的数据流的时钟中调制，使用 ASK 或 FSK 调制，如表 7-8 所示。调制方法的选择由标准的第 3 部分规定，它是用阅读器发送的传输协议起始域中的标记位（控制位）来表明的。因此，在这里 IC 卡总是支持两种方法。

表 7-8　ASK 和 FSK 调制的副载波频率

	ASK（通-断键控）	FSK
副载波频率	423.75kHz	423.75kHz/484.28kHz
对 f_c=13.56MHz 的分频比	f_c/32	f_c/32; f_c/28

数据传输速率可以在两个值之间转换，如表 7-9 所示。数据传输速率的选择由阅读器发送的传输协议的起始域（头标）中的标记位（控制位）表明，这样，IC 卡必须支持两种方法。

表 7-9　　　　　　　　　　　两种传输方法的数据传输速率

数据率	ASK（通-断键控）	FSK
"长距离模式"	6.62kbit/s	6.62kbit/s、6.68kbit/s
"快速模式"	26.48kbit/s	26.48kbit/s、26.72kbit/s

7.4　ISO/IEC 18000—6 标准

ISO/IEC18000 标准的第六部分是工作频率在 860～930MHz 的空中接口通信技术参数。它定义了阅读器和电子标签之间的物理接口、协议、命令和防碰撞机制。标准包含三种通信模式：TYPE A、TYPE B 和 TYPE C。阅读器应支持三种模式，并能在这三种模式之间切换。电子标签则至少支持其中一种模式，电子标签向阅读器的信息传输基于反向散射工作方式。

7.4.1　TYPE A 模式

1．物理接口

阅读器和电子标签之间以命令和应答的方式进行信息交互，阅读器先"讲"，电子标签根据接收到的命令处理应答。数据的传输以帧为单位，定义了 0、1、SOF 和 EOF 4 种符号的编码。

（1）阅读器向电子标签的数据传输

① 数据编码。

阅读器向电子标签传输的数据采用脉冲间隔编码（Pulse Interval Encoding，PIE）。在 PIE 编码中，通过定义脉冲下降沿之间的不同时间宽度来表示 4 种符号（0、1、SOF 和 EOF）。Tari 时间段称为基本时间段，它为符号 0 的相邻两个脉冲下降沿之间的时间宽度，基准值为 20μA±100ppm（ppm 表示基准值的 10^{-6}）。

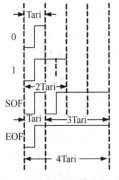

图 7-22　PIE 编码的波形图

符号 0、1、SOF、EOF 编码的波形如图 7-22 所示，编码方法如表 7-10 所示。编码时，字节的高位先编码。

表 7-10　　　　　　　　　　　　　　　　PIE 编码

符号	编码持续时间
0	Tari
1	2Tari
SOF	Tari 后跟 3Tari
EOF	4Tari

② 帧格式。

在传送帧前，阅读器建立一个未调制的载波，即持续时间至少为 300μs 的静默（图 7-23 中的 Taq）时间。接下来传送的帧由 SOF、数据位、EOF 构成，如图 7-23 所示。在发送完

EOF 后，阅读器必须继续维持一段时间的稳定载波，以提供电子标签能量。

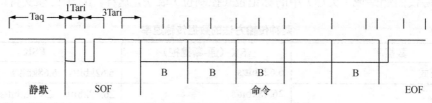

图 7-23　阅读器向电子标签发送的帧格式

③ 调制。

采用 ASK 调制，调制系数为 30%。

（2）电子标签向阅读器的数据传输

① 数据编码。

电子标签向阅读器的数据传输采用反向散射的方式，数据传输速率为 40kbit/s，采用 FM0 编码，编码时字节的高位先编码。FM0 编码的波形如图 7-24 所示，图 7-24 中的第 1 个数字 1 的电平取决于它的前一位。编码规则是：为数字 0 时，在位起始和位中间都有电平的跳变；为数字 1 时，仅在位起始时电平跳变。

② 帧格式。

电子标签的应答帧由前同步码和若干域（含标志、参数、数据、CRC）组成。前同步码可供阅读器获得同步时钟，它为二进制码 0000 0101 0101 0101 0001 1011 0001（0555 51B1H）前同步码，不是 FM0 码。0 表示电子标签的调制器处于高阻状态，此时无反向散射调制。1 表示电子标签的调制器转换为低阻抗状态，产生反向散射调制。

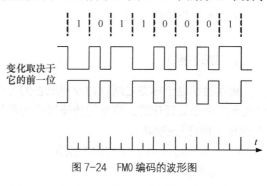

图 7-24　FM0 编码的波形图

（3）CRC 检验

TYFEA 和 B 都采用 CRC-16 作为检验码，在 TYPE A 中，短命令还采用 CRC-5 检验码。电子标签接收到阅读器的命令后，用 CRC 码检测正确性。如果 CRC 检验发生错误，则电子标签将抛弃该帧，不予应答并维持原状态。

CRC-5 的生成多项式为 $x^5 + x^2 + 1$。计算 CRC 时，寄存器的预置值为 12H，计算范围从 SOF 至 CRC 前。CR 的最高有效位先传输。

CRC-16 的生成多项式为 $x^{16} + x^{12} + x^5 + 1$。计算 CRC 时，寄存器的预设值为 FFFFH，计算范围不包含 CRC 自身，计算产生的 CRC 的位值经取反后送入信息包。传送时高字节先传送，字节中的最高有效位先传送。

2. 数据元素

数据元素包括唯一标识符（UID）、子唯一标识符（SUID）、应用族标识符（AFI）和数据存储格式标识符（DSFID）。除了 SUID 外，UID、AFI、DSFID 都已讨论过。

SUID 用于防碰撞过程，SUID 是 UID 的一部分，因此称为子唯一标识符。SUID 由 40 位组成，高 8 位是制造商代码，低位是制造商制定的 48 位唯一序列号中的低 32 位。SUID

和 UID 的映射关系如图 7-25 所示。

3．协议元素

（1）电子标签存储器结构

物理内存以固定块的方式组织，可寻址 256 个块，每块的位数可达 256，因此最大存储容量可达到 8KB。

（2）是否支持具有辅助电池的电子标签

当正常工作时，具有辅助电池的电子标签和无源电子标签在功能上没有什么区别。

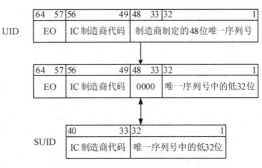

图 7-25　SUID 和 UID 的映射关系

但对电子标签具有辅助电池的系统，在应用中需要有下述支持。

① 电子标签应答系统有信息命令时，返回电子标签类型和灵敏度信息。

② 在防碰撞序列开始时，阅读器应指明是所有电子标签，还是仅为无源电子标签参与。

③ 电子标签在防碰撞序列应答时，应返回有无铺助电池及电池状态的信息。

（3）块锁存状态

电子标签在应答阅读器获得块锁存状态的命令时，应返回块锁存状态参数，块锁存在存储器结构中实现。用户通过块锁存命令实现用户锁存，工厂通过专有命令实现厂商锁存。

电子标签返回锁定状态使用两位编码，用户锁存用 b_1 位编码，厂商锁存用 b_2 位编码，位值为 1 表示实现了锁存。

（4）电子标签签名

电子标签签名包含 4 位，用于防碰撞过程。签名的产生可采用多种方法，例如，利用一个 4 位伪随机数产生器，或采用电子标签 UID 或 CRC 的一部分，产生方法可由制造商设计确定。

4．命令

（1）命令格式

阅读器发出的命令由协议扩展位（1 位）、命令编码（6 位）、命令标志（4 位）、参数、数据和 CRC 检验域组成，如图 7-26 所示。协议扩展位的值为 0，值 1 作为备用。

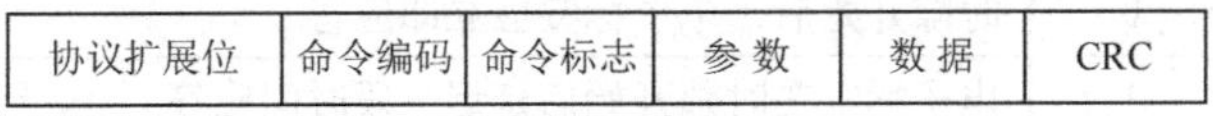

| 协议扩展位 | 命令编码 | 命令标志 | 参 数 | 数 据 | CRC |

图 7-26　命令格式

（2）命令编码

命令分为强制、可选、定制和专有 4 类。命令的编码、名称和所用 CRC 类型如表 7-11 所示。编码值为 00～0F 的命令是强制类命令，编码值为 10H～27H 的命令是可选类命令，编码值为 28H～37H 的命令是定制类命令，编码值为 38H～3FH 的命令是专有类命令。命令编码为 6 位。

表 7-11　　　　　　　　　　命令的编码、名称和 CRC 类型

编码	名称	CRC	编码	名称	CRC
00H	RFU	RFU	10H	WRITE BLOCK	CRC-16
01H	INIT ROUND	CRC-16	11H	WRITE MULTIPLE BLOCKS	CRC-16

编码	名称	CRC	编码	名称	CRC
02H	NEXT SLOT	CRC-5	12H	LOCK-BLOCK	CRC-16
03H	CLOSE SLOT	CRC-5	13H	WRITE AFI	CRC-16
04H	STANDBY ROUND	CRC-5	14H	LOCK AFI	CRC-16
05H	NEW ROUND	CRC-5	15H	WRINT DSFID	CRC-16
06H	RESENT TO READY	CRC-5	16H	LOCK DSFID	CRC-16
07H	SELECT(BY SUID)	CRC-16	17H	GET BLOCK LOCK STATUS	CRC-16
08H	READ BLOCKS	CRC-16	18H~27H	RUF	RUF
09H	GET SYSTEM INFORMATION	CRC-16	28H~37H	IC 制造商的专有类命令	IC 制造商制定
0AH~0FH	RFU	RFU	38H~3FH	IC 制造商的专有类命令	IC 制造商制定

（3）命令标志

命令标志域由 4 位构成。b_1 为防碰撞过程（Census）标志，$b_1=0$ 表示命令的执行不处于防碰撞过程中，$b_1=1$ 表示命令的执行处于防碰撞过程中。b_2、b_3、b_4 位的含义取决于 b_1 位的值。

当 $b_1=0$ 时，b_2、b_3、b_4 位的定义如表 7-12 所示。$b_1=1$ 时，b_2、b_3、b_4 位的定义如表 7-13 所示。

表 7-12 b_1 为 0 时，b_2、b_3、b_4 命令标志的定义

位	标志名称	位值	描述
b_2	选择标志	0	任一寻址标志为 1 的电子标签执行命令
		1	命令仅由于处于选择状态的电子标签执行，寻址标志应为 0，命令中不包含 SUID 域
b_3	寻址标志	0	命令不寻址，不包含 SUID 域，任一电子标签都应该执行此命令
		1	命令寻址，包含 SUID，仅 SUID 匹配的电子标签执行此命令
b_4	RFU	0	该位应为 0
		1	备用

表 7-13 b_1 为 1 时，b_2、b_3、b_4 命令标志的定义

位	标志名称	位值	描述
b_2	时隙延迟标志	0	时隙开始后，电子标签应立即应答
		1	电子标签在时隙开始后延迟一段时间应答
b_3	AFI 标志	0	没有 AFI 域
		1	有 AFI 域
b_4	SUID 标志	0	电子标签在应答中不含 SUID 域，返回它的存储器中前 128 位的数据
		1	电子标签在应答中不含 SUID 域

5. 响应

电子标签的响应格式如图 7-27 所示，它由前同步码、标志、参数（1 个或多个）、数据和 CRC 域组成。

前同步码	标志	参数	数据	CRC

图 7-27 电子标签的响应格式

标志域为两位，其编码如表 7-14 所示。

表 7-14 标志域的编码

位	标志名称	值	描述
b_1	错误标志	0	无错误
		1	检测到错误，需要后跟错误码
b_2	RFU	0	应为 0

电子标签检测到错误后，响应信息中应包含错误码，错误码为 4，错误码的定义如表 7-15 所示。

表 7-15 错误码的定义

错误码	描述
0H	RFU
1H	命令不支持
2H	命令不能辨识，如格式错误
3H	指定的数据块不存在
4H	指定的数据块已锁存，其内容不可改变
5H	指定的数据不能被编程或已被锁存
6H~AH	RFU
BH~EH	定时命令错误码
FH	不能给出信息的错误或错误码不支持

6. 电子标签的状态

电子标签具有离场、就绪、静默、选择、循环激活、循环准备 6 种状态。上述状态及它们的转换关系如图 7-28 所示，图 7-27 中仅给出了主要的转换情况，状态转换和命令的执行紧密相关。

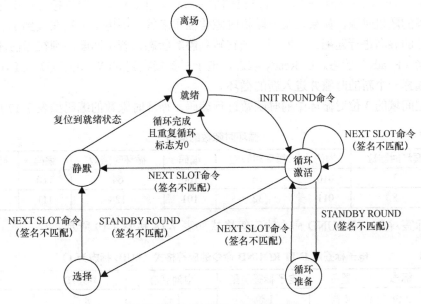

图 7-28 电子标签状态及转换关系

（1）离场状态：处于离场状态时，无源电子标签处于无能量状态，有源电子标签不能被接收的射频能量唤醒。

（2）就绪状态：电子标签获得可正常工作的能量后进入就绪状态。在就绪状态，可以处理阅读器的任何选择标志位为 0 的命令。

（3）静默状态：电子标签可处理防碰撞过程标志为 0，寻址标志为 1 的任何命令。

（4）选择状态：电子标签处理选择标志位为 1 的命令。

（5）循环激活状态：在此状态的电子标签参与防碰撞循环。

（6）循环准备状态：在此状态的电子标签暂时不参与防碰撞循环。

7. 强制命令与状态转换

（1）INIT ROUND 命令

INIT ROUND 命令格式如表 7-16 所示，命令编码和命令标志域已经在前面介绍，下面介绍电池标志、重复循环标志和循环空间 3 个域。

表 7-16　　　　　　　　　　　　　INITROUND 命令的格式

域	协议扩展	命令编码	电池标志	重复循环标志	循环空间	AFI（可选）	CRC
位长	1 位	6 位	1 位	1 位	3 位	8 位	16 位

电池标志仅用于 INIT ROUND 命令。在 INIT ROUND 命令中，若电池标志置 1，则电子标签无论是否带有辅助电池，都需要处理该命令。若电池标志为 0，则只有无源电子标签处理该命令。

重复循环标志用于 INIT ROUND、NEW ROUND 和 CLOSE SLOT 命令中。

当 INIT ROUND 命令设置了重复循环标志时，电子标签在防碰撞过程中选择一个传送回其应答的随机时隙。如果在循环结束时，电子标签仍处于循环激活状态，则它自动进入下一个循环。

当 INIT ROUND 命令重复循环标志位的值为 0 时，电子标签在防碰撞过程中选择一个传送回其应答的随机时隙。如果在某一随机时隙传回了应答，则电子标签在收到 NEXT SLOT 命令时和它的签名进行匹配。若匹配，则它转到静默状态，若不匹配，则在当前的循环结束后转到就绪（Ready）状态。在 Ready 状态，电子标签接收到 NEW ROUND 或 INIT ROUND 命令后，选择一个新的时隙并进入新的循环。

循环空间域的 3 位对循环中的时隙数进行编码，循环时隙数的编码如表 7-17 所示。

表 7-17　　　　　　　　　　　循环时隙数的编码

编码	循环时隙数	编码	循环时隙数	编码	循环时隙数	编码	循环时隙数
000	1	010	16	100	64	110	256
001	8	011	32	101	128	111	RFU

电子标签对 INIT ROUND 命令的应答格式如表 7-18 和表 7-19 所示。

表 7-18　　　　　电子标签对 INIT ROUND 命令的应答格式（SUID 标志为 1）

域	标志	签名	电子标签类型	电池状态	DSFID	SUID
位长	2 位	4 位	1 位	1 位	8 位	40 位

表 7-19   电子标签对 INIT ROUND 命令的应答格式（SUID 标志为 0）

域	标志	签名	电子标签类型	电池状态	**DSFID**	**SUID**
位长	2 位	4 位	1 位	1 位	6 位	128 位

应答中签名和随机数的产生，两者之间是独立的。电子标签类型域编码值为 0 表示电子标签无辅助电池，编码值为 1 表示有辅助电池。电池状态域编码值为 0 表示电池电压低，无源电子标签该位编码值也为 0，该位编码值为 I 表示电池状态正常。

INIT ROUND 命令对电子标签状态转换的影响如表 7-20 所示。

表 7-20   **INIT ROUND 命令对电子标签状态转换的影响**

当前状态	电子标签对命令帧的处理	新的状态
就绪	电子标签从产生的随机数中选择它发回电子标签的时隙并将时隙计数器复位至 1	循环激活
静默	电子标签不处理此命令	静默
选择	电子标签从产生的随机数中选择它发回应答的时隙并将时隙计数器复位至 1	循环激活
循环激活	电子标签复位原先选择的时隙，从产生的随机数中选择它发回应答的时隙，并将时隙计数器复位至 1	循环激活
循环准备	电子标签复位原先选择的时隙，从产生的随机数中选择它发回应答的新时隙，并将时隙计数器复位至 1	循环激活

（2）NEXT SLOT 命令

NEXT SLOT 命令具有两个功能：确认已被识别的电子标签；指示所有处于循环激活状态的电子标签对它们的时隙计数器加 1，并进入下一个时隙。

NEXT SLOT 命令的格式如表 7-21 所示，它对电子标签状态转换的影响如表 7-22 所示。

表 7-21   **NEXT SLOT 命令的格式**

域	协议扩展位	新的状态	电子标签签名
位长	1 位	6 位	4 位

表 7-22   **NEXT SLOT 命令对电子标签状态转换的影响**

当前状态	电子标签对命令帧的处理	新的状态
就绪	—	就绪
静默	—	静默
选择	—	静默
循环激活	当同时满足 3 个条件：电子标签已在前一时隙应答；签名匹配；下一个时隙在确认时间内收到时，电子标签转至静默状态	静默
循环激活	当不满足上面 3 个条件之一时，电子标签对它的时隙计数器加 1，在时隙计数器值和时隙匹配时，发送它的应答、电子标签保持在循环激活状态	循环激活
循环准备	电子标签对它的时隙计数器加 1，在时隙计数器值和时隙匹配时，发送它的应答，电子标签转至循环激活状态	循环激活

电子标签对 NEXT SLOT 命令不发回应答帧。

（3）CLOSE SLOT 命令

在无电子标签应答或检测到碰撞时，阅读器发送该命令。接收该命令后，处于循环准备状态的电子标签转换至循环激活状态，处于其他状态的电子标签状态不变。这时，所有处于循环激活状态的电子标签对它们的时隙计数器加 1，并进入下一个时隙。

CLOSE SLOT 命令的格式如表 7-23 所示。电子标签不应答此命令。

表 7-23   CLOSE SLOT 命令的格式

域	协议扩展位	命令编码	重复循环标志	RFU
位长	1 位	6 位	1 位	000

（4）STANDBY ROUND 命令

STANDBY ROUND 命令有两个作用：确认来自一个电子标签的有效应答，并指示该电子标签进入选择状态，阅读器可以发送选择标志为 1 的读/写命令等对此电子标签进行操作；指示所有处于循环激活状态的电子标签进入循环准备状态，等待 NEXT SLOT、NEW SLOT 和 CLOSE SLOT 命令的到来，重新进入循环激活状态，进入新的循环。

STANDBY ROUND 命令由协议扩展位（1 位）、命令编码（6 位）和电子标签签名三部分组成。

接收到该命令时：

① 处于选择状态的电子标签转换至静默状态。

② 处于循环激活状态的电子标签，如果同时符合 3 个条件（前面时隙已经应答、签名匹配且下一个时隙在确认时间内被接收到）时进入选择状态，否则进入循环准备状态。

③ 处于 1、2 状态之外的电子标签保持原状态不变。

对 STANDBY ROUND 命令，电子标签不予应答。

（5）NEW ROUND 命令

NEW ROUND 命令有两个作用：指示在循环准备和循环激活状态的电子标签进入循环激活状态，复位它们的时隙计数器为 1，进入新的循环；指示在选择状态的电子标签转换到静默状态，在静默和就绪状态的电子标签仍维持其状态。

NEW ROUND 命令由协议扩展位（1 位）、命令编码（6 位）、重复循环标志位（1 位）和循环空间（3 位）4 个域组成。对 NEWROUND 命令的应答和前一个循环的应答相同，但电子标签签名的方法可以不同。

（6）RESET TO READY 命令

RESET TO READY 命令由协议扩展位（1 位）、命令编码（6 位）、RFU（4 位，为 0000）三个域组成，该命令使处于场内各个不同状态的电子标签都进入就绪（Ready）状态，对于此命令，电子标签不返回应答帧。

（7）SELET（BY SUID）命令

SELECT（BY SUID）命令的作用为：无论电子标签原先处于场内哪个状态（不含离场状态），接收到该命令且 SUID 匹配时，都进入选择状态，并发回应答帧；SUID 不匹配的电子标签不发回应答帧，当它处于循环激活状态时，转换到循环准备状态，处于选择状态时，转换到静默状态，处于就绪、静默或循环准备状态时，保持状态不变。

SELECT（BY SUID）命令由协议扩展位（1 位）、命令编码（6 位）和 SUID（40 位）三个域组成。应答帧包含标志（2 位），如果错误标志位为 1，那么还应在标志域后跟错误域（4 位）。

（8）READ BLOCKS 命令

READ BLOCKS 命令的格式如表 7-24 所示。其中，SUID 是可选的，在寻址标志位为 1

时出现。块号的编码从 00H～FFH 读块数量为 8 位编码的值加 1。例如，读块数量域的值为 06H，则应读 7 个块区。

表 7-24　　　　　　　　　　　　　READ BLOCKS 命令的格式

域	协议扩展位	读块命令	命令标志	SUID	首块号	读块数量
位长	1 位	6 位	4 位	40 位	8 位	8 位

接收到 READ BLOCKS 命令的电子标签按自身情况进行如下处理。

① 处于就绪、静默状态的电子标签，如果 SUID，则发回应答帧，不匹配，则不发回应答帧，电子标签的状态保持不变。

② 处于循环激活状态和循环准备状态的电子标签不应答，状态不变。

③ 处于选择状态的电子标签，如果命令的选择标志位为 1，则发回应答帧，否则不予应答，电子标签不改变状态。

错误标志位不为 1 的应答帧的格式如图 7-29 所示。

标志	块锁存状态	数据	块锁存状态	数据	…
2 位	2 位	块长度	2 位	块长度	…

按命令要求的块至最后块

图 7-29　错误标志位不为 1 的应答帧的格式

（9）GET SYSTEM INFORMATION 命令

GET SYSTEM INFORMATION 命令用于获取电子标签的有关系统信息。该命令由协议扩展位（1 位）、命令编码（6 位）、命令标志（4 位）和可选的 SUID（40 位）4 个域组成。

处于就绪和静默状态的电子标签，如果 SUID 匹配，则返回应答帧。处于选择状态的电子标签，如果命令中选择标志位为 1，则返回应答帧。不处于上述情况的电子标签不返回应答帧。GET SYSTEM INFORMATION 命令不改变电子标签所处的状态。

电子标签接收到 GET SYSTEM INFORMATION 命令后，返回的正常应答帧的结构如图 7-30 所示。

标志	信息标志	UID	DSFID	AFI	应答器存储器大小	IC卡信息
2位	10位	64位	8位	8位	16位	8位

可选项

图 7-30　电子标签对 GET SYSTEM INFORMATION 命令的应答帧的结构

在应答帧中，信息标志域共有 10 位，其编码含义如表 7-25 所示。

表 7-25　　　　　　　　　　　应答帧中信息标志域的编码含义

位	标志名称	值	描述
b1	DSFID	0	不支持 DSFID，应答帧中无 DSFID 域
		1	支持 DSFID，应答帧中有 DSFID 域
b2	AFI	0	不支持 AFI，应答帧中无 AFI 域
		1	支持 AFI，应答帧中有 AFI 域

位	标志名称	值	描述
b3	电子标签存储器的大小	0	不支持该项信息，应答帧中无电子标签存储器大小域
		1	支持，应答帧中有电子标签存储器大小域
b4	IC 信息	0	不支持，应答帧中无 IC 信息域
		1	支持，应答帧中有 IC 信息域，域中 8 位含义由 IC 制造商定义
b6b5	电子标签灵敏度	00	没有定义
		01	灵敏度为 S1，即读为 5～10V/m，写为 15V/m
		10	灵敏度为 S2，即读为 2.5～4V/m，写为 6V/m
		11	灵敏度为 S3，即读为 1.5V/m，写为 2V/m
b8b7	电子标签类型	00	无源电子标签，反向散射方式传送
		01	电子标签带有辅助电池，反向散射方式传送
		10	主动式电子标签
		11	RFU
b10b9	RFU	00	RFU

应答帧中，电子标签存储器大小域为 16 位。

① 第 1～8 位为块号，从 00～FFH。

② 第 9～13 位为以字节表示的块大小，5 位的最大位值为 1FH，表示 32 字节，也就是 256 位，最小位值为 00H，表示为 1 字节。

③ 第 14～6 位为 RFU，位值全为 0。

8. 防碰撞

TYPE A 的防碰撞算法是基于动态时隙的 ALOHA 算法，将电子标签的数据信息传输分配在不同循环的不同时隙中进行，每个时隙的大小由阅读器决定。TYPE A 的防碰撞过程如下。

（1）启动防碰撞过程。

阅读器发出 INIT ROUND 命令启动防碰撞过程，在命令中给出循环空间大小，阅读器可根据碰撞情况动态地为下一轮循环选择合适的循环空间大小。

（2）参与防撞过程的电子标签对命令的处理。

参与防碰撞过程的电子标签将时隙计数器复位至 1，并由产生的随机数选择它在此循环中发回应答的时隙。如果 INIT ROUND 命令中的时隙延迟标志位为 0，电子标签在选择的时隙开始后立即发回应答帧。如果时隙延迟标志位为 1，则在选择的时隙开始后，延迟一段伪随机数时间发回应答帧，延迟时间为 0～7 个电子标签传输信息的位时间。如果电子标签选择的时隙数远大于 1，那么它将维持这个时隙数并等待该时隙或下一个命令。

（3）阅读器发出 INIT ROUND 命令后出现的三种可能情况。

① 阅读器在一个时隙中没有检测到应答帧时，它发出 CLCSE SLOT 命令。

② 阅读器检测到碰撞或错误的 CRC 时，在确认无电子标签仍在传输应答的情况下，发出 CLOSE SLOT 命令。

③ 阅读器接收到一个电子标签无差错的应答帧时，它发送 NEXT SLOT 命令，命令中包括该电子标签的签名，对此已被识别的电子标签进行确认，使它进入静默状态以便循环继续。

（4）参与循环的电子标签在接收到 CLISE SLOT 命令或 NEXT SLOT 命令而签名不匹配时（处于循环激活状态），将自己的时隙计数器加 1 并和所选择的随机数比较，以决定该时隙是否发回应答帧，并根据本次循环的时隙延迟标志决定发回应答帧的时延。

（5）阅读器按步骤（3）中的几种情况处理，直至该循环结束（达到了循环空间预置值）。

（6）一个循环结束后，如果在 INIT ROUND 命令或 CLOSE SLOT 命令中重复循环标志位置为 1，则自动开始一个新的循环。如果重复循环标志位为 0，那么阅读器可以决定用新的 INIT ROUND 命令或 NEW ROUND 命令继续进行循环，以完成防碰撞过程。

（7）在一次循环中，阅读器可以发送 STANDBY ROUND 命令来确认签名匹配的电子标签的有效应答，并指示该电子标签进入选择状态，同时让签名不匹配的电子标签进入循环准备状态，以便在后续命令来到时继续循环。这样，阅读器便可以发送选择标志为 1 的命令对进入选择状态的电子标签进行操作，实现一对一通信。

7.4.2 TYPE B 模式

1．物理接口

阅读器和电子标签之间以命令和应答的方式进行信息交互，阅读器先讲，电子标签根据接收到的命令应答，数据传输以帧为单位。

（1）阅读器向电子标签的数据传输

数据编码采用曼彻斯特编码。逻辑 0 的曼彻斯特表示为 NRZ 码时为 01，逻辑 1 相应地表示为 NRZ 码的 10。NRZ 码为 0 时产生调制，为 1 时不产生调制。

阅读器基带信号对载波的调制方式为 ASK，调制系数为 11%（数据传输速率为 10kbit/s）或 99%（数据传输速率为 4kbit/s）。

（2）电子标签向阅读器的数据传输

和 TYPEA 相同，电子标签向阅读器的数据传输采用反向散射调制，数据编码采用 FM0 编码，数据传输速率为 40kbit/s。

2．命令帧和应答帧的格式

（1）命令帧的格式

命令帧的格式如图 7-31 所示，它包含前同步侦测、前同步码、分隔符、命令编码、参数、数据和 CRC 共 7 个域。

前同步侦测	前同步侦测	分隔符	命令编码	参数	数据	CRC

图 7-31　命令帧的格式

前同步侦测域为稳定的无调制载波，持续时间大于 400μA，相当于数据传输速率为 40kbit/s 时的 16 位时间。

前同步码域共有 9 位，为曼彻斯特码的 0，提供电子标签解码的同步信号。

分隔符有 4 种，用于告知命令开始，用 NRZ 码表示为 11 0011 1010、01 0111 0011、00 1110 0101、110 1110 0101。其中，最前和最后的分隔符支持所用的各类命令。分隔符 110 1110 0101 用于指示，返回数据传输速率为阅读器向电子标签的数据传输速率的 4 倍。分隔符 01 0111

0011 和 00 1110 0101 保留为以后使用。注意，分隔符中有曼彻斯特码的错误码 11，可供判别为分隔符。

命令编码域为 8 位，参数和数据域取决于命令。

CRC 域为 16 位 CRC 码，算法同 TYPE A 中的 CRC-16。

（2）应答帧的格式

电子标签应答帧的格式如图 7-32 所示，应答帧包括静默、应答前同步码、数据和 CRC 共 4 个域。

| 静默 | 应答前同步码 | 数据 | CRC |

图 7-32　应答帧的格式

静默域定义了无反向散射调制的时间段，该时间段为 16 位的时间值，在数据传输速率为 40kbit/s 时为 400μs。

前同步码域为 16 位，其相应的 NRZ 码为 0000 0101 0101 0101 0101 0001 1010 0001（0555 51A1H），以反向散射调制方式传送。

数据域包含对命令应答的数据、确认（ACK）或错误码，以 FM0 码传送。

CRC 域为 16 位 CRC 码，算法同 TYPE A 中的 CRC-16。

（3）传输的顺序

帧结构采用面向比特的协议，虽然在一个帧中传送的数据位数是 8 的倍数，即整数字节，但帧本身并不是面向字节的。

在字节中，传输从最高位开始至最低位。在字（8 字节）数据域中，最高字节的内容是所描述的地址字节的内容，最低字节的内容是所描述的地址加 7 的地址中的内容，传输时最高字节先传输。

3. 阅读器和电子标签之间通信的时序关系

下面以 3 个例子进行说明。

（1）没有频率跳变（HOP）并包含写操作的时序

当没有频率跳变并包含写操作时，阅读器和电子标签之间通信的时序关系如图 7-33 所示。由于包含了写操作，所以在电子标签的应答帧后，阅读器应保证有大于 15ms 的写等待时间，让电子标签完成写操作，并在此后发重新同步信号，它由 10 个（01）b 码构成，以保证正常工作。

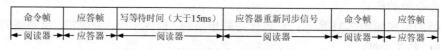

| 命令帧 | 应答帧 | 写等待时间（大于15ms） | 应答器重新同步信号 | 命令帧 | 应答帧 |
| 阅读器 | 应答器 | 阅读器 | 阅读器 | 阅读器 | 应答器 |

图 7-33　没有频率跳变并包含写操作的时序

（2）阅读器两命令帧之间出现频率跳变

图 7-34 为在电子标签的应答帧后，阅读器两命令帧之间出现频率跳变的情况。HOP 的时间小于 26μs。此时，需要有电子标签重新同步信号。

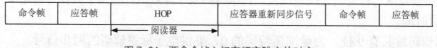

| 命令帧 | 应答帧 | HOP | 应答器重新同步信号 | 命令帧 | 应答帧 |
| | | 阅读器 | | | |

图 7-34　两命令帧之间有频率跳变的时序

（3）命令帧和应答帧之间有频率跳变

图 7-35 为阅读器工作于跳频扩谱模式，命令帧和应答帧之间有频率跳变时的情况。

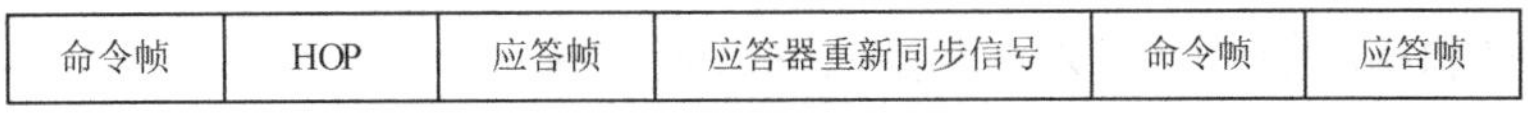

命令帧	HOP	应答帧	应答器重新同步信号	命令帧	应答帧

图 7-35 命令帧和应答帧之间有频率跳变的时序

4. 数据元素

（1）UID：UID 包括 8 字节（0～7 字节），分为 3 个子域。第一个子域是芯片制造商定义的识别号，该识别号具有唯一性，共 50 位（第 63～14 位）。第二个子域是厂商识别码，共 12 位（第 13～2 位）。第三个子域是检验和，共 2 位（第 1～0 位），有效值为 0、1、2、3。电子标签的 UID 用于防碰撞过程。

（2）CRC：CRC 采用 CRC-16，计算方法同 TYPE A。

（3）标志域：电子标签的标志域共 8 位，低 4 位分别代表 4 个标志，高 4 位为 RFU（置为 0）。表 7-26 为低 4 位标志的含义。

表 7-26   电子标签标志域（低 4 位）的含义

位	名称	描述
标志 1（LSB）	DE_SB	数据交换标志位，当电子标签进入数据交换状态时该位置 1，当该位置 1 而电子标签进入电源关断状态时，电子标签触发一个定时器（定时时间 >2s 或 >4s），该位复位置 0，当接收到初始化命令（INITIALIZE）时，该位立即复位置 0
标志 2	WRITE_OK	在写操作成功后，该标志位置 1
标志 3	BATIERY_POWERD	电子标签带有电池时，该标志位置 1
标志 4	BATIERY_OK	电池的能量正常时，该标志位置 1，不正常或不带电池时，该位为 0

5. 电子标签的存储器

存储器以块（1 字节）为基本结构，寻址空间为 256 块，最大存储能力为 2KB，这种结构提供了扩展最大存储能力的可能。

每块都有一个锁存位，可用锁存命令对块进行锁存。锁存位状态可由锁存询问（QUERY LOCK）命令读出，在制造厂设置的锁存位离厂后不允许重新设定，这些块中通常存储了 UID。

6. 电子标签的状态

电子标签有 4 种状态：断电（Power-Off）、就绪（Ready）、识别（ID）和数据交换（Data Exchange）。这 4 种状态的转换关系如图 7-36 所示，图 7-36 中仅给出了主要的转换条件。

当阅读器辐射场的能量不能激活电子标签时（电子标签离阅读器较远或阅读器处于关闭状态），电子标签处于 Power-Off 状态。当电子标签被阅读器辐射场激活，所获能量可支持电子标签正常工作（即 POWER ON）时，电子标签进入就绪（Ready）状态。

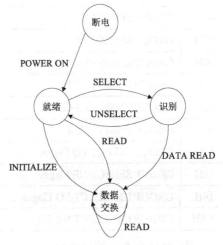

图 7-36 TYPEB 的状态与转换关系

状态的转换和相应的命令有关，请参见下面的介绍。

7. 命令

命令按功能可分为选择命令、识别命令、数据交换命令和多电子标签操作（MULTIPLE）命令。命令按类型可分为强制命令、可选命令、定制命令和专有命令。

强制命令的编码范围为 00H～0FH、11H～13H、1DH～3FH。所有的电子标签必须支持强制命令。

可选命令的编码范围为 17H～1CH、40H～9FH。电子标签对可选命令的支持不是强制的，若支持可选命令，则其应答帧应符合本标准的规定。若不支持这类可选命令，则电子标签对这类命令应保持静默。应注意的是，在可选命令中，编码 17H～1CH 的命令是推荐支持的命令。

定制命令的编码范围为 A0H～DFH，它是制造商定义的，电子标签不支持定制命令时，可保持沉默。

专有命令的编码值（或范围）为 10H、14H、16H 和 E0H～FFH。专有命令用于测试和系统信息编程等制造商专用的项目，在生产过程结束后，这些命令可以不再有效。

8. 强制和推荐的命令

（1）选择命令（SELECT）

① 选择命令的格式。

选择命令包括 8 个强制命令和 4 个推荐命令，它们的编码、名称、参数和数据域如表 7-27 所示。

表 7-27　　　　　　　　　选择命令的编码、名称、参数和数据域

编码	名称	参数和数据域
00H	GROUP SELECT-EQ	地址（Address）8 位、字节掩码（Byte Mask）8 位，字数据（Word Date）8 字节
01H	GROUP SELECT-NE	地址、字节掩码、字数据
02H	GROUP SELECT-GT	地址、字节掩码、字数据
03H	GROUP SELECT-LT	地址、字节掩码、字数据
04H	GROUP UNSELECT-EQ	地址、字节掩码、字数据
05H	GROUP UNSELECT-NE	地址、字节掩码、字数据
06H	GROUP UNSELECT-GT	地址、字节掩码、字数据
07H	GROUP UNSELECT-LT	地址、字节掩码、字数据
17H	GROUP SELECT-EQ Flages	字节掩码、字节数据（Byte Data）8 位
18H	GROUP SELECT-NE Flages	字节掩码、字节数据
19H	GROUP UNSELECT-EQ Flages	字节掩码、字节数据
1AH	GROUP UNSELECT-NE Flages	字节掩码、字节数据

② 选择命令中的比较算法。

在表 7-27 中，编码为 00H～07H 的强制命令要求电子标签将自己存储器中的相应内

容和命令中字数据的 8 字节进行比较，以确定被选择还是不被选择。比较的条件为等（EQ）、不等于（NE）、大于（CT）和小于（LT）。比较对象是下面两个算式的结果，即比较

$$M=M_0+M_1\times2^8+M_2\times2^{16}+M_3\times2^{24}+M_4\times2^{32}+M_5\times2^{40}+M_6\times2^{48}+M_7\times2^{56}$$

和 $D=D_0+D_1\times2^8+D_2\times2^{16}+D_3\times2^{24}+D_4\times2^{32}+D_5\times2^{40}+D_6\times2^{48}+D_7\times2^{56}$

式中，M 是电子标签存储器中内容的计算值，M_7 为最高字节，是命令中地址域所指存储器存储的字节（块），M_0 为最低字节，是命令中地址域的值加 7 后所指存储块的值。D 是命令中字数据域中的 8 字节，D_7 是字数据域中的第一个字节，D_0 是最后一个字节。

字节掩码域有 8 位，用于屏蔽 M_i 和 D_i（$i=0\sim7$）。设字节掩码的第 7 位（MSB）为 1，则 M 和 D 的计算式中的 $M_7\times256$ 和 $D_7\times256$ 项在比较中应计算；若字节掩码的第 7 位为 0，则在比较时 $M_7\times256$ 和 $D_7\times256$ 两项被屏蔽，不予计算。同样，字节掩码第 6~0 位的值，决定了相应的 $M_6\sim M_0$ 和 $D_6\sim D_0$ 在算式与比较中的作用。

编码为 17H～1AH 的推荐命令的参数和数据域仅有字节掩码和字节数据（8 位）两个域。这 4 个推荐命令要求电子标签比较的是命令中的字节数据和电子标签存储器中的标志位，只有等于（EQ）和不等于（NE）两种比较。字节掩码的作用相似，屏蔽相应的位。

③ 选择命令的执行与状态转换。

当电子标签在就绪（Ready）状态收到 GROUP SELECT 类命令时，按命令的要求进行比较。当满足条件时，电子标签将它的内部计数器清零，读 UID 并在应答帧中发送 UID，电子标签转至识别（ID）状态。

当电子标签在识别状态收到 GROUP SELECT 类命令时，将它内部计数器清零，读 UID 并返回应答帧，电子标签仍保持识别状态。

当电子标签在识别状态收到 GROUP SELECT 类命令时，按命令的要求进行比较。当满足条件时，电子标签进入就绪（Ready）状态，不发回应答帧。当不满足比较条件时，电子标签将它的内部计数器清零，读 UID，返回应答帧，电子标签仍保持识别状态。应答帧由应答前同步码、64 位 UID 和 16 位 CRC 组成。

除上述说明的情况外，电子标签不返回应答。

（2）识别命令

识别命令的编码、名称、参数和数据域如表 7-28 所示。

表 7-28　　　　　　　　　　识别命令的编码、名称、参数和数据域

编码	名称	参数和数据域
08H	FAIL	无
09H	SUCCESS	无
0AH	INITIALIZE	无
15H	RESEND	无

FAIL 命令用于防碰撞过程。在识别状态，电子标签收到 FAIL 上命令，若其计数器值不为 0 或产生的随机数为 1，则将其计数器值加 1（计数器值为 FFH 除外）；如果计数器值为 FFH，则其计数器值保持不变，等待下一个 FAIL 命令。如果其计数器值为 0，则对以后的标

签应当读它的 UID 并在响应中将它返回。这样处理后，若计数器的值为 0，则电子标签读它的 UID，发送应答帧。

SUCCESS 命令用于启动下一轮电子标签的识别。它用于两个场合，一是接收到 FAIL 命令后，未发送应答帧的电子标签，在接收到 SUCCESS 命令后，重新启动识别；二是在接收到 DATA ERAD 命令后，一个被识别的电子标签进入数据交换状态，此时可用 SUCCESS 命令重新启动未被识别的电子标签进入下一轮的识别。电子标签在识别状态接收 SUCCESS 命令，将其内部计数器减 1，这时内部计数器值为 0 的电子标签发回它的应答帧。

INITIALIZE 命令使处于数据交换状态的电子标签进入就绪状态，将 DE-SB 标志位复位为 0，电子标签不返回应答帧。

在仅有一个电子标签发回应答帧、但是出现 UID 接收错误时，RESEND 命令用于请求电子标签重发应答帧。电子标签在识别状态接收 RESEND 命令，内部计数器值为 0 的电子标签发回包含 UID 的应答帧。

应答帧由应答前同步码、64 位 UID 和 16 位 CRC 组成。

（3）数据交换和多电子标签操作命令

数据交换命令用于读出存储器数据或向存储器写入数据，多电子标签操作命令用于同时操作多个电子标签，数据交换和多电子标签操作命令的编码、名称、参数和数据域如表 7-29 所示。

表 7-29　　　　数据交换和多电子标签操作命令的编码、名称、参数和数据域

编码	类型	名称	参数和数据域
0CH	强制	READ	ID（8 字节）、地址（8 位）
0BH	推荐	DATA READ	ID、地址
0DH	推荐	WRITE	ID、地址、字节数据（8 位）
0EH	推荐	WRITE MULTIPLE	地址、字节数据
0FH	推荐	LOCK	ID、地址
11H	推荐	QUERY LOCK	ID、地址
12H	推荐	READ VERIFY	ID、地址
13H	推荐	MULTIPLE UNSELECT	地址、字节数据
1BH	推荐	WRITE 4BYTE	ID、地址、字节掩码、2 字节数据
1CH	推荐	WRITE 4BYTE MULTIPLE	地址、字节掩码、4 字节数据

在接收到强制命令 READ 时，电子标签将收到的命令中的 ID 域和自己的 UID 比较。若两者相等，则电子标签进入数据交换状态，读命令中地址域所指的存储器地址的开始 8 字节的内容，返回应答帧。应答帧包括应答前同步码、字数据（8 字节）和 CRC 三个域。

若 UID 和命令中的 ID 域不等或出现错误，则电子标签保持原状态，不返回应答帧。

DATA READ 命令是推荐命令。电子标签仅在识别和数据交换状态收到 DATA READ 命令时，才比较发送命令中的 ID 域和自己的 UID。若两者相等，则电子标签应进入或保持数据交换状态，读命令中地址域（地址域的值为 00H～FFH）所指存储器地址开始的 8

字节内容，并在应答帧中送出。应答帧由应答前同步码、字数据（8 字节）和 CRC 组成。若电子标签处于 Ready 状态、命令中的 ID 不等于 UID，或出现错误，则电子标签不返回应答帧。

READ VERIFY 命令是推荐命令。电子标签接收到该命令时，将 UID 和命令中的 ID 域进行比较。如果两者相等且电子标签的 WRITE-OK 标志位为 1，则电子标签进入数据交换状态，返回应答帧。应答帧由应答前同步码、字节数据（8 位）和 CRC 三个域组成，字节数据为命令中地址域所指存储器地址的内容。如果 UID 和命令中的 ID 不相等、WRITE-OK 标志位不为 1，或出现错误，则电子标签不返回应答帧。

WRITE 命令用于写电子标签存储器中的某一块。接收到 WRITE 命令时，电子标签将 UID 和命令中的 ID 域进行比较，相等时电子标签进入数据交换状态，检查命令中地址域所指存储器块的锁存情况。若该块处于锁存状态，则电子标签发回出现错误的应答帧；若块没有锁存，则电子标签发回确认的应答帧，并对该块进行编程，写入命令中字节数据域的 8 位值。应答帧的格式如表 7-30 所示，应答编码域为错误（Error）的编码 FFH 或确认（Acknowledge）的编码 00H。

表 7-30   对 WRITE 命令的应答帧

域	应答前同步码	应答编码	CRC
位长	16 位	8 位	16 位

LOCK 命令用于指定存储块的锁存。在数据交换状态，电子标签收到 LOCK 命令后，将其 UID 和命令中的 ID 域比较。如果两者相等，而且命令中地址域所指存储块是可锁定的，则电子标签返回 Acknowledge 的应答帧，并对该块的锁存位编程使其为 1。如果命令中的 ID 域和 UID 不同、地址域是无效地址范围，或者命令中地址域所指存储块是不可锁存的，则电子标签返回 Error 的应答帧。LOCK 命令执行成功，电子标签将 WRITE-OK 标志位置 1，否则为 0。除上述情况外，电子标签不返回应答帧。

电子标签收 QUERY LOCK 命令，将自己的 UID 与命令中的 ID 域进行比较，如果相等而且命令中的地址为有效地址，则进入数据交换状态，读命令中地址域所指定的存储块的锁存状态，并且发回应答帧。

应答帧的格式和表 7-30 相同。如果存储块锁存位为 0，在 WRITE_OK 标志位为 1 时，应答编码域为 Acknowledge Ok（编码为 01H），在 WRITE_OK 标志位为 0 时，应答编码域为 Acknowledge Nok（编码为 00H）。如果存储块锁存位为 1，在 WRITE_OK 标志位为 1 时，应答编码域为 Error Ok（编码为 FFH），在 WRITE_OK 标志位为 0 时，应答编码域为 Error Ok（编码为 FFH）。除上述情况外，电子标签不返回应答帧。

WRITE MULTIPLE 命令用一对多个电子标签同时进行写操作。处于识别状态或数据交换状态的电子标签在接收到 WRITE MULTIPLE 命令后，读命令中地址域所指定的存储块的锁存位状态。如果锁存位为 1，则电子标签不进行任何操作。如果锁存位为 0，则电子标签将命令中的字节数据域对齐写入该存储块。写操作成功时，将 WRITE_OK 标志位置为 1，否则 WRITE_OK 标志位置为 0。

收到 WRITE 4 BYTE 命令时，电子标签将自己的 UID 和命令中的 ID 域进行比较。两者相等时，电子标签转入或保持数据交换状态，读命令中地址域所指定存储块开始的 4 块存储器的锁存位信息。若其中任一块锁存位为 1，则电子标签返回应答帧，应答帧中的应答编码域为 Error。若 4 块存储器的锁存都为 0，则电子标签返回应答帧时，应答编码域为 Acknowledge，并且用命令中的 4 字节数据写入相应存储块。写入成功时，将 WRITE_OK 标志置 1，否则 WRITE_OK 标志位置 0。字节掩码域用于使该命令可以完成 1~4 字节的写入，所写的字节由字节掩码的位设置。

WRITE 4 BYTE MULTIPLE 命令用于对多个电子标签实现 WRITE 4 BYTE 命令的功能。

在识别状态的电子标签接收到 MULTIPLE UNSELECT 命令时，将命令中地址域指定存储块中的内容与命令中的字节数据进行比较。如果两者相等且电子标签 WRITE_OK 标志位为 1，则电子标签转换至 Ready 状态，不发回应答帧。如果比较不等，则电子标签将其内部计数器复零，读 UID 并发回应答帧。应答帧由应答前同步码、UID（64 位）和 CRC 三部分组成。该命令可对已成功完成写操作的多个电子标签解除选择。

9. 防碰撞算法

TYPE B 型的防碰撞算法是基于二进制树的防碰撞算法，电子标签的硬件应具有一个 8 位的计数器和一个产生 0 或 1 的随机数产生器。

在防碰撞开始时，可以通过 GROUP SELECT 命令使一组电子标签进入识别状态，将它们的内部计数器清零，并可采用 GROUP UNSELECT 命令使这个组的一个子集回到 Ready 状态，也可在防碰撞识别过程开始之前选择其他的组。在完成上述工作后，防碰撞过程进入下面的循环。

（1）所有处于识别状态并且内部计数器为 0 的电子标签发送它们的识别码（UID）。

（2）当多于一个电子标签发送识别码（UID）时，阅读器将检测到碰撞，并发出 FAIL 命令。

（3）所有收到 FAIL 命令且内部计数器不为 0 的电子标签将本身的计数器加 1；它们在识别中被进一步推迟。所有收到 FAIL 命令且内部计数器为 0 的电子标签（刚刚发送过应答的电子标签）产生 0 或 1 的随机数。如果随机数为 1，则电子标签将自己的计数器加 1；如果随机数为 0，则电子标签将保持内部计数器为 0，并且再次发送它的 UID。

（4）如果多于一个电子标签发送，则阅读器重复步骤（2），发出 FAIL 命令。

（5）如果所有电子标签随机数都取为 1，那么阅读器不会收到任何应答。这时阅读器发送 SUCCESS 命令，所有在识别状态的电子标签内部计数器减 1，计数器值为 0 的电子标签发送应答，可能出现的典型情况是转至步骤（2）。

（6）如果只有一个电子标签发回应答帧，阅读器正确收到返回的 UID 后发送 DATA READ 命令（用收到的 UID），电子标签正确接收后进入数据交换状态，并且发送它的数据。此后，阅读器发送 SUCCESS 命令，使所有在识别状态的电子标签的内部计数器减 1。

（7）如果仅一个电子标签发回应答帧，阅读器可重复步骤（6）发送 DATA READ 命令，或重复步骤（5）发送 SUCCESS 命令。

（8）在只有一个电子标签发回应答帧，但 UID 出现错误时，阅读器发送 RESEND 命令。如果 UID 经 N 次（N 取决于系统处理错误的能力）传送仍不能正确接收，则假定有多于一个电子标签应答，发生了碰撞，转至步骤（2）进行处理。

防碰撞流程如图 7-37 所示，TYPF B 通过防碰撞过程实现对电子标签的选择和识别。

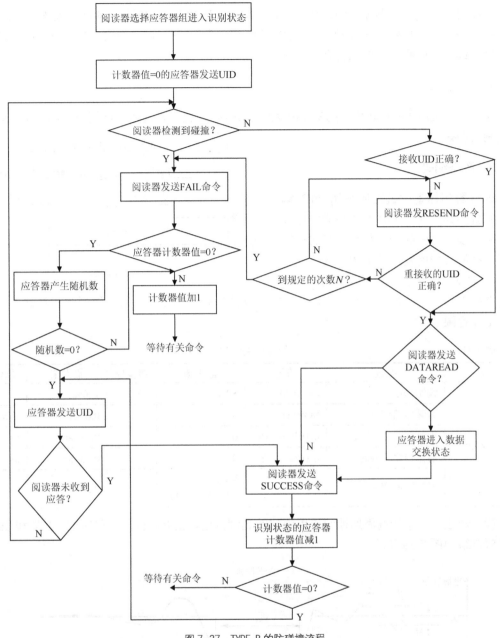

图 7-37 TYPE B 的防碰撞流程

7.4.3 TYPE C 模式（读写器到标签的通信）

读写器将 PIE 编码的数据采用 DSB-ASK、SSB-ASK 或 PR-ASK 调制射频载波，与一个或多个标签通信。读写器在一个轮询周期期间应使用固定的调制模式和数据速率，读写器利用启动轮询周期的帧头设置数据速率。

1. 读写器频率精度

经认证可以用于单读写器和多读写器环境的读写器，其频率精度应该符合地方规定。经认证可以用于密集读写器环境的读写器，其频率精度应能够在-25℃～+40℃的标称温度范围内达到±10×10⁻⁶，在-40℃～+65℃的标称温度范围内达到±20×10⁶。若地方规定有更严格的频率精度，读写器的频率精度应符合地方规定。

2. 调制方式

读写器应采用 DSB-ASK、SSB-ASK 和 PR-ASK 调制方式通信，标签应能够解调上述 3 种调制类型。

3. 数据编码

读写器到标签的链路应采用 PIE 编码，如图 7-38 所示。Tari 为读写器对标签发信号的参考时间间隔，是数据 0 的持续时间。高值代表所发送的 CW，低位代表衰减的 CW。所有参数的容限应为±1%，

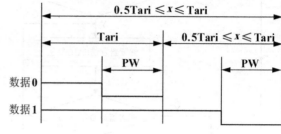

图 7-38　PIE 编码

脉冲调制深度、上升时间、下降时间和 PW 应与表 7-31 中规定的一致，数据 0 和数据 1 同样满足上述容限。

表 7-31　　　　　　　　　　　　射频包络参数

Tari	参数	符号	最小值	典型值	最大值	单位
6.25～25μs	调制深度	(A–B)/A	80%	90%	100%	
	射频包络波纹	Mh=M1	0		0.05(A–B)	V/m
	射频包络上升时间	tt,10%～90%	0		0.33Tari	μs
	射频包络下降时间	tt,10%～90%	0		0.33Tari	μs
	射频脉冲宽度	PW	Max (0.265Tari, 2)		0.33Tari	μs

读写器应在一个轮询周期期间使用固定的调制深度、上升时间、下降时间、PW 和 Tari，其射频包络如图 7-39 所示。

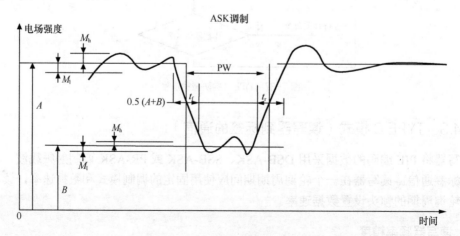

图 7-39　读写器到标签通信的射频包络

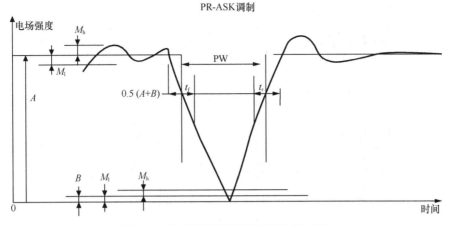

图 7-39　读写器到标签通信的射频包络（续）

4．数据速率

读写器应该采用 6.25～25μA 的 Tari 值来进行通信，应该按照表 7-32 规定的首选 Tari 值和图 7-38 所示的编码 x=0.5Tari 和 x=1.0Tari，对读写器的符合性进行评估。读写器应在一个轮询周期期间采用固定长度的数据 0 和数据 1 符号，同时应按照地方无线电规定选择 Tari 值。

表 7-32　　　　　　　　　　　　首选读写器到标签通信的 Tari 值

Tari 值	Tari 值容限	频谱
6.25μs	±1%	
12.5μs	±1%	DSB-ASK、SSB-ASK 或 PR-ASK
25μs	±1%	

5．读写器到标签的射频包络

读写器到标签的射频包络应符合图 7-39 和表 7-31 的规定。电场强度 E 为射频包络的最大振幅，Tari 定义见图 7-38。脉冲宽度是在脉冲 50%的点测定的。读写器不应在中断其射频波形前，改变读写器到标签的调制模式（即不应在 DSB-ASK、SSB-ASK 和 PR-ASK 之间转换）。

6．读写器上电波形

读写器上的电射频包络应符合图 7-40 和表 7-33 的规定。一旦载波电平上升到 10%以上，读写器上的电包络应单调上升直至波纹限制 M_f。在 T_s 间隔内，射频包络不应下降到图 7-40 中的 90%点以下。读写器不能在表 7-33 中最大稳定时间间隔结束之前（即在 T_s 之前）发送命令。

表 7-33　　　　　　　　　　　　读写器上电波形表

参数	定义	最小值	典型值	最大值	单位
T_r	上升时间	1		500	μs
T_s	稳定时间			1 500	μs
M_s	关闭时的信号电平			1%全标度	
M_f	负脉冲信号			5%全标度	
M_h	过冲			5%全标度	

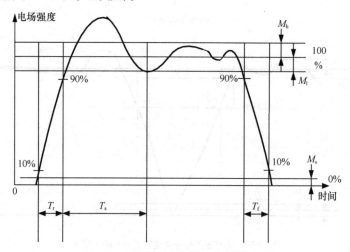

图 7-40　读写器上电和掉电时的射频包络

7．读写器掉电波形

读写器掉电射频包络应符合图 7-40 和表 7-34 的规定，一旦载波电平下降到 90%以下，掉电包络应单调下降直至断电限制 M_S。一旦电源关闭，读写器应至少在 1ms 之后才能再次启动电源。

表 7-34　　　　　　　　　　　　　　　　读写器掉电波形

参数	定义	最小值	典型值	最大值	单位
T_r	下降时间	1	—	500	μs
M_s	关闭时的信号电平	—	—	1%全标度	—
M_f	负脉冲信号	—	—	5%全标度	—
M_h	过冲	—	—	5%全标度	—

8．读写器到标签通信的帧头和帧同步信号

读写器应以帧头或帧同步信号开始，所有的读写器到标签的发信、帧头和帧同步信号如图 7-41 所示。帧头应先于 Query 命令，表明轮询周期开始。其他发信则应该以帧同步信号开始。所有以 Tari 为单位的参数的容限均应为±1%，PW 应按表 7-31 规定，射频包络应如图 7-39 所示。标签可以比较数据 0 的长度与 RTcal 的长度，以确认帧头。

帧头应由固定长度的起始分界符、数据 0 符、读写器到标签的校准符（RTcal）和标签到读写器的校准符（TRcal）组成。

（1）RTcal

读写器应设置读写器到标签的校准符 RTcal 等于数据 0 长度加数据 1 长度之和。标签应测量 RTcal 的长度并计算 pivot=RTcal/2。标签应将之后比 pivot 短的该写器符号理解为 0，比 pivot 长的符号理解为 1，将超过 4 倍 RTcal 长的符号理解为坏数据。在改变 RTcal 之前，读写器应至少为传输 8 个 RTcal 长的 CW。

（2）TRcal

读写器应分别使用在启动轮询周期的 Query 命令的帧头和有用负荷中的 TRcal 和比率（DR）来规定标签的反向散射链路频率（其 FM0 数据速率或其 Miller 副载波的频率）。反向散射链路频率（LF）、TRcal 和 DR 之间的关系如式（7-3）所示。

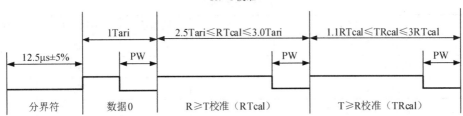

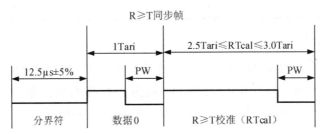

图 7-41 读写器到标签通信的帧头和帧同步信号

$$LF=DR/TRcal \qquad (7-3)$$

标签应测定 TRcal 的长度，计算 LF，并将标签到读写器的链路速率调整为等于 LF。读写器在任何轮询周期中采用的 TRcal 和 RTcal 应满足等式（7-4）的条件。

$$1.1 \times RTcal \leqslant TRcal \leqslant 3 \times RTcal \qquad (7-4)$$

帧同步信号等同于帧头减去 TRcal。在一个轮询周期期间，读写器在帧同步信号中使用的 RTcal 长度应与其在启动该轮询周期的帧头中使用的 RTcal 长度相同。

9. 跳频扩谱波形

当读写器使用跳频扩谱（FHSS）发信号时，读写器的射频包络应符合图 7-42 和表 7-35 的规定。在 T_{hs} 间隔期间，读写器的射频包络不应低于图 7-42 中 90%的点。读写器不可在表 7-35 所示的最大稳定时间间隔结束之前（即在 T_{hs} 之前）发送命令。最大跳频间隔和在跳频期间的最小射频关闭时间应符合地方规定。

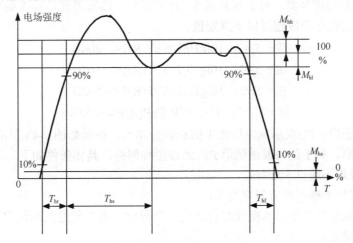

图 7-42 FHSS 读写器射频包络

表 7-35   FHSS 波形参数

参数	定义	最小值	典型值	最大值	单位
Thr	上升时间	—	—	500	μs
Ths	稳定时间	—	—	1 500	μs
Thf	下降时间	—	—	500	μs
Mhs	调频时的信号电平	—	—	1%全标度	—
Mhl	负脉冲信号	—	—	5%全标度	—
Mhh	过冲	—	—	5%全标度	—

10．FHSS 多路化

经认证可用于单读写器环境的读写器应符合地方有关扩展频谱多路化的规定。经认证可用于多读写器环境或密集读写器环境的读写器，按照 FFC 第 47 标题第 15 部分的规定，操作时还应具备读写器到标签的发信集中于宽度和中心频率如表 7-36 所示的信道内。

表 7-36   调频扩谱多路化

命令标签反向散射形式	信道宽度	信道中心频率 f_c	安全带
副载波	500kHz	信道 1：902.75MHz	下安全带
		信道 2：903.25MHz	902～902.5MHz
		......	上安全带
		信道 50：927.25MHz	927.5～928MHz
FM0	以地方规定为依据		

11．传输模板

经认证可以按照本协议操作的读写器，应该符合当地有关信道外和频带外杂散射频发射的规定。经认证可以在多读写器环境下操作的读写器，除应符合当地规定外，还应该符合以下传输模板。

（1）多读写器传输模板

在信道 R 发射的读写器，对于在其他 $S \neq R$ 的信道，读写器在信道 S 的积分功率与在信道 R 的积分功率的比率不应超过以下规定值。

$$|R-S|=1：10\lg10[P(S)/P(R)]<-20\text{dB}$$
$$|R-S|=2：10\lg10[P(S)/P(R)]<-50\text{dB}$$
$$|R-S|=3：10\lg10[P(S)/P(R)]<-60\text{dB}$$
$$|R-S|>3：10\lg10[P(S)/P(R)]<-65\text{dB}$$

在上面的式子中，$P()$ 表示规定信道中的总积分功率。模板如图 7-43 所示，dBch 代表参考信道的积分功率。对于任何发送信道 R，允许两种例外，具体条件如下。

① 例外情况均不超过 50dBch。

② 例外情况均不超过地方规定要求。

当信道 S 的积分功率超过本模板时会产生一个异常。各个信道凡超过本模板的，都将被视为相互独立的异常。

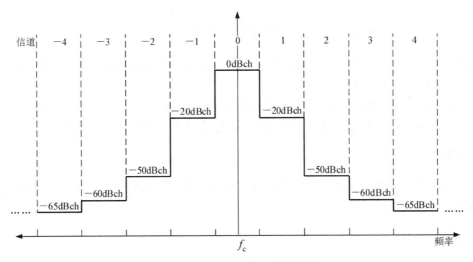

图 7-43　多读写器环境下的传输模板

经认证可以在密集读写器环境下操作的读写器不仅要符合地方规定，也要符合图 7-42 规定的传输模板。密集读写器多路化发信时，还应符合密集读写器传输模板规定。另外，与经认证可以在多读写器环境下操作的读写器不同，经认证可以在密集读写器环境下操作的读写器不允许有超出本模板的任何异常。

（2）密集读写器传输模板

对于传输中心频率为 f_c 的读写器，带宽 RBW 为 2.5/Tari，偏移频率 f_0=2.5/Tari，带宽 SBW 为 2.5/Tari，中心频率为（$n \times f_0$）+f_c（整数 n）的信道，SBW 的积分功率与 RBW 的积分功率的比率不应超过以下规定值。

$$|n|=1：10\lg 10[P(SBW)/P(RBW)]<-30dB$$
$$|n|=2：10\lg 10[P(SBW)/P(RBW)]<-60dB$$
$$|n|>2：10\lg 10[P(SBW)/P(RBW)]<-65dB$$

在上面的式子中，P()为 2.5/Tari 基准带宽的总积分功率。本模板如图 7-44 所示，dBch 代表参考信道的积分功率。

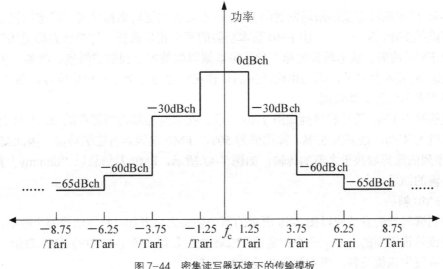

图 7-44　密集读写器环境下的传输模板

7.4.4 TYPE C 模式（标签到读写器的通信）

标签利用反向散射调制与读写器通信。在反向散射中，标签根据正在发送的数据在两种状态间切换天线的反射系数。

标签应在一个轮询周期期间使用固定的调制模式、数据编码和数据速率进行反向散射。标签选择调制模式，读写器启动轮询周期的 Query 命令来选择编码和数据速率。

1．调制

标签反向散射应采用 ASK 或 PSK 调制，标签厂商选择调制模式，读写器应能够解调上述两种调制。

2．数据编码

标签应以数据速率将反向散射的数据编码为 FM0 基带信号，或者子载波 Miller 调制信号。读写器发出命令，选择编码方式。

（1）FM0 基带信号

FM0（双相间隔）编码的基本功能和发生器状态图如图 7-45 所示。FM0 在每个符号边界反转基带相位，数据 0 有一个附加的符号中间相位反转。

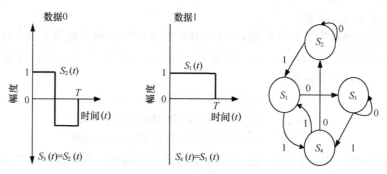

图 7-45　FM0 基本功能和发生器状态图

图 7-45 所示的状态图描绘场发送的 FM0 基本功能的逻辑数据序列。状态标记 $S_1 \sim S_4$ 表明 4 种可能的 FM0 编码符号，由 FM0 基本功能的两个相位表征。这些状态标记还表示传入状态后的 FM0 波形。状态转换的标签指示将被编码的数据序列的逻辑值。例如，从状态 S_2 转换到状态 S_3 是不允许的，因为由此产生的传输在符号边界上没有相位反转。图 7-45 所示的状态图不表示任何具体实现。

生成的基带 FM0 符号和序列如图 7-46 所示。在调制器输出所测得的 00 或 11 序列的占空比最低应为 45%，最高为 55%。标称值为 50%。FM0 编码具有记忆功能，因此图 7-46 中的 FM0 序列的选择取决于之前的传输，如图 7-47 所示，FM0 发信总以"dummy"数据 1 作为每次传输的结尾。

（2）FM0 帧头

标签到读写器的发信应以图 7-48 所示的两个帧头之一开始。具体选择哪个帧头，主要取决于启动该轮询周期的 Query 命令指定的 TRext 位的数值。图 7-48 中的"V"表示一个 FM0 违例（即应发生相位反转，但实际上却没有）。

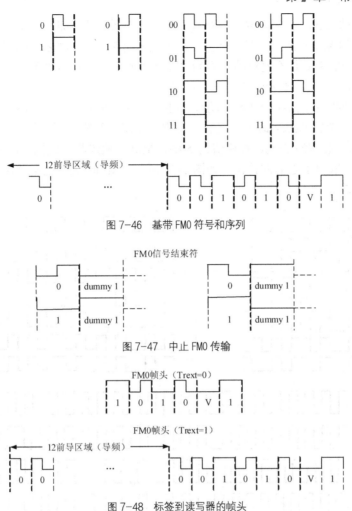

图 7-46　基带 FM0 符号和序列

图 7-47　中止 FM0 传输

图 7-48　标签到读写器的帧头

（3）Miller 调制副载波

Miller 编码的基本功能和发生器状态图如图 7-49 所示。基带 Miller 在序列中的两个数据 0 之间进行相位反转。基带 Miller 还在数据 1 符号的中间有一个相位反转。

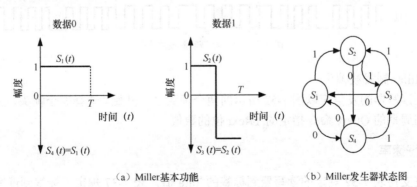

（a）Miller 基本功能　　　　　（b）Miller 发生器状态图

图 7-49　Miller 编码基本功能和发生器状态图

图 7-49 所示的状态图显示了逻辑数据序列到基带 Miller 基本功能的映射。$S_1 \sim S_4$ 状态标

记表明 4 种可能的 Miller 编码符号，包括 Miller 基本功能的两个相位表征。这些状态标签还表示传入状态后的 Miller 波形。状态转换的标签指示将被编码的数据序列的逻辑值。例如，从状态 S_1 转换到状态 S_3 是不允许的，因为由此产生的传输在符号 0 和 1 的边界上有相位反转。图 7-49 所示的状态图不表示任何具体实现。

Miller 调制副载波序列如图 7-49 所示。Miller 序列每位应包含 2、4 或 8 个副载波周期，取决于启动轮询周期的 Query 命令中规定的 M 值。在调制器输出所测得的 0 或 1 符号的占空比最低应为 45%，最高为 55%，标称值为 50%。Miller 编码具有记忆性，因此图 7-50 中的 Miller 序列的选择取决于之前的传输，如图 7-51 所示，Miller 发信总以"dummy"数据 1 作为每次传输的结尾。

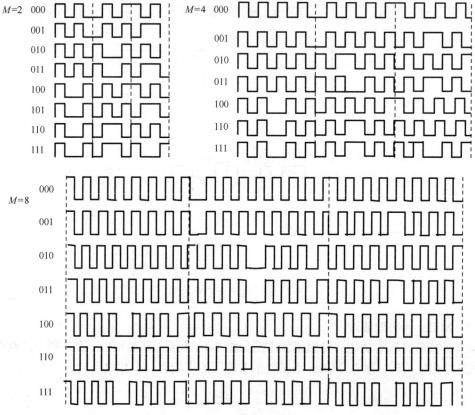

图 7-50 Miller 调制副载波序列

（4）Miller 副载波帧头

标签到读写器的发信应以图 7-52 所示的两个帧头之一开始。选择哪个帧头，主要取决于启动该轮询周期的 Query 命令指定的 TRext 位的数值。

3. 数据速率

标签应支持表 7-32 规定的读写器到标签的 Tara 值，表 7-37 规定了标签到读写器链路的频率和容限，表 7-38 规定了标签到读写器的数据速率。表 7-37 中的频率变化要求标签响应读写器命令的频偏和短期的频率变化。

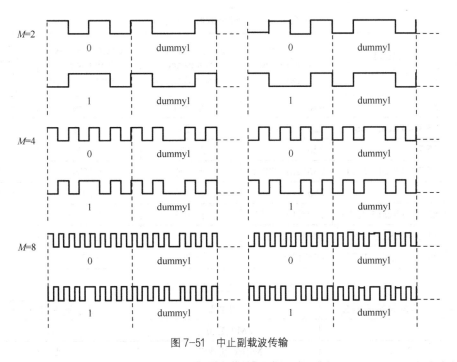

图 7-51 中止副载波传输

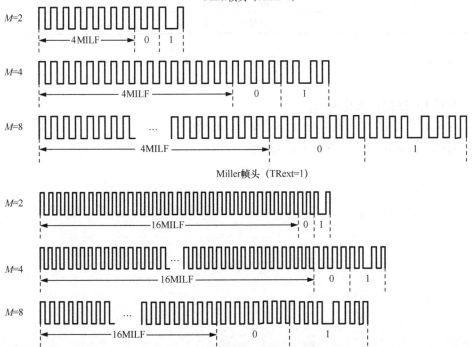

图 7-52 副载波标签到读写器的帧头

启动轮询周期的 Query 命令规定表 7-37 中的 DR 和表 7-38 中的 M；Query 命令前的帧头规定了 TRcal。DR、M、TRcal 和 LF 这 4 个参数结合在一起确定了轮询周期的反向散射频率、调制类型（FM0 或 Miller）和标签到读写器的速率。

表 7-37   标签到读写器链路的频率和容限

DR: Divide Ratio	TRcal (μs±1%)	LF:Link Frequency (kHz)	FT:Frequency Tolerance (nominal temp)	FT:Frequency Tolerance (extended temp)	Frequency Variation during backscalter
64/3	33.3	640	±15%	±15%	±2.5%
	33.3＜TRcal＜66.7	320＜LF＜640	±22%	±22%	±2.5%
	66.7	320	±10%	±15%	±2.5%
	66.7≤TRcal＜83.3	256≤LF＜320	±12%	±15%	±2.5%
	83.3	256	±10%	±10%	±2.5%
	83.3＜TRcal≤133.3	160≤LF＜256	±10%	±12%	±2.5%
	133.3＜TRcal≤200	107≤LF＜160	±7%	±7%	±2.5%
	200＜TRcal＜225	95≤LF＜107	±5%	±5%	±2.5%

表 7-38   标签到读写器的数据速率

M：每个符号副载波周期数	调制类型	数据速率（kbit/s）
1	FM0 基带	LF
2	Miller 副载波	LF/2
4	Miller 副载波	LF/4
8	Miller 副载波	LF/8

习 题 7

1. 列举 RFID 的标准化组织。
2. 对比紧耦合 IC 卡与疏耦合 IC 卡的联系和区别。
3. 对比三种通信模式，并找出它们的优点和缺点。

第 8 章 EPC 技术基础及相关技术

EPC 即产品电子代码，它是一种编码系统，EPC 的载体是 RFID 电子标签，并借助互联网来实现信息传递。EPC 体系主要由 RFID 技术、Internet 技术及 EPC 编码构成，包括各种硬件和服务性软件系统。本文将介绍 EPC 编码、EPC 系统的网络技术、对象名称解析服务和实际标记语言 PML。

8.1 EPC 基础知识

8.1.1 EPC 的基本概念

产品电子代码（Electronic Product Code，EPC）是一种编码系统，EPC 的载体是 RFID 电子标签，并借助互联网来实现信息传递。EPC 旨在为每一件单品建立全球的、开放的标识标准，实现全球范围内对单件产品的跟踪与追溯，从而有效提高供应链管理水平、降低物流成本。

8.1.2 EPC 编码体系

EPC 编码的一个重要特点就是：该编码是针对单品的，它的基础是 EAN.UCC，并在 EAN.UCC 基础上进行了扩充，根据 EAN.UCC 体系，EPC 编码体系也可分为以下 5 种。

（1）SGTIN：系列化全球贸易标识代码（Serialized Global Trade Identification Number）。

（2）SGLN：系列化全球位置代码（Serialized Global Location Number）。

（3）SSCC：系列化货运包装箱代码（Serial Shipping Container Code）。

（4）GRAI：全球可回收资产标识符（Global Returnable Asset Identifier）。

（5）GIAI：全球个人资产标识符（Global Individual Asset Identifier）。

8.1.3 EPC 系统的构成

EPC 系统是一个非常先进的、综合性的和复杂的系统。其最终目标是为每一个产品建立全球的、开放的标识标准。它由全球产品电子代码（EPC）体系、射频识别系统及信息网络系统三部分组成，主要包括 6 个方面，如表 8-1 所示。

表 8-1   EPC 系统的组成

系统构成	名称	注释
全球产品电子代码（EPC 的编码体系）	EPC 编码标准	识别目标的特定代码
射频识别系统	EPC 标签	贴在物品之上或者内嵌在物品之中
	阅读器	识读 EPC 标签
	Savant（神经网络软件）	EPC 系统的软件支持系统
信息网络系统	对象名解析服务（Object Naming Service，ONS）	物品及对象解析
	实体标记软件语言（Physical Markup Language, PML）	是一种通用的、标准的对物理实体进行进行描述的语言
	EPC 信息服务（EPCIS）	提供产品信息接口，采用可扩展标记语言（XML）描述信息

EPC 体系主要由 RFID 技术、Internet 技术及 EPC 编码构成，包括各种硬件和服务性软件系统。EPC 系统制定相关标准的目标是：在贸易伙伴之间促进数据和实物的交换，鼓励改革。

（1）全球化的标准：使得该框架可以适用在任何地方。

（2）开放的系统：所有的接口均按开放的标准来实现。

（3）平台独立性：该框架可以在不同软硬件平台上实现。

（4）可测量性和可延伸性：可以对用户的需求进行相应的配置，支持整个供应链；提供一个数据类型和操作的核心，以及为某种目的而扩展核心的方法；标准是可以扩展的。

（5）安全性：该框架被设计为可以全方位提升企业的操作安全性。

（6）私密性：该框架设计可以为个人和企业确保数据的保密性。

（7）工业结构和标准：该框架被设计为符合工业结构和标准并对其进行补充。

8.1.4　EPC 技术的优势

1. EPC 技术的好处

因为 EPC 网络实现了供应链中贸易项信息的真实可见性，让组织运作更具效率。确切地说，通过高效的、顾客驱动的运作，供应链中诸如贸易项的位置、数目等即时信息会保证组织对顾客需求做出更灵敏的反应。EPC 标签实现了自动的，无需在视线范围内的识别。这一技术有可能成为商品唯一识别的新标准，但它的实现必须靠市场和消费者的需求来推动。我们长期生活在条码和 EPC 标签共存的世界中。

2. EPC 网络的开发和商业化是一项全球性行动

EPC 网络从它诞生伊始就是一项全球性行动。在开发 EPC 网络的过程中，总部位于麻省理工学院的 Auto-ID 实验室做了以下工作：首先，主持在全球 5 个最重要的大学之间开展的研究。其次，得到了世界上 100 多家最主要的公司的赞助，这些公司代表了各行各业的不同需求和利益。

EPCglobal 秉承了 EAN.UCC 传统。而且，EAN 和 UCC 代表着世界范围内的 100 多个成员组织，这些成员组织拥有遍布 102 个国家的 100 多万成员。

3．EPC 网络能够为快速消费品以外的行业提供解决方案

当今在大多数行业中，已经有很多在供应链中如何实施 EPC 网络的成功案例。例如，纵观所有的垂直行业，EPC 网络带来的前景是：通过更加快速和准确的发货和收货流程来减少库存，降低分销成本，加快交货，并提高分拣和包装操作的效率。另一个例子是在医疗保健领域，通过更加准确的跟踪能力，EPC 网络有助于消灭假冒伪劣药品。在政府部门中，EPC 网络能为不同机构提供资产管理平台。此外，还有很多潜在可以使用 EPC 网络的场合。基于上述原因，如果 EPC 技术可以横跨整个垂直产业，EPCglobal 就鼓励不同组织利用这一有利条件获利。

8.1.5　EPCglobal 组织

2003 年 11 月 1 日，国际物品编码协会（EAN.UCC）正式接管了 EPC 在全球的推广应用工作，成立了 EPCglobal，负责管理和实施全球的 EPC 工作。EPCglobal 的成立为 EPC 系统在全球的推广应用提供了有力的组织保障。EPCglobal 旨在改变整个世界，搭建一个可以自动识别任何地方、任何事物的开放性的全球网络，即 EPC 系统，可以形象地称之为"物联网"。在物联网的构想中，RFID 标签中存储的 EPC 编码通过无线数据通信网络自动采集到中央信息系统，以实现对物品的识别，进而通过开放的计算机网络实现信息交换和共享，实现对物品的透明化管理。

1．EPCglobal 概述

EPCglobal 是一个中立的、非营利性标准化组织。EPCglobal 由 EAN 和 UCC 两大标准化组织联合成立，它继承了 EAN.UCC 与产业界近 30 年的成功合作传统。它负责 EPC 网络的全球化标准，以便更加快速、自动、准确地识别供应链中的商品。

EPCglobal 的主要职责是在全球范围内对各个行业建立和维护 EPC 网络，保证供应链各环节信息的自动、实时识别采用的是全球统一标准；通过发展和管理 EPC 网络标准来提高供应链上贸易单元信息的透明度与可视性，以此来提高全球供应链的运作效率。

2．EPCglobal 网络

EPCglobal 网络是实现自动即时识别和供应链信息共享的网络平台。通过 EPCglobal 网络，可提高供应链上贸易单元信息的透明度与可视性，以使各机构组织更有效地运行。通过整合现有信息系统和技术，EPCglobal 网络将提供对全球供应链上贸易单元即时准确地自动识别与跟踪。

3．EPCglobal 服务

EPCglobal 可为期望提高其有效供应链管理的企业提供下列服务。

（1）分配、维护和注册 EPC 管理者代码。

（2）对用户进行 EPC 技术和 EPC 网络相关内容的教育与培训。

（3）参与 EPC 商业应用案例实施和 EPCglobal 网络标准的制定。

（4）参与 EPCglobal 网络、网络组成、研究开发和软件系统等规范的制定和实施。

（5）引领 EPC 研究方向。

（6）认证与测试。

（7）与其他用户共同进行试点和测试。

4. EPCglobal 系统成员

EPCglobal 系统成员大体分为两类：终端成员和系统服务商。终端成员包括制造商、零售商、批发商、运输企业和政府组织。一般来说，终端成员就是在供应链中有物流活动的组织。而系统服务商是指那些给终端用户提供供应链服务的组织机构，包括软件和硬件厂商、系统集成商和培训机构等。EPCglobal 在全球拥有上百家成员。

5. EPCglobal 管理架构

（1）EPCglobal 管理委员会：由来自 UCC、EAN、MIT、终端用户和系统集成商的代表组成。

（2）EPCglobal 主席：对全球官方议会组和 UCC 与 EAN 的 CEO 负责。

（3）EPCglobal 员工：与各行业代表合作，促进技术标准的提出与推广、管理公共策略、开展推广和交流活动并进行行政管理。

（4）架构评估委员会（ARC）：作为 EPCglobal 管理委员会的技术支持，向 EPCglobal 主席做出报告，从整个 EPCglobal 的相关架构来评价和推荐重要的需求。

（5）商务推动委员会（BSC）：针对终端用户的需求及实施行动来指导所有商务行为组和工作组。

（6）国家政策推动委员会（PPSC）：对所有行为组和工作组的国家政策发布（如安全隐私等）进行筹划和指导。

（7）技术推动委员会（TSC）：对所有工作组从事的软件、硬件和技术活动进行筹划与指导。

（8）行动组（商务与技术）：规划商业和技术愿景，以促进标准发展进程。商务行动组明确商务需求，汇总所需资料并根据实际情况，使组织对事务达成共识。技术行动组以市场需求为导向促进技术标准的发展。

（9）工作组：是行动组执行其事务的具体组织。工作组是行动组的下属组织（可能其成员来自多个不同的行动组），经行动组的许可，组织执行特定的任务。

（10）Auto-ID 实验室：由 Auto-ID 中心发展而成，总部设在美国麻省理工学院，与其他 5 所学术研究处于世界领先的大学通力合作研究和开发 EPCglobal 网络及其应用。这 5 所大学分别是：英国剑桥大学、澳大利亚阿德莱德大学、日本庆应大学、中国复旦大学和瑞士圣加伦大学。Auto-ID 中心以美国麻省理工学院（MIT）为领队，在全球拥有实验室。Auto-ID 中心构想了物联网概念，这方面的研究得到 100 多家国际大公司的通力支持。通过 EPCglobal 网络，企业可以更高效弹性地运行，可以更好地实现基于用户驱动的运营管理。

6. EPCglobal 提供（相关的）教育或者培训

EPCglobal China 将为 EPC 网络提供广泛的应用和技术支持，其中包括全国范围各个产业全球化的技术和应用标准、教育和培训。

8.2 EPC 编码

EPC 编码是 EPC 系统的重要组成部分，它是指实体及实体的相关信息进行代码化，通过统一并规范化的编码建立全球通用的信息交换语言。

EPC 编码是 EAN.UCC 在原有系统编码体系基础上提出的，是新一代全球统一标识编码系统，是对现行编码体系的补充。它与 EAN.UCC 编码兼容。在 EPC 系统中，EPC 编码与现行 GTIN 相结合，因此 EPC 并没有取代现行的条码标准，而是现行的条码标准逐渐过渡到 EPC 标准或者是在未来的供应链中由 EPC 和 EAN.UCC 系统共存。

8.2.1 EPC 编码原则

1. 唯一性

EPC 提供对实体对象的全球唯一标识，一个 EPC 编码标识只标识一个实体对象。为了确保实体对象的唯一标识实现，EPCglobal 采取以下措施。

（1）足够的编码容量

EPC 编码冗余度如表 8-2 所示。从世界人口总数（大约 60 亿）到大米总粒数（粗略估计为 1 亿亿粒），EPC 有足够大的地址空间来标识所有这些对象。

表 8-2   EPC 编码冗余度

比特数	唯一编码	对象
23	6.0×10^6/年	汽车
29	5.6×10^6/年，使用中	计算机
33	6.0×10^9/年	人口
34	2.0×10^{10}/年	剃刀刀片
54	1.3×10^{16}/年	大米粒数

（2）组织保证

必须保证 EPC 编码分配的唯一性并寻求解决编码冲突的方法。EPCglobal 通过全球各国组织来负责分配各国的 EPC 编码，并建立了相应的管理制度。

（3）使用周期

对于一般实体对象，使用周期和实体对象的生命周期一致；对于特殊产品，EPC 编码的使用周期是永久的。

2. 简单性

EPC 的编码既简单，又能提供实体对象的唯一标识。以往的编码方案很少能被全球各国行业广泛采用，原因之一是编码复杂，导致不适用。

3. 可扩展性

EPC 编码留有备用空间，具有可扩展性。也就是说，EPC 的地址空间是可发展的，具有足够的冗余，确保了 EPC 系统的升级和可持续发展。

4．保密性与安全性

EPC 编码与安全和加密技术相结合，具有高度的保密性与安全性。保密性与安全性是配置高效网络的首要问题之一，安全的传输、存储和实现是 EPC 能够被广泛采用的基础。

8.2.2　EPC 编码关注的问题

1．生产厂商和产品

目前世界上的公司估计超过 2 500 万家，考虑今后的发展，10 年内这个数目有望达到 3 900 万家，因此，EPC 编码中的厂商代码必须具有一定的容量。

2．内嵌信息

在 EPC 编码中不应嵌入有关的其他产品，如货品重量、尺寸、有效期、目的地等。

3．分类

分类是指对具有相同特征和属性的实体进行的管理和命名，这种管理和命名的依据不涉及实体的固有特征和属性，通常是管理者的行为。例如，一罐颜料在制造商那里可能被当成库存资产，在运输商那里可能是"可堆叠的容器"，回收商则可能认为它是有毒的废品。在各个领域，分类是具有相同特点物品的集合，而不是物品的特有属性。

4．批量产品编码

应给批次内的每一样产品分配唯一的 EPC 编码，也可将该批次视为一个单一的实体对象，分配一个批次的 EPC 编码。

5．载体

EPC 是 EPC 编码存储的物理媒介，所有载体的成本与数量呈反比。EPC 要想广泛采用，就必须尽最大可能降低成本。

8.2.3　EPC 编码结构

EPC 中码段由 EAN.UCC 来管理。在我国，EAN.UCC 系统中的 GTIN 编码由中国物品编码中心负责分配和管理。同样，ANCC 也已启动 EPC 服务来满足国内企业使用的 EPC 的需求。

EPC 编码是由一个版本加上另外三段数据（一次为域名管理、对象分类、序列号）组成的一组数字。其中版本号标识了 EPC 的版本号，它使得 EPC 随后的码段可以有不同的长度；域名管理用于描述与此 EPC 相关的生产厂商的信息。EPC 编码的具体结构如表 8-3 所示。

表 8-3　　　　　　　　　　　　EPC 编码的具体结构

编码	类型	版本号	域名管理	对象分类	序列号
	TYPE Ⅰ	2	21	17	24
EPC-64	TYPE Ⅱ	2	15	13	34
	TYPE Ⅲ	2	26	13	23

续表

编码	类型	版本号	域名管理	对象分类	序列号
EPC-69	TYPE Ⅰ	8	28	24	36
EPC-256	TYPE Ⅰ	8	32	56	160
	TYPE Ⅱ	8	64	56	128
	TYPE Ⅲ	8	128	56	64

8.2.4　EPC 编码类型

目前，EPC 编码有 64 位、96 位和 256 位 3 种。为了保证所有物品都有一个 EPC 编码并使其载体（标签）的成本尽可能降低，建议采用 96 位，这样其数目可以为 2.68 亿个公司提高唯一标识，每个生产商可以有 1 600 万个对象种类并且每个对象种类可以有 680 亿个序列号，这对未来世界所有产品来说已经足够用了。

由于当前不需使用那么多序列号，所以只采用 64 位 EPC，这样会进一步降低标签成本。但是随着 EPC-64 和 EPC-96 版本的不断发展，EPC 编码作为一种世界通用的标识方案已经不足以长期使用，由此出现了 256 位编码。至今已推出 EPC-96I 型、EPC-64I 型、Ⅱ型、Ⅲ型、EPC-256I 型、Ⅱ型、Ⅲ型等编码方案。

1. EPC-64 码

目前研制了以下三种类型的 64 位 EPC 编码。

（1）EPC-64I 型

如图 8-1 所示，EPC-64I 型编码提供了 2 位版本号编码、21 位管理者编码（即 EPC 域名管理）、17 位对象分类（库存单元）和 24 位序列号。该 64 位 EPC 编码包含最小的标识码。因此 21 位管理者分区会允许 200 万个组使用该 EPC-64 码。对象种类分区可以容纳 131 072个库存单元，远远超过 UPC 所能提供的，这样可以满足绝大多数公司的需求。24 位序列号可以为 1 600 万件单品提供空间。

EPC-64 Ⅰ型			
1 .	XXXX .	XXXX .	XXXXXXXXX
版本号	EPC域名管理	对象分类	序列号
2位	21位	17位	24位

图 8-1　EPC-64 Ⅰ型

（2）EPC-64Ⅱ型

除了 EPC-64 Ⅰ型，还可采用其他方案来满足更大范围的公司、产品和序列号的需求。建议采用 EPC-64Ⅱ型（见图 8-2）来迎合众多产品及对价格反应敏感的消费品生产者。

那些产品数量超过 2 万亿并且想要申请唯一产品标识的企业，可以采用 EPC-64Ⅱ方案。采用 34 位的序列号，最多可以标识 17 179 869 184 件不同产品。与 13 位对象分类区结合（允许最多达 8 192 库存单元），每一个工厂有 140 737 488 355 328 或者超过 140 万亿不同的单品编号，这远远超过了世界上最大的消费品生产商的生产能力。

EPC-64 Ⅱ型			
2 .	XXXX .	XXXX .	XXXXXXXXX
版本号	EPC域名管理	对象分类	序列号
2位	15位	13位	34位

图 8-2　EPC-64 Ⅱ型

（3）EPC-64Ⅲ型

除了一些大公司和正在应用 UCC.EAN 编码标准的公司外，为了推动 EPC 的应用，很多企业打算将 EPC 扩展到更加广泛的组织和行业，希望通过扩展分区模式来满足小公司、服务行业和组织的应用。因此，除了扩展单品编码的数量，就像 EPC-64 那样，也会增加可以应用的公司数量来满足需求。

把管理者分区增加到 26 位，如图 8-3 所示，采用 64 位 EPC 编码可以提供多达 67 108 864个公司表示。6 700 万个号码已经超出世界公司的总数，因此现在已经足够用了。我们希望更多公司采用 EPC 编码体系。

EPC-64Ⅲ型			
3 .	XXXX .	XXXX .	XXXXXXXXX
版本号	EPC域名管理	对象分类	序列号
2位	26位	13位	23位

图 8-3　EPC-64Ⅲ型

采用 13 位对象分类分区，可以为 8 192 种不同种类的物品提供空间。序列号分区采用 2位编码，可以为超过 800 万的商品提供空间，因此对于 6 700 万个公司，每个公司允许对超过 680 亿（$2^{36}=68\ 719\ 476\ 736$）的不同产品采用此方案进行编码。

2．EPC-96 码

EPC-96 码（见图 8-4）的设计目的是成为一个公开的物品标识代码。它的应用类似如目前统一的产品代码（UPC），或者 UCC.EAN 的运输集装箱代码。

EPC-96 Ⅰ型			
0 1 .	0000A89 .	00016F .	000169DCD
版本号	EPC域名管理	对象分类	序列号
8位	28位	24位	38位

图 8-4　EPC-96 Ⅰ码

　　EPC 域名管理负责在其范围内维修对象分类代码和序列号，它必须保证对 ONS 可靠的操作，并负责维护和公布相关的产品信息。域名管理的区域占据 28 个数据位，允许大约 2.68 亿家制造商，这超出了 UPC-12 单位 10 万个和 EAN-13 的 100 万个制造商的容量。

　　对象分类字段在 EPC-96 码中占 24 位。这个字段能容纳当前所有的 UPC 库存单元的编码。序列号字段则是单一货品识别的编码。EPC-96 序列号对所有的同类对象提供 36 位的唯一标识号，其容量为 2^{28}=68 719 476 736，与产品代码相结合，该字段将为每个制造商提供 1.1*1 028 个唯一的项目编码，这超出了当前所有已标识产品的总容量。

3．EPC-256 码

　　EPC-96 和 EPC-64 码是为物理实体标识符的短期使用而设计的。在原有表示方式的限制下，EPC-64 和 EPC-96 码版本的不断发展使得 EPC 编码作为一种世界通用的标识方案已经不足以长期使用。更长的 EPC 编码表示方式一直以来就广受期待并酝酿已久。

　　256 位 EPC 是为满足未来使用 EPC 编码的应用需求而设计的。因此未来应用的具体要求还无法准确知道，所以 256 位 EPC 版本必须可以扩展，以便不限制未来的实际应用。多个版本就提供了这种可扩展性。

　　EPC-256 I 型、II 型和III型的位分配情况分别如图 8-5～图 8-7 所示。

EPC-256 I 型			
1 .	XXXXXXX .	XXXX .	XXXXXX
版本号	EPC域名管理	对象分类	序列号
8位	32位	56位	160位

图 8-5　EPC-256 I 型

EPC-256 II 型			
2 .	XXXXXXX .	XXXX .	XXXXXX
版本号	EPC域名管理	对象分类	序列号
8位	64位	56位	128位

图 8-6　EPC-256 II 型

　　同时，EPC 编码兼容了大量现存的编码，我国的全国产品和服务代码（NPC）也可以转化到 EPC 编码结构之中。

EPC-256 III型			
3 .	XXXXXXX .	XXXX .	XXXXXX
版本号	EPC域名管理	对象分类	序列号
8位	128位	56位	64位

图 8-7　EPC-256 III型

8.2.5 EPC 编码数据结构

EPC 编码数据结构标准规定了 EPC 数据结构的特征，格式，现有的 EAN.UCC 系统中的 GTIN、SSCC、GLN、GRAI、GIAI、GSRN 及 NPC 与 EPC 编码的转换方式。

EPC 编码数据结构标准适用于全球和国内物流供应链各个环节的产品（物品、贸易项目、资产、位置等）与服务等的信息处理和信息交换。

1. EPC 编码数据结构表示

EPC 编码数据结构的通用结构由一个分层次、可变长度的标头及一系列数字字段组成（见图 8-8），代码的总长、结构和功能完全由标头的值决定。

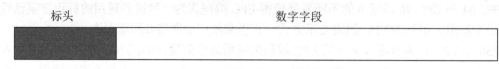

图 8-8　EPC 编码数据结构的通用结构

标头定义了总长、识别类型（功能）和 EPC 编码结构，包括它的滤值（如果有）。标头具有可变长度，使用分层的方法，其中每一层 0 值指示标头是从下一层抽出来的。对规范（V1.1）中制定的编码来说，标头是 2 位或者 8 位的。假定 0 值保留来指示一个标头在下面较长层中，则 2 位的标头有 3 个可能的值（01、10 和 11，不是 00），8 位标头可能有 63 个可能的值（标头前两位必须是 00，而 00000000 保留，以允许使用长度大于 8 位的标头）。

标头值的分配规则已经出台，这使得标签长度很容易通过检查标头的最左（或称为"序码"）几个比特被识别出来。此外，标头值设计目标在于对每个标签长度尽可能有较少的序码，理想为 1 位，最好不要超过 2 位或 3 位。设计标签长度目的是提醒我们如果可能，应避免采用那些允许非常少标头字段值的序码（如表 8-4 所示）。设计这个序码到标签长度的目的是让 RFID 阅读器可以很容易确定标签长度。

表 8-4　产品电子编码

标头字段值（二进制数）	标签长度（比特）	EPC 编码方案
01	64	[64 位保留方案]
10	64	SGTIN-64
1100 0000 …… 1100 1101	64	[64 位保留方案]
1100 1110	64	DOD-64
1100 1111 …… 1111 1111	64	[64 位保留方案]
0000 0001	na	[1 个保留方案]
0000 001×	na	[2 个保留方案]
0000 01××	na	[3 个保留方案]
0000 1000	64	SSCC-64

续表

标头字段值（二进制数）	标签长度（比特）	EPC 编码方案
0000 1001	64	GIN-64
0000 1010	64	GRAI-64
0000 1011	64	GIAI-64
0000 1100 …… 0010 1110	64	[4 个 64 位保留方案]
0001 0000 …… 0010 1110	na	[31 个保留方案]
0010 1111	—	DOD-96
0011 0000	—	SGTIN-96
0011 0001	—	SSCC-96
0011 0010	—	GLN-96
0011 0100	—	GRAI-96
0011 0011	—	GIAI-96
0011 0101	—	GID-96
0011 0110 …… 0011 1111	96	[10 个 96 位保留方案]
0000 0000…	—	[为未来标头字段长度，大于 8 位保留]

当前已分配的标头是这样的一个标签：如果标头前两位非 00 或前 5 位为 00001，则可以推断该标签是 64 位；否则指示该标签为 96 位。而未分派的标头以便以后扩展应用。

某些序码目前与某个特定长度不绑定在一起，这样为规范之外的其他标签的长度选择留下余地，尤其是对那些能够包含更长编码方案的标签而言，如唯一 ID（UID），它被美国国防部的供应商所推崇。

2. 通用标识符 GID-96

EPC 编码标准定义了一种通用标识类型。该通用标识符（GID-96）定义为 96 位的 EPC 编码，它不依赖任何已知的、现有的规范或标识方案。该通用标识由 3 个字段组成：通用管理者代码、对象分类代码和序列码。它还包括第四个字段标头，以保证 EPC 命名空间的唯一性，如表 8-5 所示。

表 8-5　　　　　　　　　　　通用标识符（GID-96）

	标头	通用管理者代码	对象分类代码	序列号
GID-96	8	28	24	36
	0011 0101 （二进制值）	268435455 （最大十进制值）	16777215 （最大十进制值）	68719476735 （最大十进制值）

通用管理者代码标识一个组织实体（本质上为一个公司、管理者或其他管理者）。负责维持后继字段的编码对象分类代码和序列号。EPCglobal 分配普通管理者代码给实体，以确保每一个通用管理者代码是唯一的。

对象分类代码被 EPC 管理实体用来识别一个物品的种类或"类型"。当然，这些对象分类代码在每一个通用管理者代码之下必须是唯一的。对象分类的例子包含消费性包装品（CPG）的库存单元（SKU）或高速公路系统中的不同结构，如交通标志、灯具、桥梁，这些都可以看作一个实体。序列号编码或序列号在每一个对象分类之内是唯一的。换句话说，管理实体负责为每一个对象分类分配唯一的、不重复的序列号。

3. 商品条码系统识别类型

商品条码代码有一个共同结构，由 EAN.UCC 代码、厂商代码及产品序列号，并加上一个额外的"校验位"组成，校验位由其他位通过算法计算得来的。

EPC 编码中的厂商识别代码部分和剩下的位之间有清楚的划分，每一位都单独编码成二进制码。因此，从一个系统的 EAN.UCC 系统代码的十进制表现形式进行转换并对 EPC 编码时，需要了解厂商识别代码长度方面的知识。

EPC 编码不包括校验位，因此，从 EPC 编码到传统的十进制表示代码的转化需要根据其他的位重新计算校验位。

（1）序列化全球贸易标识代码（SGTIN）

SGTIN 是一种新的标识类型，它基于 EAN.UCC 通用规范中的 EAN.UCC 全球贸易项目代码（GTIN）。一个单独的 GTIN 不符合 EPC 纯标识中的定义，因为它不能唯一标识一个具体的物理对象，GNIT 只能标识一个特定的对象类，如一个特定产品类或 SKU。

所有 SGTIN 表示法支持 14 位 GNIT 格式，这就意味着在前面增加一位指示位，在 UCC-12 厂商识别代码以 0 开头和 EAN/UCC-13 零指示位，都能够编码并能从一个 EPC 编码中精确说明。EPC 现在不支持 EAN/UCC-8，但是支持 14 位 GTIN 格式。

为了给单个对象创造一个唯一的标识符，GTIN 增加了一个序列号，管理实体负责分配唯一的序列号给单个对象分类。GTIN 和唯一序列号的结合，称为一个序列化 GTIN，即 SGTIN。

SGTIN 由以下信息元素组成。

① 厂商识别代码：由 WAN 或 UCC 分配给管理实体。厂商识别代码在一个 EAN.UCCGTIN 十进制编码内与厂商识别代码位相同。

② 项目代码：由管理实体分配给一个特定对象分类。EPC 编码中的项目代码从 GTIN 中获取，是通过连接 GTIN 的指示位和项目代码位作为整数的。

③ 序列号：由管理实体分配给一个单元对象。序列号不是 GTIN 的一部分，但正式成为 SGTIN 的组成部分。

图 8-9 为从十进制的 SGTIN 部分抽取、重整、扩展字段进行编码。

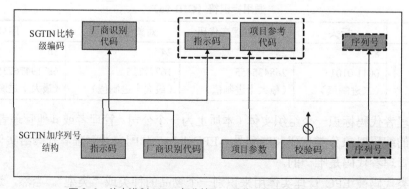

图 8-9 从十进制 SGTIN 部分抽取、重整、扩展字段进行编码

SGTIN 的 EPC 编码方案允许 EAN、UCC 系统标准 GTIN 和序列号直接嵌入 EPC 标签。在任何情况下，校验位都不进行编码。

除了标头之外，SGTIN-96 还包括 5 个字段：滤值、分区、厂商识别代码、贸易项代码和序列号，如表 8-6 所示。

表 8-6   **SGTIN-96 的数据结构**

	标头	滤值	分区	厂商识别代码	贸易项代码	序列号
	8	3	3	20～40	24～4	38
SGTIN-96	0011 0000（二进制值）	（参照表 8-7）	（参照表 8-7）	999 999～999 999 999 999（最大十进制范围）	9 999 999～9（最大十进制范围）	274 877 906 943（最大十进制）

滤值不是 GTIN 或者 EPC 标识符的一部分，而是用来快速过滤和预选基本物流类型。64 位和 96 位 SGTIN 的滤值相同，如表 8-7 所示。

表 8-7   **SGTIN 的滤值**

类型	二进制
所有其他	000
零售消费者贸易项	001
标准贸易项目组合	010
单一货运/消费者贸易项目	011
保留	100
保留	101
保留	110
保留	111

分区指示随后的厂商识别代码和贸易项代码的分开位置。这个结构与 EAN.UCC GTIN 中的结构匹配。在 EAN.UCC GTIN 中，贸易项目代码（加唯一的代码）共 13 位。厂商识别代码在 12 位到 6 位之间变化，贸易项目代码（包括单一指示位）在 7 位到 1 位之间变化。分区的可用值及厂商识别代码和贸易项参考代码字段的相关大小在表 8-8 由大到小。

表 8-8   **SGTIN-96 的分区**

分区值	厂商识别代码		贸易项参考代码和指示位数字	
	二进制	十进制	二进制	十进制
0(000)	40	12	4	1
1(001)	37	11	7	3
2(010)	34	10	10	3
3(011)	30	9	14	4
4(100)	27	8	17	5
5(101)	24	7	20	6
6(110)	20	6	24	7

厂商识别代码包含 EAN.UCC 厂商识别代码的一个逐位编码。贸易项代码包含 GTIN 贸易项代码的一个逐位编码，对于已指示位与贸易项代码字段，例如，00235 与 235，是不同的。

如果指示位为 1，结合 00235，则结果为 100235。结果组合成一个整数，编码成二进制作为贸易项代码字段。

序列号包含一个连续的数字。这个连续数字的容量小于 EAN，UCC 系统规范序列号的最大值，而且在这个连续的序列号中只包含数字。

（2）系列货运包装箱代码（SSCC）

EAN.UCC 通用规范中给出了 SSCC 的定义。与 GTIN 不同的是，SSCC 已经设计为分配给每个对象，因此它不需要任何附加字段而作为一个 EPC 纯标识使用。

注意：当储存在数据库时，SSCC 过去的许多应用要在 SSCC 标识字段中包括应用标识符（00）。这不是一个标准的要求，但被人们广为实行。应用标识符是条码应用中的一种头标，能够从表现 SSCC 的 EPC 标头直接推断出来。换句话说，一个 SSCC EPC 能够根据需要选择是否把包括（00）作为 SSCC 标识符的这一部分也转换过来。

SSCC 由以下信息元素组成。

① 厂商识别代码：由 EAN 或 UCC 分配给一个实体。厂商识别代码与一个 EAN.UCC SSCC 十进制编码中的厂商识别代码位相同。

② 系列代码：由管理实体分配给明确的货运单位。EPC 编码中的系列代码从 SSCC 中获取，并且是通过连接 SSCC 的扩展位和系列代码位来作为一个整体的。

图 8-10 为从十进制的 SSCC 部分抽取字段并重新进行编码。

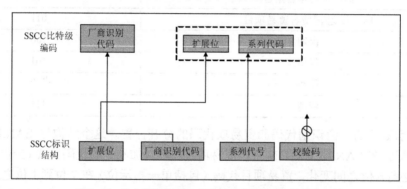

图 8-10　从十进制的 SSCC 部分抽取字段并重新进行编码

SSCC 的 EPC 编码允许 EAN.UCC 系统标准 SSCC 代码直接嵌入 EPC 标签中。在任何情况下，校验位不进行编码。

SSCC-96：除了一个标头之外，SSCC-96 还包括 5 个字段：滤值、分区、厂商识别代码、贸易项代码和序列号，如表 8-9 所示。

表 8-9　　　　　　　　　　　　　　SSCC-96 的数据结构

	标头	滤值	分区	厂商识别代码	贸易项代码	序列号
SSCC-96	8	3	3	20～40	38～18	24
	0011 0001（二进制值）	（参照表 8-10）	（参照表 8-11）	999 999～999 999 999（最大十进制范围）	99 999 999 999～99 999（最大十进制范围）	未使用

滤值不是 SSCC 和 EPC 标识符的一部分，而是用来加快过滤和预选基本物流类型，如箱子和托盘。SSCC 的滤值如表 8-10 所示。

表 8-10　　　　　　　　　　　　　　　　　　SSCC 的滤值

类型	二进制
所有其他	000
未定义	001
物流/货运单元	010
保留	011
保留	100
保留	101
保留	110
保留	111

　　分区指示随后的厂商识别代码和序列代码的分开位置。这个结构与 EAN.UCC SSCC 中的结构匹配。在 EAN.UCC SSCC 中，序列代码加厂商识别代码（包括单一扩展位）共 17 位，厂商识别代码在 6 位到 12 位之间变化，序列代码在 11 位到 15 位之间变化。表 8-11 给出了分区值、相关厂商识别代码长度、序列识别代码和扩展位。

表 8-11　　　　　　　　　　　　　　　　　　SSCC-96 的分区

分区值	厂商识别代码		序列代码和扩展位	
	二进制	十进制	二进制	十进制
0	40	12	18	5
1	37	11	21	6
2	34	10	24	7
3	30	9	28	8
4	27	8	31	9
5	24	7	35	10
6	20	6	38	11

　　序列代码对每一个实体而言是一个唯一的数字，它由序列代码和扩展位组成。扩展位与序列代码字段，应注意以下形式：序列代码中以 0 开头很重要，一般把扩展位放在这个字段最左边的可用位置上。例如，000042235 和 42235 是不同的，扩展位 1 与 000042235 结合为1000042235 后看成一个单一整数，编码成二进制得到序列字段。为了避免难以管理的、大的、无规范的序列代码，序列代码不能超过 EAN.UCC 规范中说明的大小。

　　（3）序列化全球位置码（SGLN）

　　EAN.UCC 通用规范中定义 GLN 标识一个不连续的、唯一的物理位置（如一个码头门口或一个仓库箱位），或标识一个集合物理位置（如一个完整的仓库）。此外，一个 GLN 能够代表一个逻辑实体，如一个执行某个业务功能（如下订单）的实体是为"机构"。正因为如此，EPC GLN 考虑仅仅用于 GLN 物理位置的子类型，序列号字段保留，不应当使用，除非EAN.UCC 协会决定了合适的用处，如果需要，EPC 编码系统将用来扩展 GLN.

　　SGLN 由以下信息元素组成。

　　① 厂商识别代码：由 EAN 或 UCC 分配给管理实体。厂商识别代码与 EAN.UCC GLN十进制编码中的厂商识别代码位相同。

② 位置参考代码：由管理实体唯一分配给一个实体或具体的物理位置。

③ 序列号：由管理实体分配给一个个体的唯一地址。

在 EAN.UCC 通用规范给出规范之前，序列号不应该使用。

在 EPC 编码方案中，对于 GLN 的编码，允许直接把 EAN.UCC 系统标准 GIL 嵌入中。序列号字段不再使用。在很多情况下，还没有对校验位进行编码。

SGLN-96：SGLN-96 由标头、滤值、分区、厂商识别代码、贸易项代码和序列号 6 部分组成，如表 8-12 所示。标头共 8 位，其二进制位 00110010。

表 8-12   SGLN-96 的数据结构

	标头	滤值	分区	厂商识别代码	贸易项代码	序列号
	8	3	3	20～40	21～1	41
SGLN-96	00110010（二进制值）	（参照表9-13）	（参照表9-14）	9 999 999～999 999 999 999（最大十进制范围）	9 999 999 ～0（最大十进制范围）	2 199 023 255 551（最大十进制值）[未使用]

注：厂商识别代码和位置参考代码字段的最大十进制范围根据分区字段内容的不同而变化，厂商识别代码包括 EAN.UCC 厂商识别代码的逐位编码；位置参考代码是对 GLN 位置参考代码的编码；滤值不是 GLN 或 EPC 识别符的一部分，而是用于快速过滤和预选基本资产类型，如表 8-13 所示。

表 8-13   SGLN 的滤值

类型	二进制值
所有其他	000
保留	001
保留	010
保留	011
保留	100
保留	101
保留	110
保留	111

图 8-11 为从十进制的 SGLN 部分抽取字段并重新进行编码。

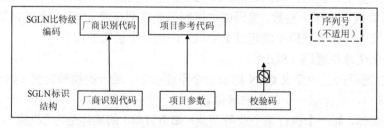

图 8-11   从十进制的 SGLN 部分抽取字段并重新进行编码

分区表明其后的厂商识别代码和位置参考代码的划分位置。这样结构与 EAN.UCC GLN 中的结构匹配。在 EAN.UCC GLN 中，位置参考代码加厂商识别代码共 12 位，厂商识别代码在 6 位和 12 位之间变化，位置参考代码在 0 位和 6 位之间变化。分区的可用值、厂商识别代码和位置参考代码字段的大小在表 8-14 中做了规定。序列号包含一系列数字。注意：序列号字段是预留的，不能使用，除非 EAN.UCC 用它扩展 GLN。

表 8-14   **SSCC-96 的分区**

分区值	厂商识别代码		位置参考代码	
	二进制	十进制	二进制	十进制
0	40	12	1	0
1	37	11	4	1
2	34	10	7	2
3	30	9	11	3
4	27	8	14	4
5	24	7	17	5
6	20	6	21	6

（4）全球可回收资产标识符（GRAI）

EAN.UCC 通用规范中对全球可回收资产标识符（GRAI）进行了定义。与 GTIN 不同的是，GRAI 是为单品分配，因此不需要任何添加字段用作 EPC 纯标识。GRAI 包含以下部分。

① 厂商识别代码：由 EAN 或 UCC 分配给管理实体，该厂商识别代码与 EAN.UCC GRAI 十进制码中的厂商识别代码的数字数目位相同。

② 资产类型：是由管理实体分配给资产的某个特定的类型。

③ 序列号：由管理实体分配给单个对象。EPC 表示法只能用于描述 EAN.UCC 通用规范中规定的序列号子集。特别地，只有那些具有一个或多个数字、非零开头的序列号可以使用。

图 8-12 为从十进制的 GRAI 的每部分抽取字段并重置。

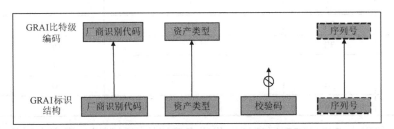

图 8-12　从十进制的 GRAI 的每部分抽取字段并重置

EPC 对 GRAI 的编码方案允许将 EAN.UCC 系统标准 GRAI 直接嵌入 EPC 标签中。但在大多数情况下，没有对校验位编码。

GARI-96：GARI-96 由标头、滤值、分区、厂商识别代码、贸易项代码和序列号 6 部分组成，如表 8-15 所示。

表 8-15   **EPC GRAI-96 的数据结构**

	标头	滤值	分区	厂商识别代码	贸易项代码	序列号
	8	3	2	20～40	24～4	38
GRAI-96	00110010 （二进制值）	（值参照 表 8-16）	（值参照 表 8-17）	9 999 999～999 999 999 999（最大十进制范围）	9 999 999～0 （最大十进制 范围）	274 877 906 943（最大十 进制值）

滤值不是 GARI 或 EPC 标识符的一部分，而是用于快递过滤和预选基本资产类型，目前

尚未最终确定，如表 8-16 所示。

表 8-16   GRAI 的滤值（非规范）

类型	二进制值
所有其他	000
保留	001
保留	010
保留	011
保留	100
保留	101
保留	110
保留	111

分区用来表示后面的厂商识别代码和资产类型代码的划分位置。其结构与 EAN.UCC GRAI 中的结构匹配。在 EAN.UCC GLN 中，资产类型代码共 12 位，厂商识别代码在 6 位和 12 位之间变化，资产类型在在 0 位和 6 位之间变化，分区的可用值、厂商识别代码和资产类型字段大小如表 8-17 所示。

表 8-17   SSCC-96 的分区

分区值	厂商识别代码		资产类型	
	二进制	十进制	二进制	十进制
0	40	12	4	0
1	37	11	7	1
2	34	10	10	2
3	30	9	14	3
4	27	8	17	4
5	24	7	20	5
6	20	6	24	6

厂商识别代码由 EAN.UCC 厂商识别代码直接逐位编码而成；资产类型是对 GRAI 资产类型代码的编码；序列号由一系列数字组成。EPC 表示法只能描述用于 EAN.UCC 通用规范中的序列号子集，序列号的容量小于 EAN.UCC 系统规范中的序列号最大值。序列号由非零开头的数字组成。

（5）全球单个资产标识符（GIAI）

EAN.UCC 通用规范定义了 GIAI。与 GTIN 不同的是，GIAI 原来就设计用于单品，因此不需要任何添加字段用作 EPC 的纯标识使用。GIAI 由以下信息组成。

① 厂商识别代码：由 EAN.UCC 分配给公司实体，该厂商识别代码与 EAN.UCC GIAI 十进制码中的厂商识别代码的数量相同。

② 单个资产参考代码：由管理实体唯一地分配给某个具体的资产。EPC 表示法只能用于描述 EAN.UCC 通用规范中规定的单个资产参考代码。需要特别指出的是，只有那些具有一个或多个数字、非零开头的单个资产项目代码可以使用。

图 8-13 为从十进制的 GIAI 的每部分抽取字段并重置。

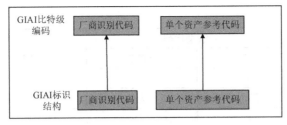

图 8-13　从十进制的 GIAI 的每部分抽取字段并重置

EPC 关于 GIAI 的编码方案允许将 EAN.UCC 系统标准 GIAI 直接嵌入在 EPC 标签中。

GIRI-96：GIRI-96 由标头、滤值、分区、厂商识别代码、单个资产项目代码 5 部分组成，如表 8-18 所示。

表 8-18　　　　　　　　　　　　　　　EPC GIAI-96 的数据结构

标识符	标头	滤值	分区	厂商识别代码	单个资产项目代码
	8	3	2	20～40	62～42
GIAI-96	00110010（二进制值）	（值参照表 8-16）	（值参照表 8-17）	9 999 999～999 999 999 999（最大十进制范围）	4 611 686 018 427 387 903～4 398 046 511 103（最大十进制值）

滤值不是 GIRI 或 EPC 识别符的一部分，而是用于快递过滤和预选基本资产类型，目前尚未确定，如表 8-19 所示。

表 8-19　　　　　　　　　　　　　　GIAI 的滤值（非规范）

类型	二进制值
所有其他	000
保留	001
保留	010
保留	011
保留	100
保留	101
保留	110
保留	111

分区用来表示后面的厂商识别代码和单个资产项目代码的划分位置。其结构与 EAN.UCC GRAI 中的结构匹配。在 EAN.UCC GLN 中，厂商识别代码在 6 位和 12 位之间变化，分区的可用值、厂商识别代码和单个资产项目代码字段大小如表 8-20 所示。

表 8-20　　　　　　　　　　　　　　GIAI-96 的分区

分区值	厂商识别代码		单个资产项目代码	
	二进制	十进制	二进制	十进制
0	40	12	42	12
1	37	11	45	13
2	34	10	48	14

续表

分区值	厂商识别代码		单个资产项目代码	
	二进制	十进制	二进制	十进制
3	30	9	52	15
4	27	8	55	16
5	24	7	58	17
6	20	6	62	18

厂商识别代码包含一个 EAN.UCC 厂商识别代码逐位编码。单个资产项目代码是每个实例的唯一代码。EPC 表示法只能描述 EAN.UCC 通用规范中的资产项目代码（Asset Reference）的子集，个人资产项目代码由非零开头的数字组成，其容量小于 EAN.UCC 系统规范中的资产项目代码的最大值。

（6）系列全国产品与服务统一标识代码（SNPC-96）。

全国产品与服务统一标识代码（NPC）是我国提出的另一种产品与服务编码规则，主要用于一些特定行业标识产品种类，并制定了 NPC 国家标准。

NPC 编码由 13 位数字体代码和 1 位数字校验码组成，如图 8-14 所示。其中，本体代码采用系列顺序码，由中国物品编码中心统一分配、维护和管理。校验码用于检验本代码的正确性，通过一定的公式计算而得。

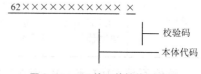

图 8-14　NPC 编码的结构示意图

SNPC-96 的数据结构如表 8-21 所示。

表 8-21　　　　　　　　　　　SNPC-96 的数据结构

	标头	通用管理者代码+对象类别代码	序列号
SNPC-96	8	52	36
	00110101（二进制值）	4 503 599 627 370 496（十进制容量）	68 719 476 736（最大十进制值）

SNPC-96 包括三个部分：标头、通用管理者代码+对象类别代码、序列号。标头采用 GID 通用标识代码的标头：00110101；通用管理者代码+对象类别代码由中国物品编码中心分配，并对应转换为 EPC 的二进制结构；序列号由管理实体分配给一个单个对象。序列号不是 NPC 的一部分，但正式成为 SNPC-96 的组成部分。在 SNPC-96 位结构中删除了 NPC 中的检验位。

8.2.6　EPC 数据的 URI 表示

本节定义 EPC（产品电子代码）作为一种 URI（统一资源标识符）的编码规范。URI 编码补充了供 RFID 标签和其他低级架构部件使用和定义的 EPC 标签编码。利用 URI，应用软件可以独立于任何特定的标签级表示来操作产品电子代码，并将应用逻辑和从标签中获得具体产品电子代码的方式分离。

本节定义以下 4 类 URI。

（1）适用于纯标识的 URI，有时称为"范式"，这些 URI 只包括表示特定物理对象的独特信息，独立于标签编码。

（2）代表具体标签编码的 URI，这些 URI 用于与编码方案相关的软件应用，如使用命令软件写入标签时。

（3）代表模式或 EPC 集合的 URI，当指导软件过滤标签数据时，可使用这些 URI。

（4）适用于原始标签信息的 URI，通常只用于错误报告。

1．纯标识的 URI 格式

纯标识的 URI 格式只包括用于区别对象的 EPC 字段。这些 URI 采用 URN 格式，为每个纯标识类型非配一个不同的 URN 名称空间。对于 EPC 通用标识符，纯标识 URI 表示为

urn:epc:id:gid:GeneralManagerNumber.ObjectClass.SerialNumber

在这种情况下，通用管理者代码（General Manager Number）、对象分类代码（Object Class）和序列代码（Serial Number）三个字段对应描述过的 EPC 通用标示符的三个部件。在 URI 表示中，每个字段表述为一个十进制整数，不带前导零（当字段值为 0 时除外，可用一个数位 0 来表示）。

还有一些纯标识 URI 格式是为与 EAN.UCC 系统代码内某些类型对应的标识类型而定义的。具体包括序列化全球贸易产品码（SGTIN）、系列货运包装箱代码（SSCC）、系列全球化位置码（SGLN）、全球可回收资标识符（GRAI）和全球单个资产标识符（GIAI）。对应这些标识符的 URI 表示如下。

urn:epc:id:sgtin:CompanyPrefix.itemReference.SerialNumber

urn:epc:id:sscc:CompanyPrefix.SerialNumber

urn:epc:id:sgln:CompanyPrefix.LocationReference.SerialNumber

urn:epc:id:grai:CompanyPrefix.AssetType.SerialNumber

urn:epc:id:giar:CompanyPrefix.IndividualAssetReference

在以上表示中，CompanyPrefix（公司前缀）对应于 UCC 或 EAN 指派给制造商的 EAN.UCC 公司前缀（UCC 公司前缀通过在开头添加前导零转换成 EAN.UCC 公司前缀）。该字段位数有效，根据需要插入前导零。

ItemReference（项目参考）、SerialReference（序列参考）、LocationReference（位置参考）字段分别对应于 GTIN、SSCC 和 GLN 的类似字段。如同 CompanyPrefix 字段，这些字段中的数位数有效，根据需要插入前导零。根据表示类型而定，这些字段中的数位数目与 CompanyPrefix 字段中的数位数目相加时，始终合计相同的数位数目：SGTIN 合计 13 个数位，SSCC 合计 17 个数位、SGLN 合计 12 个数位、GRAI 合计 12 个字符（SGTIN 的 ItemReference 字段包括附加到项目参考开头的 GTIN 指示位（PI）；SerialReference 字段包括附加到系列参考开头的 SSCC 扩展位数（ED）；URI 表示中并不包括校验位）。与其他字段不同，SGLN 的 SerialReference 字段是纯整数，无前导零。SGTIN 和 GRAI 的 SerialReference 字段和 GIAI 的 IndividualAssetReference 字段可能包括数位、字母和一些字符。然而，为了在 96 位的标签上对 SGTIN、GRAI 或 GIAI 进行编码，这些字段只能由没有前导零的数位组成。这些标识符类型的编码程序定义了这些限制。

URI 格式的 SGTIN、SSCC 等分别采用了 SGTIN-URI、SSCC-URI 等，示例如下。

urn:epc:id:sgtin:0652642.800031.400

urn:epc:id:sscc:0652642.123456789

urn:epc:id:sgln:0652642.12345.400

urn:epc:id:grai:0652642.12345.1234

urn:epc:id:giar: 0652642.123456

参看第一个例子，相应的 GTIN-14 代码是 80652642000311。该代码划分如下：第一位数位（8）是 PI 数位，在 URI 中作为 ItemReference 字段的第一个数字：随后 7 个数位（0652642）

是 CompanyPrefix，随后的 5 位数（00031）是 ItemReference 的剩余部分；最后一位数（1）是校验位，未包含在 URI 中。

参看第二个例子，相应的 SSCC 是 0652642123456789，最后一位数（6）是校验位，未包含在 URI 中。

参看第三个例子，相应的 GLN 是 065264212345400，最后一位数（8）是校验位，未包含在 URI 中。

参看四个例子，相应的 GRAI 是 0652642123451234，最后一位数（8）是校验位，未包含在 URI 中。

参看第五个例子，相应的 GIAI 是 0652642123456，（GIAI 编码没有校验位）。

注意全部 5 个 URI 格式在代码的公司前缀和剩余部分之间有明确的划分指示。这是必要的，使得 URI 标识可以转换成标签编码（通过合并数位和计算校验数位）。通常 URI 表示可转换成相应的 EAN.UCC 数字形式，但从 EAN，UCC 数字形式转换成相应的 URI 表示要求单独知道公司前缀的长度。

2. 适用于相关数据类型的 URI 格式

在处理产品电子代码的应用中通常会出现多种数据类型，它们本身并非电子代码，但紧密相关。本规范也为这些相关数据类型提供 URI 格式。EPC URN 名称空间的通用格式如下。

un:epc:type:typeSpecificPart

类型字段 type 标识了一个特定数据类型，typeSpecificPart 编辑合乎数据类型的信息。目前为 type 定义了以下 3 种可能的格式情况。

（1）适用于 EPC 标签的 URL

在某些情况下，最好采用 URL 格式编码特定的 EPC 标签编码。例如，应用程序有可能希望向操作员报告读出了哪些类型的标签。再如，不仅需要告知负责标签编程的应用程序标签上有什么产品电子代码，而且告知应用程序采用的编码方案。希望处理标签上的"其他数据"字段的应用程序除纯标识格式外，还需要某些表示。

EPC 标签的 URL 是通过设置"type"类型字段到"tag"标签字段完成编码的。完整的 URL 具有以下格式。

urn:autoid:tag:EncName:EncodingSpecificFields

这里的 EncName 是 EPC 编码方案的名称，EncodingSpecificFields 指示该编码方案要求的数据字段，由点字符隔开。确定有哪些字段取决于采用的具体编码方案。

通常为每一种纯标识类型定义了一种或多种编码方案（和相应的 EncName 值）。例如，为 SGTIN 标识符定义了两种方案：sgtin-96 对应于 96 位编码，sgtin-64 对应于 64 位编码。注意这些编码方案名称一一对应独特的标签头值，它们用于表示标签本身的编码方案。

通常 EncodingSpecificFields 包括相应纯标识类型的全部字段，还有可能包括对数字范围的附加限制，加上该编码方案支持的其他字段。例如，为序列化 GTUN 定义的全部编码包括附加的滤值，应用程序基于对象纯标识相关（但并非编码在该对象的纯标识范围内）的对象特性，使用该滤值执行标签过滤。

（2）适用于因无效标签产生的原始位串的 URI 格式

某些位串不对应于合法编码。例如，如果最高有效位不能识别为有效位的 EPC 标头，则位级模式是非法的 EPC。又如，如果标签编码一个字段的二进制大于该字段在 URI 格式下十进制数位码包含的值，则位级模式也是非法的 EPC。然而软件可能希望向用户或其他软件报告这些无效位级模式，因此提供无效位级模式的 URI 表示。URI 原始形式如下。

urn:autoid:raw:BitLenght.Value

这里的 BitLenght 是无效表示的位数，value 是转换成单一十六进制数字的完整位级表示而且跟在字母 x 之后。例如，以下位串

000000000000000000001001000110100110111101010110110111111011101111

由于没有以 0000 0000 开头的有效头，所以无效。该位串对应于以下原始 URI。

urn:epc:raw:64.x00001234DEADBEEF

为了确保定位串只有一种 URI 原始表示，数码位的十六进制必须等于 BitLenght 的值除以四并四舍五入后得到的整数。另外，大写字母 A、B、C、D、E 和 F 用来表示十六进制位数。

该 URI 格式预定位只有当读无效标签相关的错误出现时才使用。该 URI 格式并非适合用于任意位串通信的一般机制。

本规范的早期版本描述了与十六进制版本相对应的十进制值的原始 URI。这种版本虽然支持向后兼容，但不推荐使用。字符 x 的加入使软件可以区分十进制值和十六进制值格式。

（3）适用于 EPC 模式的 URI 格式

某些软件应用程序需要根据不同的条件制定过滤 EPC 列表的规则。"EPC 数据结构"为此提供了模式 URI 格式。模式 URI 不表示单一的产品电子代码，而是指一个 EPC 集。其典型模式与以下类似。

urn:autoid:tag:sgtin-64:0652642.[1024-2047].*

该模式指向 EPS SGTIN 标识符的 64 位标签：过滤字段是 3，公司前缀是 0652642，项目参考范围是 1024- 2047，序列号任意。

通常每一标签编码格式均有相应的模式格式，除各个字段中有可能使用范围或星号（*）以外，编码语法实质上相同。

SGTIN、SSCC、SGLN、GRAI 和 GIAI 模式的语法稍微限制了通配符和范围合并的方式。CompanyPrefix 字段只允许两种可能。一种可能是星号（*），在该情况下，随后的字段（ItemReference、SerialReference 和 LocationReference）也必须是星号；另外一种可能是特定的公司前缀，在该情况下，随后的字段可能是数字、范围或星号，不能为 CompanyPrefix 规定范围。

3．不同阶段 EPC 编码的存储格式

不同阶段 EPC 编码的存储格式如图 8-15 所示。

（1）在电子标签中，EPC 数据采用二进制表示（为了可读识性，在 8-16 图中只用十六进制数表示：52C630000780019000006000000010）。

（2）通过阅读器，EPC 编码数据读入计算机系统，并通过去掉滤值（Filter Value）等处理，采用原始位串的 URI 格式（Raw Data）表示，EPC 数据仍用二进制数表示（为了可读识性，在图 8-15 中使用十六进制数表示：3078001900000600000000010）。

（3）在 Middleware 中间件系统中，EPC 编码数据采用适用于 EPC 模式的 URI 表示（EPC Tag URI），即 urn:epc:tag:sgtin-96:3.000100.0000024.16。

（4）通过 EPC 捕获程序（Capture Program），EPC 编码数据采用 ID URI 表示（Pure Identity），即 urn:epc:id:sgtin：000100.0000024.16。

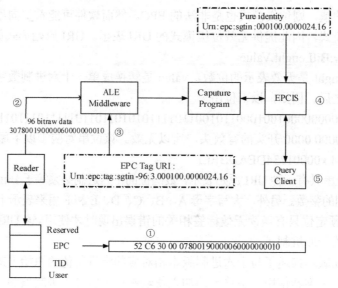

图 8-15　不同阶段 EPC 编码的存储格式

（5）客户（Client）可以通过查询程序（Query）来查询 EPC 编码数据。

8.2.7　EAN 编码和 EPC 编码的相互转换

根据前面的分析，可以看出条形码和 RFID 数据之间存在对应关系。针对现今条形码和 RFID 数据将长期共存的现状，可知常常需要在两者之间进行转换。常用的 EAN 编码（GTIN 和 SSCC）及其对应的 EPC 编码之间的转换关系如图 8-16 所示。

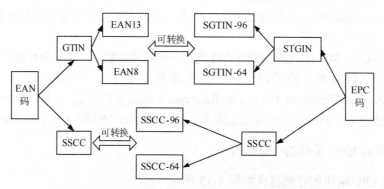

图 8-16　常见的 EAN 编码及其对应的 EPC 编码之间的转换关系

EAN 编码主要由扩展位、国家代码、厂商代码、产品代码、校验位等几部分组成；EPC 编码主要由标头、滤值、分区值、国家代码、产品代码、序列号等几部分组成。不同代码之间只是组织形式不同而已。因此，它们之间相互转换简单来说就是将源码的各部分分开，再按照目标码的规则变换，组合起来。

1. EAN 编码到 EPC 编码的转换及举例

EAN 编码到 EPC 编码的转换主要有以下几个步骤：分类，分段，赋值，转换，组合。

下面以将 EAN 编码 6901010101098 转换成 96 位 EPC 编码为例，详述其转换过程。

（1）分类。首先分清源码和目标码的类型。作为源码，EAN 编码的类型从代码长度上就可以看出，即 EAN13 的长度为 13 位，EAN8 的长度为 8 位，SSCC 的长度为 18 位。由图 8-16 可以看出它们可对应转换的目标 EPC 编码类型。然后根据实际需要确定目标码的长度。例如，EAN 编码 6901010101098 是一个 EAN13 码，相应的目标码是 SGTIN-98。

（2）分段、赋值。按照不同 EAN 编码的编码规则，可以将扩展位、国家代码、厂商代码、产品代码、校验位等分离出来。同时，由于 EAN 编码中没有 EPC 编码的厂商识别码，所以应对照要求将这些代码的值表示并计算出来。另外，序列号是管理者，也就是厂家赋给每个产品的代码，在 EAN 编码中没有体现，因此将其转换为 EPC 编码时，还要将这个代码调查清楚并体现在转换过程中。SSCC 编码的第一位为扩展位，分段后将其连接到序列代码之后。

根据上述原则，下面来看 EAN13 编码 6901010101098 的转换过程。首先它是 GTIN，没有扩展位，因此其前三位 690 就是国家代码，厂家代码为 1010，则目标 EPC 编码的厂商识别码就是 6901010，产品代码为 10109，校验位为 8。要想转换为 SGTIN-96，则标头是 00110000。滤值（也就是包装类型）需要根据实际情况选择，这里假设为包装箱（011）。在常用的 EAN13 编码中，厂商识别码为 7 位，则目标码的分值区为 5（101）。EAN13 编码中没有指示符数字（也就是扩展位），因此在产品代码前加 0，构成 6 位作为 EPC 编码的产品代码。最后给序列码赋值，假设为 1234567。

（3）转换。转换其实就是将各段代码由十进制转化为二进制，这里不再累赘。注意，所得各段二进制的位数不一定与 EPC 编码要求的位数相同，因此要在前面补零。6901010101098 经过转换后，结果不足 24 位，因此要在前面补零，结果为 0110 1001 0100 1101 0001 0010 码 010109 在 EPC 编码中应为 20 位，加上补零后的转换结果为 0000 0010 0111 0111 1101。同理，系列代码转换为 00 0000 0000 0000 0001 0010 1101 0110 1000 0111。

（4）组合。经过转换得到的二进制就是符合 EPC 编码规则的编码了，最后将其按 EPC 的组合顺序连接起来即可。EAN 编码 6901010101096 加上外包装类型和序列号，转换为 EPC 编码的结果为 0011 0000 0111 0101 1010 0101 0011 0100 0100 1000 0000 1001 1101 1111 0100 0000 0000 0000 0001 0010 1101 0110 1000 0111。为阅读方便起见，将其转换为十六进制数，即 3075A5344809DF400012D687。至此全部转换完成。

2．EPC 编码到 EAN 编码的转换及举例

EPC 编码转换为 EAN 编码的标头和代码的过程与 EAN 编码呈逆过程，步骤也大致相同，下面简要分析。

（1）分类。首先由 EPC 编码的标头和代码长度可以看出其所属类型，如表 8-22 所示。然后由其所属类型可以确定目标码的类型，再根据实际需要可以确定目标码长度。

表 8-22　　　　　　　　　　　EPC 编码的编码方案

标头值	长度	EPC 编码类型
0011 0000	96	SGTIN-96
10	64	SGTIN-64
0011 0001	96	SSCC-96
0000 1000	64	SSCC-64

（2）分段、赋值。根据不同 EPC 编码的类型，按照其编码规则可以将标头、滤值、分值区、厂商表示码、序列代码逐一分开。

（3）转换。上述代码是二进制，将它们分别转换为十进制数即可。

（4）组合。将上述所得的十进制代码组合起来，就得到了目标 EAN 编码的基本部分。这里只说明以下两点。

（1）校验码由 EAN 编码的基本部分计算得到，其计算步骤如表 8-23 所示。

表 8-23　　　　　　　　　　　　　　　　　计算步骤

	标头	滤值	划分	公司前缀	项目参考	序列号
	8 位	3 位	3 位	24 位	20 位	38 位
SGTIN-96	0011 0010 （二进制值）	3 （十进制值）	5 （十进制值）	0614141 （十进制值）	100734 （十进制值）	2 （十进制值）

（2）扩展位 SSCC 码中存在扩展位。因此需要将步骤（3）中得到的十进制序列号的首位取出作为扩展位，连接到目标 EAN（SSCC）码的首位。

① （01）是 GTIN 的应用标识符，（21）是序列号的应用标识符。应用标识符用在一些条码上。标头在 EPC 上满足该功能（包括其他）。

② SGTIN-96 的标头是 00110000。

③ 此例选择滤值为 3（单一货运/消费者贸易项目）。

④ 公司前缀为 7 个数位长（0614141），划分值为 5，这表示公司前缀有 24 位，项目参考有 20 位。

⑤ 指示符数位 1 作为项目参考的第一个数位被重置。

⑥ 校验数位 6 被省略。

8.3　EPC 系统的网络技术

EPC 网络是能够快速自动识别供应链中的商品及信息共享的框架。EPC 网络使供应链中的商品信息真实可见，从而使组织机构可以更加高效地运转。采用多种技术手段，EPC 网络能够在供应链中识别 EPC 表示的贸易项目，并且在贸易项目信息中提供了一种机制。

EPC 网络使用 RFID 实现技术供应链中项目信息的真实可见，它由 6 个基本要素组成：产品电子代码（EPC）、射频识别系统（PC 标签和阅读器）、Savant 系统、发现服务（包括 ONS）、EPC 中间件、EPC 信息服务（EPCIS）。

8.3.1　Savant 系统

给每件产品加上 RFID 标签之后，在产品的生产、运输和销售过程中，阅读器将不断收到一连串的产品电子编码。整个过程中最为重要的，同时也是最困难的环节就是传送和管理这些数据。自动识别产品实验室开发了一种叫作 Savant 的软件技术，相当于新式网络的神经系统。

Savant 被定义成具有一系列特定属性的"程序模块"或"服务"，并被用户集成以满足他们的特定需求。这些模块设计的初衷是能够支持不同群体对模块的扩展，而不是做成能满足所有应用的简单集成化电路。Savant 是链接标签阅读器和企业应用程序的纽带，代表应用程序提供一系列计算机功能，在将数据送往企业应用程序之前，它要对标签数据进行过滤、汇总和计数，压缩数据容量。为了减少网络流量，Savant 也只向上层转发它感兴趣的某些事件或事件摘要。Savant 的组件在其他应用程序的通信如图 8-17 所示。

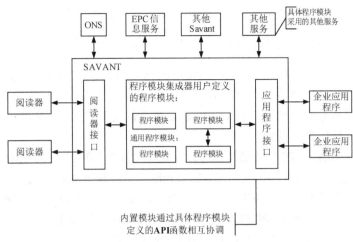

图 8-17　Savant 的组件与其他应用程序的通信

Savant 是程序模块的集成器，程序模块通过两个接口与外界交互——阅读器接口和程序接口。其中阅读器接口提供与标签阅读器，尤其是 RFID 与阅读器的链接方法。应用程序接口使 Savant 与外部应用程序链接，这些应用程序通常是现有程序模块与外部应用程序的通用接口。如果有必要，应用程序接口能够采用 Savant 服务器的本地协议与以前的扩展服务进行通信。应用程序接口也可采用与阅读器协议类似的分层方法来实现。其中高层定义命令和抽象语法，底层实现具体语法和协议的绑定。

除了 Savant 定义的两个外部接口（阅读器接口和应用程序接口）外，程序模块之间用它们自己定义的 API 函数交互，也许还会通过某些特定的接口和外部服务进行交互，一种典型的情况就是 Savant-to-Savant。

程序模块可以由 Auto-ID 标准委员会或用户和第三方生厂商来定义。Auto-ID 标准委员会定义的模块叫作标准程序模块。其中一些模块需要应用在 Savant 的所有应用实例中，这种模块必备标准程序模块；其他一些模块可以在具体实例中根据用户定义包含或者排除，这些叫作可选标准程序模块。时间管理系统（EMS）、实时内存数据结构（RIED）和任务管理系统（TMS）都是必须的标准程序模块。其中 EMS 用于读取阅读器或传感器中的数据，对数据进行平滑、协同和转发，并将处理后的数据写入 RIED 或数据库。RIED 是 Savant 特有的一种存储容器，是一个优化的数据库，是为了满足 Savant 在逻辑网络中的数据传输速度而设立的，它提供与数据库相同的数据接口，但其访问数据的速度比数据快得多。TMS 的功能类似于操作系统的任务管理器，它把外部应用程序定制的任务转为 Savant 可执行的程序，并将其写入任务进度表，使 Savant 具有多任务执行功能。Savant 支持的任务包括三种类型：一次性任务、循环任务、永久任务。

8.3.2　对象名称解析服务

运行一个开放式的、全球性的追踪物品的 EPC 标签需要一些特殊的网络结构。因为标签中只存储了产品电子代码，所以计算机还需要一些将产品电子代码匹配到商品信息中的方法。这种匹配方法由对象名称解析服务（ONS）担当，它是一个自动的网络服务系统，类似于域名解析系统 DNS（DNS 将一台计算机定位到万维网的某一具体地点的服务）。当前，ONS 用来定位某一 EPC 对应的 PML 服务器。PML 服务器是联系前台 Savant 软件和后台 PML 服务器的网络枢纽，并且其设计与架构都以 Internet 域名解析服务 DNS 为基础。

8.3.3 WWW 网与 EPCglobal Network 网络的区别

World Wide Web（WWW）就是我们通常用的 Internet，也称万维网，其关键技术有：主要负责 Internet 上网主机域名解析的 DNS，可以记录网络主机的位置及邮件的途径；Web Site 是包含特定主题信息来源的网站；Search Engine 是检索网页的工具；Security Service 是提供信息交换及共享信任的安全机制。

EPCglobal Network（EPC）关键技术有：主要负责解析 EPCglobal Network 上"物品"名称的 ONS，可以记录"物品"的相关信息；EPC Information Services（EPCIS）是包含特定"物品"信息来源的 EPC 信息服务，如生产日期；EPC Discovery Services（EPCDS）是检索 EPCIS 的工具；EPC Trust Services（EPCTS）提供了 EPC "物品"信息的安全性及流通控制机制。WWW（World Wide Web）网与 EPCglobal Network 网络的区别如图 8-18 所示。

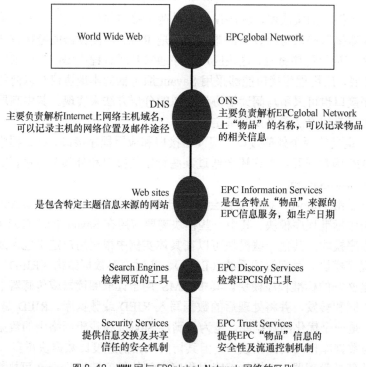

图 8-18　WWW 网与 EPCglobal Network 网络的区别

8.4 EPC 系统的对象名称解析服务

8.4.1 ONS 概述

1. ONS 的概念

ONS 的全称为对象名称解析服务（Object Name Service，ONS）。EPC 系统主要处理电子产品编码与对应的 EPCIS 信息服务器地址的映射管理和查询，EPC 编码技术采用了遵循 EAN.UCC 的 SGTIN 格式，与域名分配方式相似，因此完全可以借鉴互联网中已经很成熟的 DNS 技术思想，并利 DNS 的架构实现 ONS 服务。

　　域名系统（Domain Name System，DNS）负责将有意义的网名字母与 IP 地址数字进行转换，其工作流程如图 8-19 所示。例如，登录百度网检索信息时，往往最容易记住的是 www.baidu.com，而不是百度的 IP 地址 211.94.144.100。在计算机浏览器软件中的 URL 中输入 www.baidu.com 并回车后，计算机会向 DNS 发送请求以得到 IP 地址信息，DNS 接到请求后，在自己的数据库中查找 www.baidu.com 对应的 IP 地址并将其返回，然后计算机再访问地址 211.94.144.100 的服务器，并得到所要浏览的网页信息。

图 8-19　DNS 的工作流程

2. ONS 与 DNS 的比较

（1）ONS 与 DNS 的联系

　　ONS 是建立在 DNS 基础之上的专门针对 EPC 编码与货品信息的解析服务，在整个 ONS 服务的工作过程中，DNS 解析作为 ONS 不可分割的一部分存在。在将 EPC 编码转换成 URL 格式，再由客户端将其转换成标准域名后，下面的工作就由 DNS 承担了，DNS 经过递归式或交谈式解析，将结果以 NAPTR 记录格式返回给客户端，这样 ONS 就完成了一次解析服务。

（2）ONS 与 DNS 的区别

　　ONS 与 DNS 的主要区别为输入与输出内容的区别。ONS 在 DNS 基础上进行 EPC 解析，因此其输入端是 EPC 编码，而 DNS 用于解析，其输入端是域名；ONS 返回的结果是 NAPTR 格式，而 DNS 更多时候返回查询的 IP 地址。ONS 与 DNS 的解析比较如图 8-20 所示。

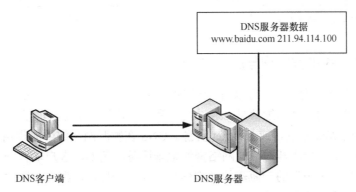

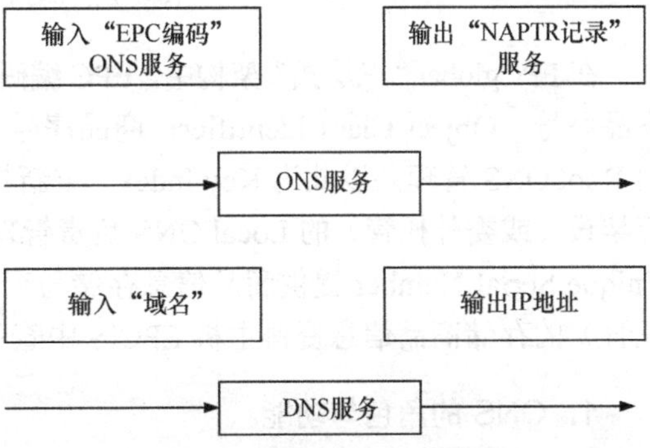

图 8-20　ONS 与 DNS 的解析比较

3. ONS 类型

　　ONS 提供静态 ONS 与动态 ONS 两种服务：
静态 ONS 指向货品的制造商，动态 ONS 指向一件货品在供应链中流动时经过的不同管理实体。

（1）静态 ONS

　　静态 ONS 假定每一个对象有一个数据库，提供指向相关制造商的指针，并且给定的 EPC

编码总是指向同一个 URL，如图 8-21 所示。

（2）动态 ONS

动态 ONS 指向多个数据库，即指向货品在供应链流动过程中经过的所有管理者实体，如图 8-22 所示。

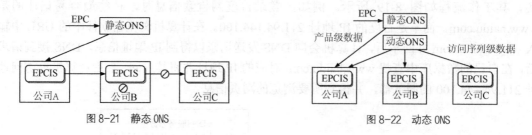

图 8-21 静态 ONS　　　　　　　图 8-22 动态 ONS

8.4.2 ONS 的工作原理与层次结构

ONS 是一种全球查询服务，可以将 EPC 编码转换成一个或多个 Internet 地址，从而可以进一步找到编码对应的货品详细信息。通过同一资源定位符（URL）可以访问 EPCIS 服务与该货品相关的其他 Web 站点，或 Internet 资源。ONS 在物联网系统中的作用如图 8-23 所示。ONS 负责将标签 ID 解析成其对应的网络资源地址服务。例如，客户端有一个请求，需要获得标签 ID 号为"123……"的一瓶药的详细信息，如生产日期、配方，原材料、用途、供应商等，然后将结果返回给客户端。

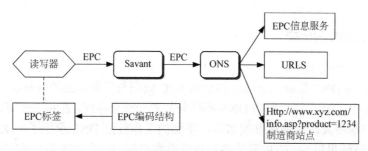

图 8-23 ONS 在物联网系统的作用

在 EPCglobal "三层式"架构中，EPC 编码可分为三部分：厂商编码、EPC ManagerNumber；商品型号、Object Class Identifier；商品序号，Unique Serial Number。EPC Manager Number 由 Root ONS 管理并以此为 Key Index，重新指向 Local ONS；Object Class Identifier 由厂商自行架设（或委外托管）的 Local ONS 负责管理维护，并以此为 Key Index 指向对应的 EPCIS；Unique Serial Number 提供商品信息存储与查询服务 Key Index，并从厂商自行架设（或委外托管）的存储商品信息资料主机 EPCIS 中查询出对应的资料。

1. ONS 的角色与功能

在 EPC Network 网络架构中，ONS 的角色好比指挥中心，协助 EPC 为携带商品资料的 Key Index 在供应链成员中传递与交换信息。ONS 标准文件中制定了 ONS 的运作程序与规则，由 ONS Client 与 ONS Publisher 遵循。ONS Client 是一个应用程序，希望透过 ONS 解析到 EPCIS，让主机服务器解析到 EPC 编码；ONS Server 为 DNS Server 的反解应用；ONS Publisher

原件主要提供 ONS Client 查询存储于 ONS 内的指标记录（Pointer Entry）服务。

2．ONS 的层次结构

ONS 系统采用分布式的层次结构，主要由 ONS 服务器、ONS 本地缓存、本地 ONS 解析器及映射信息组成。ONS 服务器是 ONS 系统的核心，用于处理本地客户端的 ONS 查询请求，若查询成功，则返回 EPC 编码对应的 EPCIS 映射信息（服务地址信息）。ONS 服务器的结构类似于 DNS 服务器，ONS 系统的层次图如图 8-24 所示，由 8-24 图可知该系统可分为三个层次，处于最顶层的是 ONS 根服务器，中间层是各地的本地 ONS 根服务器，最下层是 ONS 缓存。

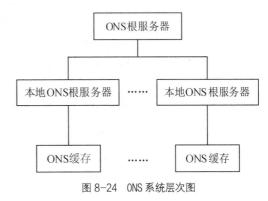

图 8-24　ONS 系统层次图

ONS 根服务器负责本地 ONS 服务器的级联，组成 ONS 网络体系，并提供应用程序的访问、控制与认证。它有 EPC 名字空间的最高层域名，因此基本上所有的 ONS 查询都要经过它。

本地 ONS 服务器包括以下两个功能。

（1）存储本地产品与对应的 EPC 信息服务地址。

（2）提供与外界交换信息的服务，回应本地的 ONS 查询，向 ONS 根服务器报告该信息并获取网络查询结果。

ONS 缓存是 ONS 查询的第一站，它存储最近查询得最为频繁的 URI 记录，以减少对外查询的次数。应用程序在进行 EPC 编码查询时，应首先查看 ONS 缓存中是否含有其相应的记录，若有则直接获取，这样可大大减少查询的时间。

本地 ONS 服务器负责 ONS 查询前的编码化工作，它将需要查询的 EPC 转换为一个合法的 URI 地址映射信息，而这个映射信息就是 ONS 服务器返回给客户端的最终结果，客户端可以根据这个结果访问相应的目标资源。可以看到，映射信息是 ONS 系统所提供服务的实际内容，它制定 EPC 编码预期相关的 URI 的映射关系，并且分布式存储在不同层次的各个 ONS 服务器中。这样，物联网便实现了基于物品 EPC 编码定位相关信息查询的功能。

8.4.3　ONS 的工作流程与查询步骤

1．ONS 的工作流程

ONS 的工作流程如图 8-25 所示，主要分为如下几步。

（1）从标签上识读一个比特字符串 EPC 编码，如 0100000000001100000100100100010010000 1100110001010101101100010101，这是一个 64 位的 EPC 编码。

（2）标签阅读器将此比特字符串的 EPC 编码发往本地服务器。

（3）本地服务器将此二进制的 EPC 编码转换为整数并在头部添加 "urn:epc:"，然后转化为 URI 地址格式：urn:epc:1.1554.37401.2272661，转换完成后发送该 URL 到本地 ONS 解析器。

（4）本地 ONS 解析器利用格式化转换字符串将 EPC 比特位编码转换成 EPC 域前缀名，再与 EPC 域前缀名结合成一个完整的 EPC 域名。ONS 解析器再进行一次 ONS 查询（ONS Query），将 EPC 域名发送到指定的 ONS 服务基础架构，以获取所需信息。ONS 解析器的转化方法如表 8-24 所示。

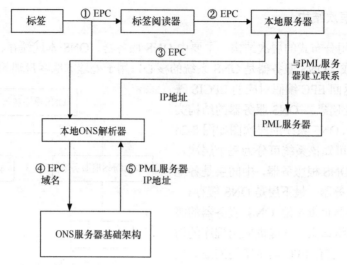

图 8-25　ONS 的工作流程

表 8-24　　　　　　　　　　　　**OSN 解析器的转化方法**

转化步骤	转化后的结果
清除 urn:epc	1.1554.37401.2272661
清除 EPC 序列号	1.1.554.37401
颠倒数列	37401.1554.1
添加 ".onsroot.org"	37401.1554.1.onsroot.org

（5）ONS 基础架构给本地 ONS 解析器，返回 EPC 域名对应的一个或多个 PML 服务器 IP 地址。

（6）本地 ONS 解析器将 IP 地址返回给本地服务器。

（7）本地服务器根据 IP 地址联系正确的 PML 服务器，获取所需的 EPC 信息。

2．URI 转成 DNS 查询格式的步骤

将 URI 转成 DNS 查询格式的步骤如下。

（1）EPC 转换成标签资料 URI 格式 urn:epc:id:sgtin:0614141.000024.400。

（2）移除 "urn:epc:" 前置码，剩下 id:sgtin:0614141.000024.400。

（3）移除最右边的序号位（适用于 SGTIN、SSCC、SGLN、GRAI 和 GID），剩下 id:sgtin:0614141.000024。

（4）置换所有 ":" 符号成为 "."，剩下 id.sgtin.0614141.000024。

（5）反转剩余位 000024.0614141.sgtin.id。

（6）附加 onsepc.com 于字串最后，结果为 000024.0614141.sgtin.id. onsepc.com。

3．Local ONS 的 DNS 记录

DNS 解析器（Resolver）查询 Domain Name 使用的是 DNS Type Code 35（NAPTR）记录。DNS NAPTR 记录的内容格式如表 8-25 所示。

表 8-25   NAPTR 记录的内容格式

Order	Pref	Flags	Service	Regexp
0	0	u	EPC+epcis	! ^. * $!http://example.com/cgi-bin/epcis!
0	0	u	EPC+ws	! ^. * $!http://example.com/autoid/widget100.wsd!
0	0	u	EPC+html	! ^. * $!http://www.example.com/products/thingies.asp!
0	0	u	EPC+xmlrpc	! ^. * $!http://gateway1.xmlrpc.com/servlet/example.com!
0	1	u	EPC+xmlrpc	! ^. * $!http://gateway2.xmlrpc.com/servlet/example.com!

各表栏说明如下。

（1）Order：必须为零。

（2）Pref：必须为非负值，需由数字小的先提供服务，上面范例中的 Pref 值的第四笔记录小于第五笔记录，因此第四笔优先提供服务。

（3）Flags：当值为 u 时，意指 Regexp 栏位上内含 URI。

（4）Service：字串需加 "EPC+" 加上服务名称，服务名称为不同于 ONS 的服务。

（5）Replacement：EPCglobal 没有使用空白，因此用 "." 代替空白。

（6）Regexp：将 Regexp 栏位的 "!^.*$!" 和最后的 "!" 符号移除，可发现提供服务伺服器的 URL，如 EPC 资讯服务（EPC Information Service, EPC IS）或搜寻服务（Discovery Service）的 URL。

从表 8-24 中可以发现指标指向 EPC IS URL，Client 可以使用 URL 向 EPC IS 查询相关产品信息。

4. EPC 码查询 ONS 的步骤

（1）经由 RFID Reader 读取 96bits Tags 内的 EPC 码，转换为 URI 格式，如 "urn:epc: id:sgtin:0614141.000024.400" 和 "urn:epc:id:sgtin:100:24:16"（EPCIS）。

（2）例如，将 EPC 编码 307800190000060000000010 转换为 URI 格式（示意图如图 8-26 所示），步骤如下。

① 看 Header 决定 Data Type，30→00110000→表示为 SGTIN-96，查表 8-4。

② 依 SGTIN 格式，查表 8-8，根据 Partition Value（分区值）决定 Company Prefix（厂商识别码）和 Item Reference（项目参考代码）的长度，把 307800190000060000000010 分解成 Binary（二进制）数据。

③ 换成十进制。

Company Prefix:00 0000 0000 0001 1001 00=22+25+26=4+32+64=100。

Ttem Reference：00 0000 0000 0000 0000 0110 00=22+24=8+16=24。

Serial Number:00 0000 0000 0000 0000 0000 0000 0000 0001 0000=16。

④ SGTIN-96 的 URI 有两种格式，在 Middlewale 和 EPCIS 中不同，分别是 urn:epc:tag: sgtin:-96:3:100:24:16（ALEMiddleware）和 urn:epc:id:sgt-in:100:24:16（EPCIS）。

（3）通过 ONS 找到 Local ONS 网址。

（4）通过 LocalONS 找到 EPC 资讯服务（information service）URL。

（5）需先将 URI 转换成 ONS 查询各式，详见 8.4.4 节。

（6）使用 EPC 资讯服务标准界面查询产品资料，标准界面可参考「EPCInformation Service（EPCIS）Version 1.0,Specification Ratified Standard,5 April 12,2007」。

30	78	00	19	00	00	06	00	00	00	00	10
00110000	01111000	00000000	00011001	00000000	00000000	00000110	00000000	00000000	00000000	00000000	00010000

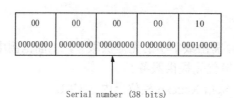

30	78	00	19	00	06
00110000	01111000	00000000	00011001	00000000	00000000	00000110

Header　Filter　Partition　Company prefix (20bits)　Item reference (24bits)

00	00	00	00	10
00000000	00000000	00000000	00000000	00010000

Serial number (38 bits)

图 8-26　EPC 编码 "3078001900060000000010" 转化为 URI 格式的示意图

NAPTR 记录的内容格式见表 8-26。ONS 的查询流程如图 8-27 所示。

表 8-26　　　　　　　　　　　　　　　NAPTR 记录的内容格式

查询步骤	查询对象	资料维护者	可查询的资料
1	Root ONS	EPCglobal	Local ONS 的网址
2	Local ONS（拥有该 EPC Manager Number）	EPC Manager Number 的拥有者	EPC IS 的服务位址
3	EPCIS	EPC 编码者	该 EPC 码的相关资料

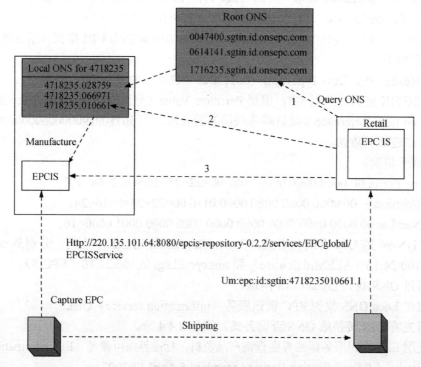

图 8-27　ONS 的查询流程

8.4.4　ONS 查找算法的设计

1. 设计步骤

根据 ONS 工作流程知 ONS 查找算法的总体框图如图 8-28 所示。

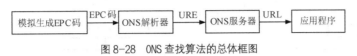

图 8-28　ONS 查找算法的总体框图

从图 8-28 可以看出，该算法分为三个步骤。

（1）模拟生成各种不同版本的 EPC 编码步骤。

（2）将 EPC 码作为 ONS 解析器的入口参数，由 ONS 解析器解析后生成 URI 并送至 ONS 服务器。

（3）ONS 服务器利用 ONS 解析器送来的 URI 查找并生成 URL。

计算机根据生成的 URL 访问相应的 EEPCIS 服务器（即 PML 服务器），EPCIS 反馈相关的 PML 信息，即可实现 EPC 物联网中的信息交换。

2. ONS 模拟生成 EPC 码

模拟生成 EPC 编码是 ONS 查找算法的第一步，但实际只在 EPCglobal 组织及公司企业生产应用。第一代 EPC 编码与 UPC 兼容标准的具体内容见 8.1 节。

EPC 编码生成流程如图 8-29 所示，其中结构体 EPC[ ] 的位数不仅取决于版本号，也与类型号密切相关，这是因为由版本号决定其位数，却由类型号决定位数的分配问题，只有这样才能确定 Header[ ]、EPCMngr[ ]、OBjCls[ ]、SerNo[ ] 的具体大小。

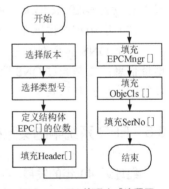

图 8-29　EPC 编码生成流程图

3. ONS 解析 EPC 编码

上一步得到的仅仅是一串二进制编码，没有任何意义，需要对其进行分割。首先根据 EPC 编码的头部预先识别 EPC 编码版本，然后分割其二进制数据流，并转化为十进制数的形式，在头部添加 "urn:epc:" 转化为 URI 格式。标头字段的二进制值如表 8-4 所示，具体算法流程如图 8-29 所示。ONS 得到 URI 后，需要将其处理成 URL，处理步骤分为清除、颠倒数列、添加几大步骤，最后查询 URL 对应的 NAPTR 记录并返回。

0100000000011000001001001001001000011001001000101010110110010101 以上面的 64 位 EPC 编码为例，ONS 解析 EPC 编码的完整算法流程如图 8-30 所示。

4. ONS 生成 URL

一个典型的 ONS 查询过程如图 8-31 所示。ONS 查询步骤如下。

（1）客户在客户端提出查询请求，此时，应用程序将一个 EPC 编码发送到本地系统。

（2）本地系统通过本地转换器对 EPC 码进行格式转换并发送到本地 ONS 解析器。

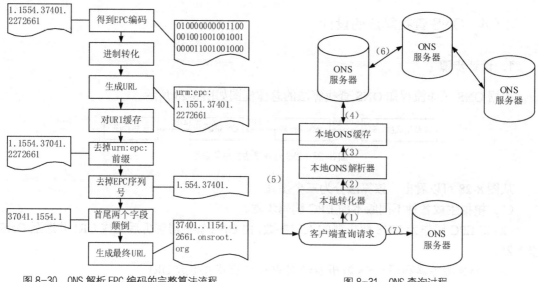

图 8-30　ONS 解析 EPC 编码的完整算法流程　　　　图 8-31　ONS 查询过程

（3）本地 ONS 解析器把 URI 转换成合法的 DNS 域名格式。

（4）本地 ONS 解析器基于 DNS 访问本地 ONS 服务器（缓存 ONS 记录信息）。

（5）如果发现其相关的 ONS 记录，则直接返回 DNS NAPTR 记录，否则转发给上级 ONS 服务器。

（6）上级 ONS 服务器利用 DNS 服务器基于 DNS 域名返回给本地 ONS 解析器一条或者多条对应的 NAPTR 记录，并将返回结果发给客户应用程序。

（7）应用程序根据相应的路径，访问相应的信息或者服务。

根据 ONS 的查询过程可知它主要提供两种功能：一是存储产品信息或者 EPC 信息服务地址信息；二是通过 ONS 服务器组成 ONS 网络体系，提供对产品信息的查询定位，以及企业间的信息交互和共享。

8.5　EPC 系统中的实际标记语言 PML

经过近 40 年的发展，互联网取得巨大的成功，人们对于万维网的语言 HTML（超文本标记语言）了解颇多，最为常见的现象是计算机中的浏览器显示的网页地址是以.htm（或.html）为结尾。以现有的成熟互联网技术为基础，人们又新建立了另一种不同于互联网功能但比互联网更为庞大的物联网体系，该系统可以自动、适时地对物体进行识别、追踪、监控并触发相应时间。

PML 系统是一种描述物理对象、过程和环境的通用语言，其主要目的是提供通用的标准化词汇表，来描绘和分配 Auto-ID 激活的物体的相关信息。PML 的核心提供通用的标准化词汇表；分配直接由 Auto-ID 基础结构获得的信息，如位置、组成及其他遥感勘测的信息。

EPC 产品电子代码能够识别单品，这需要一种可以描述自然物体的标准。正如互联网的 HTML 已成为 WWW 的描述语言标准一样，物联网中的所有产品信息也都是用在 XML（可扩展标记语言）基础上发展起来的 PML（Physical Markup Language，物体标记语言）来描述的。PML 被设计成人及机器都可以使用的描述自然物体的标准，是物联网信息存储、交换的标准格式。它将提供一种动态的环境，使与物体相关的静态的、暂时的、动态的和统计加工过的数据可以互相交换。因为它会成为描述所有自然物体、过程和环境的统一标准，所以其应用将会非常广泛，并且会进入所有行业。随着时间的推移，PML 还会发生演变，就像互联网语言 HTML 一样，PML 现在已经发展为比刚引入时复杂得多的一种语言。

8.5.1 PML 的概念及组成

世界上的事物千千万万，未来的 EPC 物联网也将会庞大无比；自然物体会发生一系列事件，而 EPC 标签里面只存储 EPC 编码的一串数字字符，如何利用 EPC 编码在物联网实时传输 EPC 编码代表的自然物体产生的事件信息，如何利用 EPC 物联网通信语言，值得我们思考。

现有的可扩展级语言 XML 是一种简单的数据存储语言，它仅仅展示数据且简单。任何应用程序都可对其进行读写，这使得它很快成为计算机网络中数据交换的唯一公共语言。XML 描述网络上数据内容及结构的标准，并对数据赋予上下文相关功能。它的这些特点非常适合物联网中的信息传输。为此，在 XML 的基础上发展出了更好的适合于物联网的 PML。PML 是 Savant、EPCIS、应用程序、ONS 之间相互表述和传递 EPC 相关信息的共同语言，它定义了在 EPC 物联网中所有信息的传输方式。图 8-32 为 PML 的组成结构图。PML 是标准词汇集，主要包含两个不同的词汇：PML 核及 Savant 扩充。如果需要，PML 还能扩展更多的其他词汇。

PML 核以现有的 XML Schema 语言为基础。在数据传送之前，PML 核使用 tags（标签，不同于 RFID 标签）来格式化数据，PML 标签是编程语言中的标签概念，如

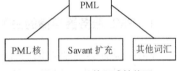

图 8-32　PLM 的组成结构图

\<pmlcore:Sensor\>，同时 PML 核应该被所有的 EPC 网络节点（如 ONS、Savant 及 EPCIS）理解，使得数据传送更为流畅，建立系统更容易。Savant 扩充则被用于 Savant 与企业应用程序间的商业通信。

1．PML 的目标与范围

实体标记语言（PML）通过一种通用的、标准的方法来描述我们所在的物理世界。这项任务如此艰巨，EPCglobal 必须仔细考虑 PML 的目标和它未来的应用。PML 作为描述物品的标准，具有一个广泛的层次结构。例如，一罐可口可乐可以被描述为碳酸饮料，它属于饮料的一个子类，而饮料又在食品大类下面。并不是所有的分类都简单如此，为了确保 PML 得到广泛的接受，我们大量依赖于标准化组织已经完成的一些工作，如国际质量度量局和美国国家标准和技术协会制定的一些标准。

PML 的目标是为物理实体的远程监控提供一种简单、通用的描述语言。它可广泛应用在存货跟踪、自动处理事物、供应链管理、机器控制物对物通信等方面。

PML 被设计为实体对象的网络信息的书写标准。从某种意义上讲，对物品进行描述和分类的复杂性已经从对象标签移开并且将这些信息转移到 PML 文件中。这种预见的信息和它相关的软件工具与应用程序对接在一起，这是"物联网"最棘手的方面之一。PML 的研发是致力于自动识别基础组织之间及进行通信所需的标准化接口和协议的一部分。PML 不是试图取代现有商务交易词汇或在任何其他 XML 应用库中，而是定义一个新的关于 EPC 网络系统中相关数据的定义库来弥补系统原有的不足。

2．PML 在整个 EPC 体系中的作用

PML 在 EPC 系统中主要充当不同部分的共同接口。图 8-33 举了一个例子来说明 Savant、一个第三方应用程序，如企业资源规划（ERP）或管理执行系统（MES）及 PML 服务器之间的关系。

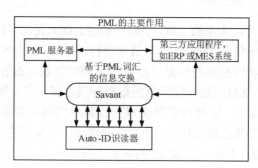

图 8-33　Savant、第三方程序及 PML 服务器之间的关系图

8.5.2　PML 服务

1．PML 服务器存储的主要信息

PML 服务器主要存储每个生产商的原始信息（包括产品 EPC、产品名称、产品种类、生产厂商、产地、生产日期、有效期、是否是复杂产品、主要成分等）、产品在供应链中的路径信息（包括单位角色、单位名称、仓库号、阅读器号、时间、城市、解读器用途及时间等字段）及库存信息。

2．PML 服务器的设计原因

物联网是叠加在互联网上的一层通信网络，其核心是电子产品码（Electronic Product Code）和基于 RFID 技术的电子标签。电子产品码是 Auto-ID 研究中心为每一件产品分配的唯一的、可识别的标识码，它用一串数字代表产品制造商和产品类别，同时附加上产品的系列号以及唯一标识每一个特定的产品。产品电子码存储在电子标签中。物联网的最终目标是为每一个单品建立全球的、开放的标识标准，它的发展不仅能够对货品进行实时跟踪，而且能够通过优化整个供应链给用户提供支持，从而推动自动识别技术的快速发展并能够大幅度提高全球消费者的生活质量。为了降低电子标签的成本，促进物联网的发展，必须减少电子标签的内存容量，PML 服务器的设计为其提供了一个有效的解决方案：在电子标签内只存储电子产品码，余下的产品数据存储在 PML 服务器中，并可以通过某个产品的电子产品码来访问其对应的 PML 服务器。

3．PML 服务器的基本原理

PML 服务器的原理如图 8-34 所示。PML 服务器为授权方的数据读写访问提供了一个标准的接口，以便于访问与电子产品码相关数据和持久存储管理。它使用物理标识语言作为各个厂商产品数据表示的中间模型，并能够识别电子产品码。此服务器由各个厂商自行管理，

存储各自产品的全部信息。在 PML 服务器的实现过程中，有两个非常重要的概念：电子产品码和物理标识语言。

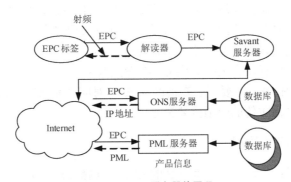

图 8-34　PML 服务器的原理

4．PML 服务器的编码

（1）EPC 是访问 PML 服务器中数据的一把钥匙

在物联网中，电子产品码是产品的身份标识。电子产品码的编码标准是与 EAN.UCC 编码兼容的新一代编码标准，与现行 GTIN 相结合。虽然可以从电子产品码知道制造商和产品类型，但电子产品码本身不包含产品的任何具体信息，如同银行账户和密码是查询个人交易记录的唯一钥匙一样，电子产品码也是访问 PML 服务器中数据的一把钥匙。电子产品码是存储在电子标签中的唯一信息，且已得到 UCC 和 EAN 两个国际标准的主要监督机构的支持，其目标是提供物理对象的唯一标识。

（2）PML 是一种交流产品数据的交换式语言

物理标识语言是一种正在发展的 XML 模式语言，它正被 Auto-ID 中心开发成一种开放的标准，这样全世界任何地方的供应商都可以以一种能被大家理解的统一高效的方式来传输产品的信息，从而避免了多个语言竞争的问题。

为了便于物理标识语言的有序发展，已经将物理标识语言分为两个主要部分（PML 核与 PML 扩展）来研究。PML 核提供通用的标准词汇表来分配直接由 Auto-ID 基础结构获得的信息，如位置、组成及其他遥感探测的信息。PML 扩展用于将由非 Auto-ID 基础结构产生的或其他来源集合成的信息结合成一个整体。第一个实现的扩展是 PML 商业扩展。PML 商业扩展包括丰富的符号设计和程序标准，使组织内或组之间的交易得以实现。

有必要说明的是，物理标识语言作为一种交流语言并不规定具体的产品数据一定要以 PML 文件存储在本地，也不要求指出哪个数据库会被使用，同样也不用指明数据最终存储所在的表或域的名称。但可以预料的是，很多公司会不断地把产品数据存储在他们的关系型数据库中，因为这种数据库的稳定性比较好，而且能用 SQL 实现相当复杂的查询，包括多条件查询和过滤查询。然而同外界交换数据时，它们会用一个翻译层以标准的 PML 格式来标记输出的数据。

5．PML 服务器的主要功能

（1）存储实时路径信息：当产品经过供应链成员节点并被其阅读器捕获时，收集此时的状态信息，并通过产品 EPC 立刻传到与产品对应的 PML 服务器上，以供定位跟踪或其他用途时查询。

（2）查询产品路径信息：实现产品从生产商、分销商、批发商、零售商到最终用户等供应链每个成员节点的路径信息跟踪显示。通过电子标签实现对产品的实时跟踪、产品物流控制和管理，这样各成员可以根据产品路径来推测产品的来源渠道，并判别产品的真伪，也可以据此灵活调节自己的库存，大大提高供应链的运行绩效。

（3）查询产品原始信息：主要用于查询产品 EPC 对应产品出厂时的原始信息，这项信息和路径信息结合作为产品防伪的一项重要措施。

6．PML 服务器的工作流程

（1）查询原始信息：先选择要查询产品的 EPC（选择方式有两种，一种为"手动选择"，即手工从本地数据库选择产品 EPC；一种为"自动选择"，即阅读器读取要查询产品的 EPC），然后执行查询操作，调用客户端 SOAP 请求程序，SOAP 请求程序首先设置一些常规的 SOAP 协议，如远程对象的 URI、调用的方法名、编码风格、方法调用的参数，然后发送 RPC 请求，最后对调用成功与否进行一些常规处理；请求发出后，SOAP 协议根据请求将参数包装成基于 XML 的 SOAP 消息文档。

（2）由于 Tomcat 和 SOAP 自身都是用 Java 语言开发的，所以在服务器端需要配置 Java 运行环境，Tomcat 服务器监听到客户端请求后，首先启动 Java 虚拟机，然后进行解析、验证，确认无误后，将请求发送给 SOAP 引擎。

（3）Apache SOAP 是服务器端处理程序的注册中心。SOAP 接收到 Tomcat 服务器的请求后，首先解析客户端传送过来的基于 XML 的 SOAP 消息文档，然后根据文档内远程对象的 URI、调用的方法名、编码风格、方法调用的参数等定位到相应的处理程序，如原始信息查询对应的服务器端处理程序为 getInforFromEpc String EPC。

（4）服务器端的每一个处理程序都针对的是特定的客户端请求，它通过与数据源交互完成请求，如 getInforFromEpc String EPC 和 parseAndPrint String EPC 就是为了完成原始信息查询功能。getInforFromEpc String EPC 首先检查参数 EPC 是否为空，如果为空，则返回，否则调用 parseAndPrint String EPC，此方法根据 EPC 查找对应的 PML 文件，并解析此 PML 文件，然后提取相应的信息，并将所有的信息放在一个向量内，传给 SOAP 引擎，SOAP 引擎经过编码等一些处理后，将其传到客户端显示。

（5）存储数据。数据源主要用于存储数据。根据 PML 服务器的功能，将它提供的信息分为两类：对内信息和对外信息。对外信息主要指 PML 服务器提供服务所需信息，这类信息又分为两种，即产品出厂时的原始信息和产品经过供应链的路径信息。这些信息用 PML 词汇描述，存储在两类不同的 PML 文件中，并通过 XML Schema 来规定每一类文件的元素和属性范围。对内信息除了包括上述两种信息外，还包括库存信息，这些信息存储在数据库中，以便内部查询和备份。

7．PML 服务器的主要优势

（1）由于采用了 SOAP 进行通信交互，所以解决了两个不同的系统必须执行相同平台或使用相同语言的问题，并使用开放式的标准语法以执行方便的通信。SOAP 采用 HTTP 作为底层通信协议。RPC 作为一致性的调用途径。XML 作为数据传送的格式，允许服务提供者和服务客户经过防火墙在 Internet 上进行通信交互。

（2）由于产品数据放在了 PML 服务器上，并可以通过电子产品码来访问其对应的数据，所以可以将电子标签的容量减少到最少，从而降低其成本，为大量、低成本开发一种便宜的、可随意使用的标签奠定了基础。

（3）由于采用 PML 作为描述产品信息的语言，从而避免了在 N 个竞争语言中，每一种应用于某个特定的工业领域之间 N×N 的转换问题。

8. PML 服务器存在的问题

（1）一个通用的转换程序没实现。在这个系统中，所有的查询数据都存储在 PML 文件中，还没有充分利用关系数据库的优势。

（2）对象命名服务器（用来定位某一电子产品码对应的 PML 服务器，其设计与架构都以互联网域名解析 DNS 为基础）的功能是在局域网用目录查询，因此不考虑其具体功能。

（3）数据安全方面考虑得很少。由于 PML 服务器中的信息不是对所有用户都开放的，所以对不同的数据使用不同的访问权限显得很有必要。

（4）由于存在大量免费和开源的高质量数据库软件和工具，所以会有很多开发者提出许多新的 PML 服务器解决方案。这些新的 PML 服务器解决方案的提出将会促进物联网不断发展。

8.5.3　PML 的设计

现实生活中的产品丰富多样，很难以用一个统一的语言来客观地描述每一个物体。然而，自然物体都有共同的特性，如体积、重量、时间、空间上的共性等。例如，虽然苹果、橙子属于农作物，鲜橙多是橙子加工后的商品，但它们都属于食品饮料，它们的一些相关信息（如生产地、保质期）不会变化。因此，可以用表述物体信息载体的 PML 来设计这些自然物体。

1. 开发技术

PML 使用现有的标准（如 XML、TCP/IP）来规范语法和数据传输，并利用现有工具来设计编制 PML 应用程序。PML 需提供一种简单的规范，通过标签的方案，使方案无须转换，既可可靠传输和翻译。PML 对所有的数据元素提供单一的表示方法，如有多个对数据类型编码的方法，PML 仅选择其中一种，如日期编码。

2. 数据存储和管理

PML 只是用在信息发送时对信息区分的方法，实际内容可以任意格式存放在服务器（SQL 数据库或数据表）中，即不必一定以 PML 格式存储信息。企业应用程序将以现有的格式和程序来维护数据，如 Aaplet 可以从互联网上通过 ONS 来选取必需的数据，为便于传输，数据将按照 PML 规范重新进行格式化。这个过程与 DHTML 相似，也是按照用户的输入将一个 HTML 页面重新格式化。此外，一个 PML "文件" 可能是多个不同来源的文件和传送过程的集合，因为物理环境所固有的分布式特点，使得 PML "文件" 可以在实际中从不同位置整合多个 PML 片断。

3. PML 文件的格式

PML 是在信息发送时对信息进行区分的方法，其实际内容可以任意格式存放在服务器（SQL 数据库或数据表）中，即不必一定以 PML 格式存储信息。企业应用程序可以现有的格式和程序来维护数据，如 Aaplet 可以从互联网上通过 ONS 来选取必须的数据。为便于传输，数据将按照 PML 规范重新进行格式化。这个过程与 DHTML 相似，也是按照用户的输入将一个 HTML 页面重新格式化。此外，一个 PML "文件" 可能是多个不同来源的文件和传送过程的集合，这是因为物理环境所固有的分布式特点，使得 PML "文件" 可以在实际中从不同位置整合多个 PML 片段。

4．设计策略

现将 PML 分为 PML Core（PML 核）与 PML Extension（PML 扩展）两个主要部分进行研究。如图 8-35 所示，PML 核用统一的标准词汇将从 Auto-ID 底层设备获取的信息发布出去，如位置信息、成分信息和其他感应信息。由于此层面的数据在自动识别前不可用，所以必须通过研发 PML 核来表示这些数据。PML 扩展用于整合 Auto-ID 底层设备不能产生的信息和其他来源的信息。第一种实施的 PML 扩展包括多样的编排和流程标准，使数据交换在组织内部和组织间发生。

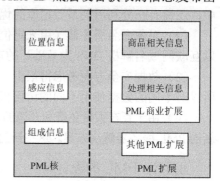

图 8-35　PML 核与 PML 扩展

PML 核专注于直接由 Auto-ID 底层设备生成的数据，其主要描述包含特定实例和独立于行业的信息。特定实例是指条件与事实相关联，事实（如一个位置）只对一个单独的可自动识别对象有效，而不是对一个分类下的所有物体均有效。独立于行业的信息是指其数据建模方式，即它不依赖于指定对象参与的行业或业务流程。

PML 商业扩展提供的大部分信息对于一个分类下的所有物体均可用，大多数信息内容高度依赖于实际行业，如高科技行业组成部分的技术数据远比其他行业通用。这个扩展在很大程度上是针对用户特定类别的并与它所需的应用相适应。目前 PML 扩展框架的焦点集中在整合现有电子商务标准上，其扩展部分可覆盖到不同区域。

至此，PML 设计提供了一个描述自然物体、过程和环境的统一标准，可供工业和商业中的软件开发、数据存储和分析工具使用，还提供了一种动态的环境，使与物体相关的静态的、暂时的、动态的和统计加工过的数据可实现相互交换。图 8-36 为 PML 作为相互通信的通用语言示意图。

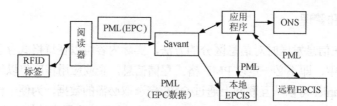

图 8-36　PML 作为相互通信的通用语言示意图

8.5.4　PML 的应用

EPC 系统的一个最大好处就是能够自动跟踪物体的流动情况，这对企业的生产及管理有很大的帮助。通过 PML 信息在 EPC 系统中的流动情况，可以看出 PML 最主要的作用是作为 EPC 系统中各个不同部分的一个公共接口，即为 Savant、第三方应用程序（如 ERP、MES）、存储商品相关数据的 PML 服务器之间的共同通信语言。现举例如下。

　　一辆装有冰箱的卡车从仓库中开出，在其仓库门口处的阅读器读到了贴在冰箱上的 EPC 标签，此时阅读器将读取到的 EPC 编码传送给上一级 Savant 系统。Savant 系统收到 EPC 编码后，产生一个 PML 文件，并将其发送至 EPCIS 服务器或者企业的管理软件，通知这一批货物已经出仓了。

　　该实例的 PML 文档如下。

```
<pmlcore:Observation>
<pmlcore:DataTime>20070712150434</pmlcore:DateTime>
<pmlcore:Tag><pmluid:ID>urn:epc:1.3.42.356</pmluid:ID>
<pmlcore:Data>
<pmlcore:XML>
<EEPROM xmlns='http://tag.example.org/'>
<FamilyCode>12<Familycode>
<ApplicationIdentifier>123</ApplicationIdentifier>
<Block1>FFA00456F</Block1>
<Block2>58433791</Block2>
</EEPROM>
</pmlcore:XML>
</pmlcore:Data>
</pmlcore:Tag>
<pmlcore:Observation>
```

　　该实例的 PML 文档简单、灵活、多样，并且人也可阅读、易理解的。下面简要说明 PML 文档中的主要内容。

　　（1）在文档中，PML 元素在一个开始标签（注意，这里的标签不是 RFID 标签）和一个结束标签之间，如<pmlcore:observation>和</pmlcore:observation>等。

　　（2）<pmlcore:Tag><pmluid:ID>urn:epc:1:2.24.400</pmluid:ID>是指 RFID 标签中的 EPC 编码，其版本号为 1，域名管理.对象分类.序列号为 2.24.400，这些序列号可以由相应 EPC 编码的二进制数据转换成十进制数据。URN 为统一资源名称（uniform resource name）。

　　（3）文档中有层次关系，因此注意相应信息标识所属的层次。文档中的所有标签都含有前缀"<"及后缀">"。该实例的 PML 核简洁明了，所有的 PML 核标签都很容易理解。同时 PML 独立于传输协议及数据存储格式，且不需其所有者的认证或处理工具。

　　在 Savant 将 PML 文件传送给 EPCIS 或企业应用软件后，企业管理人员可能要查询某些信息，如 2007 年 7 月 12 日这一天，1 号仓库冰箱进出的情况，如表 8-27 所示，EPC_IDn 表示贴在冰箱上的 EPC 标签的 ID 号。

表 8-27　　　　　　　　　　　　　　　　　冰箱流动表

		地点			
		……	1 号工厂	2 号工厂	1 号仓库	……
时间	……	……	……	……	……	……
	20070711	……	EPC_ID1		EPC_ID2	……
	20070712	……	……	EPC_ID1、2	EPC_ID1	……
	20070713	……	……		EPC_ID2	……
	……	……	……	……	……	……

这里为便于理解，将其 PML 信息形象地绘制成一幅三维空间图像，坐标轴名称分别为时间、物体 EPC 编码、地理位置。由于阅读器一般都事先固定好，所以地理位置便可用阅读器的 ID 号来表示，RD_ID2 代表 1 号仓库。

下面查询 PML 文件信息。可采用下列查询语句：

```
SELECT COUNT(EPCno) from EPC_DB where Timestamp="200707012"and ReaderNo="Rd_ID2"
```

这里只是简单地采用了 SQL 中的 COUNT 函数。但是实际情况要比这个复杂得多，可能需要跨地区、时间，综合多个 EPCIS 才能得到所需的信息。

可以预见，PML 的应用随着 EPC 的发展将会非常广泛，并将进入所有行业领域。

高度网络化的 EPC 系统意在构造一个全球统一标识的物品信息系统，它将在超市、仓储、货运、交通、溯源跟踪、防伪防盗等众多领域和行业中广泛应用和推广。物联网中的信息载体采用的是 PML。PML 不是一个单一的标记语言，它应随着时代的变化而发展。

习　题　8

1. 什么是 EPC？
2. 简述 EPC 的编码原则。
3. 什么是 ONS？
4. 简述 PML 的作用。

第9章 RFID 技术的典型应用实例

RFID 是易于操控，简单实用且特别适合用于自动化控制的灵活性应用技术。随着 RFID 技术的成熟和普及，RFID 技术会给众多行业的发展带来积极的作用。本章将介绍 RFID 在零售业仓储管理及整车物流系统中的应用。

9.1 RFID 在零售业仓储管理中的应用

9.1.1 仓储管理的现状

现代仓储不是传统意义上的仓储，传统的物流业者往往把仓储仅仅看成是物品的储存，这种以储存为目的的仓储管理要求在长期的保管中能维持物品的价值和效用，同时能提高仓库的利用效率即可。但随着现代消费者需求的个性化和多样化的发展，产品的生命周期缩短，新产品投放市场的速度加快，少品种、大批量的生产方式必然向多品种、小批量的生产方式转化。这种变化要求物流活动从少品种、大批量物流方式向多品种、小批量、多批次小数量的方式转变，从而使传统的以被动型"储存"概念为基础，以提高储存效率为中心的储存型仓储方式，向现代的以主动型"流通"概念为基础，以提高客户物流服务水平为中心的流通型仓储方式转变。这种流通型仓储方式的仓储业称为现代仓储业。

仓储管理内部涉及的信息流和物流是交错复杂的，其主要业务流程如图 9-1 所示。随着物流向供应链管理发展，企业越来越多地强调仓储作为供应链中的一个资源提供者的独特角色。仓库再也不仅是存储货物的库房了。仓储角色的变化用一句话概括，就是仓库向配送中心的转化。仓储功能从重视保管效率逐渐变为重视如何才能顺利地进行发货和配送作业。

目前国内的信息化仓储管理正处在刚刚起步的阶段，自动化仓库使用中存在的主要问题是利用率低、效果不明显、规模不确定、优势不突出，使许多库场资源闲置，而且如今的仓库作业和库存控制作业已十分复杂多样化，仅靠人工记忆和手工录入，不但费时费力，而且容易出错，给企业带来巨大损失。因此仓储管理需要信息化的系统平台协调各个环节的运作。仓储管理是一个很有实际应用价值的问题，各个企业的情况有其独特性，试图在短期内开发出适合各个企业的系统是不可行的，但可以循序渐进地将 RFID 等新技术应用于仓储管理中，合理配置仓库资源、优化仓库布局和提高仓库作业水平，从而提高企业竞争力。

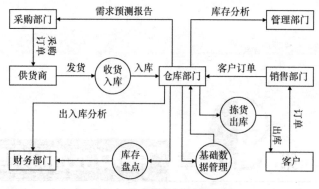

图 9-1 仓储管理主要业务流程

9.1.2 仓储基本运营流程分析

仓库基本运营包括移动和储存，储存可能是最明显易懂的仓储运营活动，移动看起来反而有点不合情理。然而，短距离的移动是仓储管理中非常重要的一方面。移动是配送和直接转拨产成品的仓库特征，到达仓库的产品，可以迅速配送，从而实现高周转率。而长期储存（超过 90 天）的物品常常与原材料或半成品联系在一起，因为它们的价值较低、风险较小，只需要简单的储存设备而且涉及数量折扣。

现代零售企业仓储运营活动的对象多为产成品，而产成品存货需要快速周转并且要求在配送时进行顺畅、高效的移动。因为这类存货的持有成本高，需要复杂的储存设备以及承担灭失、损坏和过时的风险。因此，移动功能在零售业仓储管理中显得尤为重要。

如图 9-2 所示，零售业仓储管理的基本运营流程如下。

（1）接收，从供应商处（食物、日常用品、电器设备供应商等）接收货物进入仓库。

（2）入库，把货物传输到仓库中的特定位置。

（3）储存，使用多种货物处理设备移动和存放货物。

（4）补货单拣货，按照零售点补货单选择特定的货物组合。

（5）运输，装载货物，并将货物运输到指定零售店。

在接收过程中，进货的承运人按期在特定时间运送货物，以提高仓库的劳动生产率和卸货效率。货物从运输工具上移至收货装卸平台，一到装卸平台就检查货物的损坏情况。任何损坏都会被记在承运人的发货收据上，然后签收收据。在货物入库之前，要核对购买订单，以确认接收的货物同订购的一致。

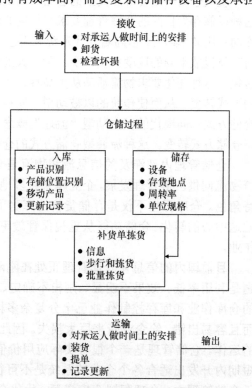

图 9-2 零售业仓储管理的基本运营流程图

入库是指将货物从收货装卸平台移动到仓库的存储区。这个过程包括确认货物信息和货物的储存位置，并将货物移到合适的位置上。最后，更新仓库的存货记录，以反映货物的接收情况及其在仓库中的位置。

储存过程会使用多种货物处理设备，如移动货物的叉车、传送带，以及储存货物的架子、特定箱柜等。置放存货通常使用三种标准：周转率、单位规格和体积。周转率标准一般是将受欢迎的物品放在邻近运输区的地方，而将不太受欢迎的产品远离运输区，使用这种方法，拣货员穿越较短的距离就能拣出所订购的最常用货物，从而减少补货单拣货所需的时间。单位规格标准建议将小型物品放在距离运输区较近的地方，而大型物品则放置在离运输区远的地方，这样就能有更多的货物可以放置在临近运输区的地方，从而减少拣货员穿越的距离以及拣货的时间。体积标准是单位规格的一种变型。

补货单拣货过程需要工作人员从存货区选择补货单上需要的货物，补货单信息是通过拣货单传送给工作人员的。有时要安排拣货单上的产品，以让工作人员从一件物品到另一件物品再到货物装卸平台所经过的路线距离最小，从而使补货单拣货的效率最高。在批量拣货的过程中，所有订单上给定货物的单位总量一次被拣出并送到货物装卸平台。

最后的仓储运营活动是运输。在出货承运人（零售企业内部职员）到达货物装卸平台后，货物装车，运输至各零售网点。最后，更新仓库信息系统，以反映货物已离开仓库并运输至零售网点。

9.1.3　仓库管理需求分析

从前面仓储管理的介绍可以看出，传统的零售业仓储管理模式都较为简单，静态，人工干预多，普遍存在货物库存量巨大、货物跟踪困难、资金和货物周转率较低、人力成本偏高、重复劳动多、物流管理的信息和手段落后等缺点，因此尽管企业营业额越来越高，但是利润却越来越低。传统的零售业仓储管理大多采用条码扫描技术作为仓储管理中物流和信息流同步的主要载体，同时结合手工录入的方式，而这些已不能保证正确有效地进货、库存控制及发货，进而导致管理费用增加，服务质量难以得到保证，从而影响企业的竞争力。目前的仓储管理主要存在以下问题。

1. 人工扫描工作量大

当前的零售业仓储管理系统普遍采用条形码扫描与手工录入相结合的手段，而人工扫是条形码系统的必须动作，条形码技术基于光学原理，需要工作人员将扫描仪对准条形码后才能获取货物数据信息，因此人工扫描工作量随货物的周转量和货物周转次数的增加而增加。而在零售企业内部，货物处理不仅量大，而且相当频繁，货物从生产完成到销售的整个营运过程需要经过多次进出货、盘点操作，某些特殊货物还需要多次再处理，在现有条形码系统支持下，这些操作发生前都要求仓储工作人员进行人工扫描条形码，以识别特殊货物。Auto ID 中心调查发现，一个配送中心每年花在人工清点货物和扫描条形码上的时间大于 1 000 小时，人工扫描工作量相当大。

2. 仓储乃至供应链缺乏可见度

可见度包括供应商信息对零售企业可见，也包括零售企业内部各部分处理过程信息的相互可见，如各货物供应商能否及时送货、前置时间、装运情况等基本信息的共享。供应链缺乏可见度直接表现为不透明的库存、不准确的供给预测、过时或错误的决策依据，从而导致零售企业在维持一定成本的前提下，出现居高不下的缺货率、生产和收付延迟、库存积压等情况。而传统的仓储管理采用的条形码技术只能标识某类商品或某次处理过程，并且无法被重新改写，因而无法提供更为详细的信息米进行实时跟踪、监控和管理，也无法进一步提高供应链的可见度。

3．业务流程烦琐

从货物生产完成，然后运送到零售企业仓库，最后运送到各零售网点这个过程，由于条形码中包含的信息有限，为区分和满足商品所处不同阶段的需求，在利用现有条形码系统进行货物处理时，需要加贴多种条形码。目前国内零售企业的普遍做法是，在商品进入仓储中心时，在相应容器上加贴物流码，进入零售门店时，加贴店内码，以区别于供应商的原印条形码，多种条形码的存在大大增加了商品处理流程的复杂度和工作量。

4．货物存储容易出现差错

零售业仓储管理具有流量大、种类多、操作频繁等特点，利用条形码技术，要求工作人员对商品逐一扫描，如果缺乏对员工的有效监督，可能出现货物漏记、少记等情况，甚至出现商品失窃问题，这些现象的存在造成了货物的缩水损失，而这些意料外的损失给企业带来的影响往往是巨大的。

RFID 技术具有以下特点：可以非接触识别；无需"视线"所及，可以穿过水、油漆、木材甚至人体进行识别；可以识别快速移动的物品；载体的容量大；读写快速高效；可重复读写；可同时识别多个物品；抗干扰耐腐蚀等。

利用 RFID 技术，从根本上改变信息采集和存储方式，在大幅降低企业成本的同时，可以更有效地与实际业务结合来提高仓储管理效率，不仅适应当前企业仓储管理角色逐步转变的趋势，也为企业带来长期的商业利益，利用 RFID 技术提高仓储管理效率主要表现为以下几方面。

1．大幅减低人工扫描工作量

AMR Research 预测：应用 RFID 技术的零售企业可节约 60%～93%的直接人工费用。沃尔玛实施 RFID 计划后，节约 15%的人工扫描成本。利用 RFID 技术配合仓储管理信息系统，在货物到达读写器可识别范围内时，系统将自动识别货物，识别过程无须人工干预且耗时极短。

2．提高仓储乃至供应链的可见度

RFID 能够让仓储运营各环节的参与者随时了解货物在何时何地制造，能够让所有参与者知道关于货物的所有信息，就好像你不仅知道一个学校有 1 000 人，而且知道他们的名字与籍贯等信息。RFID 技术的应用，带来了具体到某一单品的相关信息，由于标签的容量大，所以标签可以包含如下信息：单个货物的完整入库、出库信息；单个货物的制造数据，如制造厂、质量数据等；单个货物的技术数据，如使用说明；运输、储存过程中的实时跟踪与监控数据等。这些信息的存在使得仓储运营流转过程清晰可见，货物处理过程中所需的大部分实时信息都可以从标签中直接获得，极大地提高了仓储乃至供应链的可见度。

3．简化业务处理流程

应用 RFID 技术后，采用可读写的电子标签，可以通过特定读写器直接在标签上重复读取、修改、写入数据。利用电子标签强大的存储能力，将与各运营环节相关的关键数据都保存在标签上，当后续处理环节需要以往货物处理的相关数据时，无须频繁地访问企业数据库。

根据货物所处的不同阶段和状态，也可以选择性地通过读写器从电子标签中读取和修改所需信息，信息处理过程得到简化。

4. 降低货物库存差错带来的损失

RFID 技术的使用，可以实现真正的货物自动识别，进出货及盘点等过程中需要人工扫描的动作将由读写器自动完成，从而使统计精确度大幅度提高，进一步降低进出货、盘点等过程中统计失误的发生。随着 RFID 的应用，对于每一单品都可以给予唯一的标识，从而可以有效地监控货物进出库行为，在货物被非法带出时，及时报警，从而减少失窃损失。

9.1.4　RFID 标签数据设计

在 RFID 仓储管理系统中，需要将现有的识别信息存储到 RFID 标签中，同时，为了满足新的应用需求，还需要设计 RFID 标签的用户自由存储区的格式。因为在零售业仓储管理中，RFID 系统的应用涉及出入库、盘点等多个环节，所以在采用 EPC 编码对具体货物进行唯一标识的同时，也针对用户自主存储区进行数据格式设计，以满足新的应用需求。为了兼容企业原有较为成熟的条码系统，给出了 EAN·UCC 条码向 EPC 编码转换的思路。

RFID 标签内存分为保留区、EPC 区、标签识别号（TID）区和用户区 4 个独立的存储区块。保留区存储自毁密码和访问密码；EPC 区存储 EPC 码；TID 区存储标签识别号码，每个TID 号码应该是唯一的；用户区存储用户定义的数据。此外还有各区块的 Lock（锁定）状态位等使用的也是存储性质单元，具体存储结构见表 9-1。

表 9-1　　　　　　　　　　　　**EMS UHF-G2-525HT 标签内部存储结构**

UHF-G2_525HT 标签存储区域	大小
保留（32bit 访问密码和 32bit 自毁密码）	64bit
EPC 码（包括 16bit CRC 和 16bit PC）	240bit
标签 ID（TID）（包括唯一的 32bit 序列号）	64bit[8 byte]
用户（用户自由存储区）	512bit[64 byte]

根据零售业仓储管理的需要，用户自由存储区可以分为：标头、对象 ID、记录段标头、记录段。标头部分用于标识后续描述信息的编码规则，为未来应用扩展保留空间；对象 ID 部分类似 EPC 区的序列号，标识同类对象的唯一辨识号；记录段标头部分用于标识记录段的编码规则，标识记录段描述内容的类型；记录段部分根据用户应用需求，记录相关信息，如表 9-2 所示。整个用户区由零售企业自行规定和维护。

表 9-2　　　　　　　　　　　　**记录段规范**

标头编号	记录方式
0001	记录方式 1
0010	记录方式 2
0011	……
0100-1110	保留
1111	可扩展记录

结合上述分析，标签在零售业仓储管理中能够得到有效利用，图 9-3 给出了电子标签在仓储管理应用中的具体结构以及两个例子。

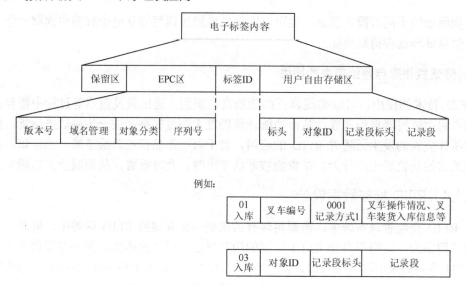

图 9-3 电子标签在仓储管理应用中的具体结构

企业在建设基于 RFID 的应用系统时，可以充分运用企业原有的编码方式，以降低对企业的影响。例如，将仓储管理中使用的叉车、货架及一些关键部件的条码信息直接转换成 EPC 编码，这样就能充分运用现有的 EAN·UCC 条码产品识别码，减少使用 RFID 造成的冲击。下面以 EAN-128 条码为例介绍将原有条码标识信息转换成 EPC 编码的方案。

EAN 码是国际物品编码协会制定的一种商品用条码，通用于全世界，在我国推行的 128 码就是 EAN-128 码。同时，仓储管理中也普遍采用 EAN 码。EAN-128 条码的基本构成如图 9-4 所示。其中各字段的含义如表 9-3 所示。

图 9-4 EAN-128 条码的基本构成

表 9-3   EAN-128 各字段的含义

代号	码别	长度	说明
A	应用识别码	18	01 代表后面接收的数字为 GTIN 码
B	包装形态指示码	1	包装形态指示码
C	前置码与公司码	7	厂商识别码
D	自行编定序号	9	贸易项代码
E	校验码	1	校验码
F	应用识别码		21 代表后面所接数字为序列号
G	序列号		序列号

SGTIN-96 由 6 个字段组成：标头、滤值、分区、厂商识别代码、贸易项代码和序列号。

标头：标头 8 位，二进制值为 00110000。

滤值：滤值不是 GTIN 或者 EPC 标识符的一部分，而是用来快速过滤和预选基本物流类型，见表 8-7。

分区：指示随后的厂商识别代码和贸易项代码的分开位置。分区结构与 EAN·UCCGTIN 中的结构相匹配，在 EAN·UCCGTIN 中，贸易项代码加上厂商识别代码（加唯一的指示位）共 13 位。厂商识别代码在 6～12 位之间，贸易项代码（包括单一指示位）在 7 位到 1 位之间。分区的可用值、厂商识别代码和贸易项目代码字段的相关大小在表 8-8 中定义。

厂商识别代码：包含 EAN·UCC 厂商识别代码的一个逐位编码。贸易项代码：包含 GTIN 贸易项代码的一个逐位编码。指示位和贸易项代码字段以下方式结合：贸易项代码中以零开头是非常重要的，把指示位放在域中最左位置。例如，00235 与 235 不同。如果指示位为 1，结合 00235，结果为 100235。结果组合看作一个整数，编码成二进制作为贸易项代码字段。

序列号：包含一个连续的数字。这个连续数字的容量小于 EAN·UCC 系统规范序列号的最大值，而且在这个连续的数字中只包含数字。

生成 SGTIN-96 编码信息的步骤如下。

（1）生成标头值：因转成 SGTN-96，经查表可得 Header 为 0011000，经转换成十进制为 48。标头值格式见表 9-4。

表 9-4　　　　　　　　　　　　产品电子代码标头

标头值（二进制）	标头值（十六进制）	编码长度	编码方案
0010 1111	2F	96	DoD-96
0011 0000	30	96	SGTIN-96
0011 0001	31	96	SSCC-96
0011 0010	32	96	SGLN-96
0011 0011	33	96	GRAI-96

（2）生成滤值：假设标签标识的商品包装形式为单一包装，一般消费者购买单一，故值为 011，经转换成 10 进制后，其值为 3。

（3）分区值：该值定义厂商识别码与贸易项目代码这两个字段的长度形式，而厂商识别码根据 EAN-14 的编码规定，第 2～8 码为公司码，故取 AI（01）10614141007346 之第 2～8 码，其值为 0614141，长度为 7 码，故 Partition 值为 5。

（4）厂商识别码的产生：根据 EAN-14 的编码规定，第 2～8 码为公司码，故取（01）10614141007346 之第 2～8 码，其值为 0614141。

（5）贸易项目代码的产生：根据 EPC 的转码规范，贸易项目代码是 EAN-14 之第 1 码（Indicator Number）加上第 9～13 码（Item Reference），故取 AI（01）10614141007346 之第 1 码加上 9～13 码，其值为 100734。

（6）序列号的产生：因 AI（21）其后所接数字为序号，故序号之值为 AI（21）2 后面的 2，值为 2。

了解 AI 之后，可以根据 EPC 转码标准进行转换，得 EPCCode 为 48.3.5.0614141.100734.2。整体转换过程可参考图 9-5。

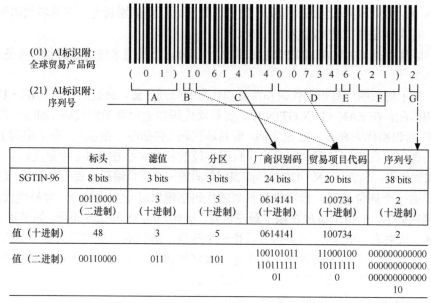

	标头	滤值	分区	厂商识别码	贸易项目代码	序列号
SGTIN-96	8 bits	3 bits	3 bits	24 bits	20 bits	38 bits
	00110000 （二进制）	3 （十进制）	5 （十进制）	0614141 （十进制）	100734 （十进制）	2 （十进制）
值（十进制）	48	3	5	0614141	100734	2
值（二进制）	00110000	011	101	100101011 110111111 01	11000100 10111111 0	000000000000 000000000000 000000000000 10

EPC编码（二进制） 00110000 011 101 10010101110111111101 11000100101111110
0000000000000000000000000000000000000010

图9-5 EAN-128 转换 EPC（SGTIN-96）操作示意图

9.1.5 系统总体方案设计

1. 系统操作流程设计

出厂阶段，供应商为其生产的每一件货物加上一个 RFID 标签，如图9-6 所示。每个标签含有一个唯一标识的产品编码，因而可以准确定位到一个实体产品对象。在货物出厂时，生产商通过门楣上的识读器依次对每件货物进行识别、计数，装车后，自动更新后台数据库，从而实现供应商和零售企业对货物的实时跟踪查询，此时供应商和零售企业均可通过系统查询订单。

货物入库操作步骤如下。

（1）零售企业仓库接收供应商的发货通知单。

（2）仓储管理系统根据货物的类型选择仓库，并且分配货物的货位。

图9-6 货物出场阶段流程

（3）货物到卸货区后，使用库门口的固定 RFID 识读器批量读取货物标签，采集货物信息，同时确认实际验收入库的货物数量并与进货通知单核对，然后更新数据库。

（4）核对无误后，工作人员根据货位，使用入库设备将货物上架。

（5）手持读写器更新货架标签信息。

（6）将处理结果通过手持识读器上传至后台数据库中。

库存盘点是对仓库的实际库存数量进行清点，并与账面数量进行核对，具体操作如下。

（1）选择要进行盘点的库区和储位，生成盘点清单，录入手持 RFID 识读器中。

（2）工作人员持手持 RFID 识读器进入需要盘点的区域，读取货架信息，获得区域仓储货物的实际数量。

（3）将手持 RFID 识读器中的数据上传至后台管理系统中。

（4）系统计算出仓库货物溢出或损失的数量。

拣货出库主要根据货物补货单，对货物分拣处理，并进行出库管理，具体操作如下。如图 9-7 所示。

（1）仓储系统接收来自零售网点的补货单。

（2）系统遵循一定的出库准则安排拣货的最佳路径，录入手持 RIFD 识读器中。

（3）工作人员持手持 RFID 识读器依次拣货，同时更新货架信息。

（4）货物运送至装卸平台后，固定 RFID 识读器自动扫描货物信息，确认补货单信息。

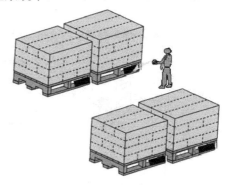

图 9-7　拣货出库流程

货物到达零售企业的零售网点后，货架能自动识别新添加的货物，同时自动更新后台数据库；如果货物被顾客拿走且达到预定补货数量，货架就会向补货模块发送信息，该系统可向供应商自主下订单，从而大大降低了零售企业自身仓储的"安全出货量"。

9.1.6　系统业务流程设计

基于 RFID 的仓储管理业务流程图如图 9-8 所示，将零售企业内部错综复杂的物流和信息流简单标识出来。

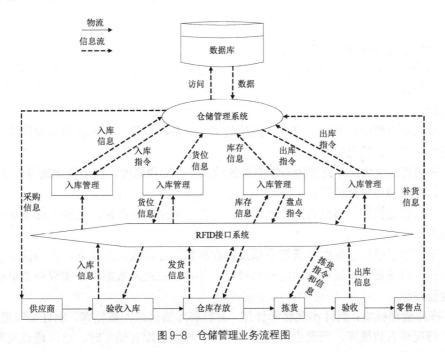

图 9-8　仓储管理业务流程图

9.1.7　系统功能模块设计

基于上述系统操作流程及业务流程的设计，将系统总体功能模块分为系统管理模块、基本信息模块、货物管理模块、入库管理模块、出库管理模块、在库管理模块等业务模块，如图 9-9 所示。通过各个功能模块与现场物流信息间的实时交互，初步实现自动收集货物、货位信息，智能引导入库及出库作业，达到货物入库自动化、智能化管理的目的。

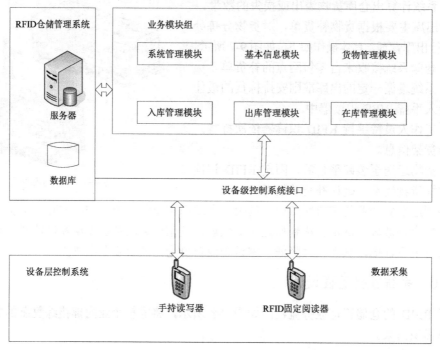

图 9-9　RFID 仓储管理系统

简单介绍上述各模块实现的功能。

（1）系统管理模块：新建用户，修改口令，对于不同权限的用户开放不同等级的管理功能。例如，管理员用户管理自己、系统用户以及普通用户的信息；系统用户管理自己以及普通用户的信息等。

（2）基本信息模块：添加、修改、删除员工、设备、货位、供应商和零售网点的基本信息；管理系统的日志信息等。

（3）货物管理模块：有关货物基本信息的输入、查询和修改，包括货物编号、货物名称、规格型号、种类和计量单位等。

（4）入库管理模块：清点将入库的货物，并将信息录入数据库；实现入库单从通知到入库的全程跟踪。

（5）出库管理模块：依据补货信息以及库存现状制订修改出库计划；自动搜索仓库，指引出库操作人员拣货，实现货物的出库和清点，并将信息录入数据库，实现补货单从通知到清点的全程跟踪。

（6）在库管理模块：制订实现移库计划，并将移库情况录入数据库；制订实现盘点计划，并将盘点情况录入数据库，当盘点出的仓库库存量与数据库有偏差时，可以通过此模块对产品存量进行微调。

RFID 技术给物流仓储领域带来很大的技术革新，它极大地提高了仓储物流信息的采集速度与物流作业效率。RFID 技术的运用，实现了货物的先进先出管理，也使仓库库存实时化管理成为可能。管理人员和相关部门可以实时、准确地掌握配送中心仓库的库存情况。仓库库存的实时化管理为公司领导和相关部门的经营决策提供了科学的依据。由于 RFID 能迅速精确地计算货物总量，跟踪流动货物、调查货物过剩及监控货物短缺问题的费用将大大减少。

通过信息系统，各部门与仓库直接联机，详细储存每项产品的生产日期、销售数量、库存状态、有效日期、存放位置、销售价值和成本等数据。有关数据通过数据专线与各部门直接联机，各个职能部门及仓库能及时了解出库销售和存货状况，并按实际情况及时安排采购以补足货物存量。在仓库库存不足时，公司的计划部门及生产系统也会实时安排生产，并预定补货计划，以免出现断货情况。信息系统完全实现实时数据转换，决策部门可以随时掌握最新的数据，做出相对准确的决策。

9.2　基于 RFID 的整车物流管理系统

9.2.1　需求分析

随着汽车产业对制造、管理环节要求的不断提升，需要实时采集各类生产数据、质量信息并对相应产品进行监控与追踪。尽管很多企业已经成功实施 ERP 系统，并在整车生产车间实施了条码追踪系统，提高了企业综合效益，实现了信息共享。但条码追踪系统极大依赖于现场操作工人，受现场工作环境制约，存在一定的局限性：条形码存在一定的制作成本，循环使用率不高；条形码扫描须人工操作，容易出现漏扫等情况；由于生产环境比较恶劣，条形码表面受污染后导致无法识别，只能由人工将编码输入系统，影响生产效率；某些流水线环节无法设置人工扫描点，导致不能实时监控整车生产状态，现场操作工人在没有扫描点的环节，只能通过人工观察车体外观对车型进行判别，影响生产效率并增大人工误差。射频识别（Radio Frequency Identification，RFID）作为一种先进的非接触自动识别技术，可以弥补传统条码技术的不足，为解决以上问题提供了一套可行方案并逐步应用于汽车生产企业。

基于 RFID 的整车物流管理系统具有以下基本需求。

（1）设立基于 RFID 的汽车物流关键环节控制点体系，建立 RFID 在汽车物流管理中的应用模式。在总装车间下的线点、总厂库、中转库、经销商等部门的关键物流环节上安装 RFID 读写设备，当汽车通过这些关键点时记录其数据，建立健全基于 RFID 技术的汽车物流管理体系，该体系能实时记录质量问题。

（2）基于 RFID 的整车物流数据采集系统。通过规范的信息接口，RFID 设备读取物流人员标签信息和车载标签信息，获取汽车途径各个节点的原始物流信息。这些信息包括驳运员与汽车的绑定信息、大板车与整车的绑定信息、汽车所经物流环节的时间信息、整车状态信息等。

（3）物流数据分析和反馈。对采集的各项数据进行分析统计，获取有效统计结果，并将分析结果反馈到质量管理体系中，为员工绩效、供应商评价、物流周转提供可靠依据。

（4）能够对整车状态进行实时动态跟踪。建立对单个目标的跟踪十分重要，因为通过对目标的唯一标识，很容易判断是否出现仿制和伪造的情况，同时便于跟踪信息的记录和查询指引。通过在各环节点上用 RFID 设备读取车载 RFID 标签信息，获取整车在不同时期的状态、所处位置等信息，为各相关部门提供了整车实时监控信息。在整车运输过程中，将 RFID

与 GPS 定位系统相结合，通过实时跟踪人与车辆的具体位置，可以根据订单号（或者整车的 VIN 号等）查询所关注车辆的实时地理位置信息，并且了解车辆的真实来源。

汽车制造业生产管理难度大、环境较为恶劣，在激烈的市场竞争压力下，企业急需新的生产管理手段。射频识别技术作为一项新兴技术，其自动快速识别的特性，以及良好的环境适应能力，迎合了汽车制造企业的需求，RFID 应用于汽车制造是大势所趋。

9.2.2 汽车整车生产流程

企业的汽车整车生产过程主要包括冲压、焊接、涂装和总装四大工艺。首先，冲压车间将采购的板材冲压成各种车体冲压件，成品存入冲压件成品库；然后，根据焊接生产计划将冲压件配送到焊接车间，焊接生产线采用流水线的生产方式将冲压件焊接成白车身，焊接下线后，白车身通过传送链运输到涂装车间，经过之前的处理后整车进入面漆线，最后，涂装结束后合流进入总装车间；整车装配下线后，经过检测线和路试，合格后进行整车入库，完成整个生产过程。整体生产流程如图 9-10 所示。

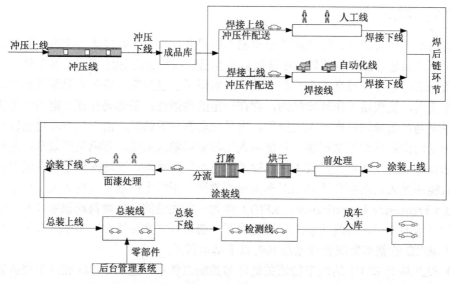

图 9-10 整车生产流程

9.2.3 RFID 系统架构方案

尽管很多企业已经成功实施 ERP 系统，并在整车生产车间实施了条码质量追踪系统，提高了企业综合效益，实现了信息共享，但条码质量追踪系统极大依赖于现场操作工人，受现场工作环境制约，存在一定的局限性。RFID 作为一种先进的识别技术，可以弥补以上传统条码技术的不足，使原有系统在流程管理与质量监控等方面得到有效改善。基于生产流水线相关工序上的 RFID 系统的实施，有利于优化物流供应链的管理，促进效能整合，缩短反应时间；改善整个生产周期的追溯监管质量；精简工作队伍，加强从内部团队到整个供应链间的协作。

基于以上汽车生产需求分析，考虑到企业对管理目标的要求，提出的 RFID 系统架构方案包括系统接口层、中间件层、物理层与标签部署层，如图 9-11 所示。

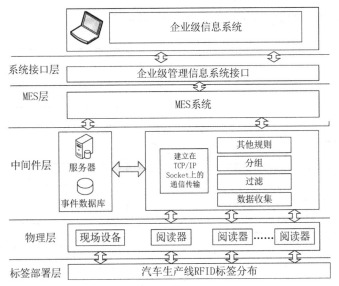

图 9-11　RFID 系统架构

生产现场部署的 RFID 阅读器主要用于收集汽车整车生产过程中的相关信息，供过程监督和控制分析使用。RFID 中间件独立于阅读器和后端应用程序之间，能与多个阅读器以及后端应用程序连接，负责管理阅读器，将采集到的数据过滤后传递给 MES 层（制造执行系统，能通过信息传递，对从订单下达到产品完成的整个生产过程进行优化管理）。当工厂中有实时事件发生时，MES 能对此及时做出反应、报告，并用当前准确的数据对它们进行约束和处理。MES 层利用 RFID 系统采集的数据和其他信息系统的信息来管理控制在制品的生产，并将相关生产信息及时呈递给生产管理部门，使企业领导和生产管理人员能够掌握第一手的生产作业情况；同时，管理部门可根据这些信息及时调整生产作业计划，以求在最短的时间内顺利完成生产。

9.2.4　应用于汽车制造业的 RFID 标签编码体系要求

建立一个体系或设计一个系统时，首先要根据总体情况和需求来确立建设该系统或体系的基本原则，以保证该系统或体系的合理性和可靠性。应用于汽车制造业的 RFID 标签编码体系至少应满足以下要求。

（1）科学性和合理性。编码应符合科学规律、符合信息系统和自动识别系统一般规律、符合代码逻辑规律和一般理论要求。

（2）适用性和可操作性。编码体系应符合电子标签在汽车零部件储存、运输和使用过程中的实际情况，符合电子标签自动识别系统的情况，满足使用的容量要求。

（3）兼容性和可扩展性。该电子标签编码体系与已有汽车零部件编码体系须具有兼容或继承关系，并且保证以后汽车零部件编码体系的可扩展性。

9.2.5　应用于汽车制造业的 RFID 标签编码结构

根据汽车制造业在 RFID 标签编码体系中的编码对象，可以制定出汽车零部件生产线中射频识别标签的编码内容和编码规则。

RFID 标签的存储内容根据 EPCglobalTM Class1 Gen2 划分为保留内存、EPC 存储区、TID

存储区和用户存储区，逻辑空间分布图如图 9-12 所示。

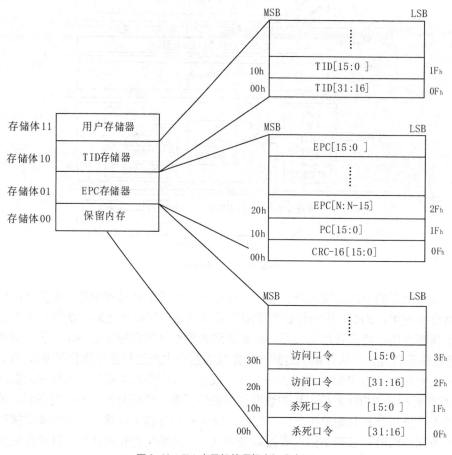

图 9-12　EPC 电子标签逻辑空间分布图

根据应用的不同，RFID 标签编码内容规划有以下两种方案。

保留内存与 TID 存储器 EPC 协议已做出详细规定。在实际应用中，信息主要存储于 EPC 存储器的 EPC 编码区和用户存储器，具体应用方式如图 9-13 所示。

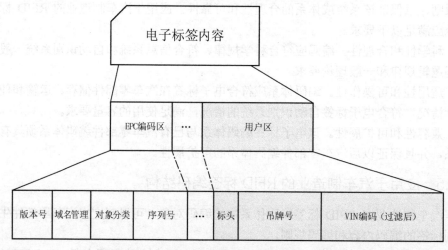

图 9-13　应用于汽车制造业的 RFID 标签编码内容规划

1. 应用于汽车制造业的 RFID 标签编码内容

（1）EPC 编码区

标签出厂时被分配的唯一性编码，可以是 EPC 编码或其他类似编码，用于识别某个标签，用户不可更改。该区编码根据功能不同又可划分为 4 个段。

版本号：版本号用于标识该 EPC 的版本号。通过版本号获得相应 EPC 编码的结构，以及该代码的总长度和其他三部分中每部分的位数等编码信息。

域名管理：域名管理用于标识 EPC 代码的域名管理者。

对象分类：对象分类部分用于标识一个 EPC 代码的对象分类编码。通过对象分类得知该产品的生产厂家和所属的产品种类。

序列号：序列号部分用于标识同类对象的唯一性辨识号码。

用户区根据用户应用需求，存储被标识对象的相关信息，该部分由用户自行设置和管理。

标头：标头部分用于标识后续描述信息的编码规则，为未来应用扩展保留空间。

VIN 码：用于识别被标识对象的唯一性辨识号码。

应用于汽车制造业的 RFID 标签编码规则如下，EPC 区编码结构如表 9-5 所示。

表 9-5　　　　　　　　　　　　　　EPC 编码结构

编码方案	编码类型	版本号	域名管理	对象分类	序列号
EPC-64	Ⅰ型	2	21	17	24
	Ⅱ型	2	15	13	34
	Ⅲ型	2	26	13	23
EPC-96	Ⅰ型	8	28	24	36
EPC-256	Ⅰ型	8	32	56	160
	Ⅱ型	8	64	56	128
	Ⅲ型	8	128	56	64

（2）用户存储区编码

标头：由 8 位二进制代码组成。除编码 00 hex 与 FF hex 保留不使用外，其他编码均可供用户使用。

记录内容：包括吊牌号和 VIN 码两部分。

吊牌号：长度为 3 字节，转换规则为将整数部分转换为小字节序的字节编码，用 3 字节表示 6 位整数。例如，004567 按转换规则得到相应编码如表 9-6 所示。

表 9-6　　　　　　　　　　　各进制之间的转换编码

十进制	十六进制	小字节序
4567	0x0011D7	D71100

VIN 码：共 17 位，大体由车辆生产信息部分与出厂序列号两部分组成，如图 9-14 所示。

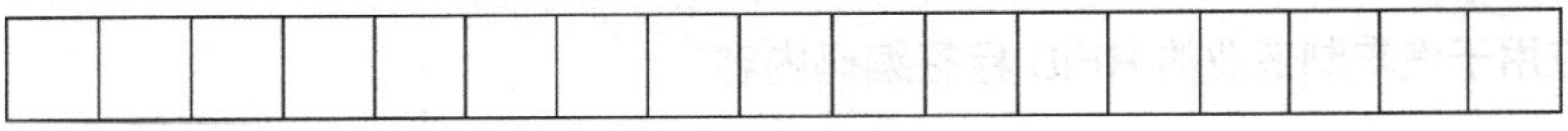

图 9-14　VIN 码

① 车辆生产信息。

前 11 位车辆生产信息转换规则如下。

（A）字符集 0～9、A～Z 共 36 个字符，用 6 位二进制编码表示，如表 9-7 所示。

（B）编码依次转换并组合，将编码补齐为 8 位的倍数后存入电子标签。

表 9-7　　　　　　　　　　字符集 0～9、A～Z 的 6 位二进制编码表示

字符	二进制编码	字符	二进制编码
0	00 0000	I	01 0010
1	00 0001	J	01 0011
2	00 0010	K	01 0100
3	00 0011	L	01 0101
4	00 0100	M	01 0110
5	00 0101	N	01 0111
6	00 0110	O	01 1000
7	00 0111	P	01 1001
8	00 1000	Q	01 1010
9	00 1001	R	01 1011
A	00 1010	S	01 1100
B	00 1011	T	01 1101
C	00 1100	U	01 1110
D	00 1101	V	01 1111
E	00 1110	W	10 0000
F	00 1111	X	10 0001
G	01 0000	Y	10 0010
H	01 0001	Z	10 0011

例如，转换 4AAB3D0A 的步骤如下。

第一步：将字符转换为定义格式字符：

04 0A 0A 0B 03 0D 00 0A。

第二步：将各字符转换为 6bit 编码并组合，即

00 0100 00 1010 00 1010 00 1011 00 0011 00 1101 00 0000 00 1010。

第三步：将编码补齐为 8 位的倍数后存入电子标签，即

0x10 A2 8B 0C D0 0A。

② 车辆出厂序列号。

将十进制整数部分转换为十六进制，并按小字节序编码，用 3 字节表示 6 位整数，如 123456，如表 9-8 所示。

表 9-8　　　　　　　　　　车辆出厂序列号

十进制	十六进制	小字节序
123456	0x01E240	40E201

2. 应用于汽车制造业的 RFID 标签编码内容

应用于汽车制造业的 RFID 标签编码内容规划如图 9-15 所示。

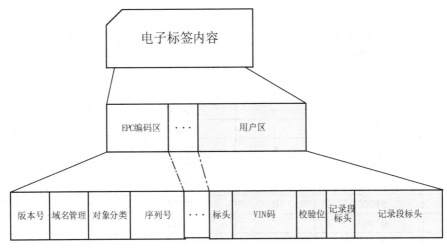

图 9-15 应用于汽车制造业的 RFID 标签编码内容规划

EPC 编码区内容与方案 1 相同。

用户存储区根据用户应用需求,存储被标识对象的相关信息,该部分由用户自行设置和管理。该区编码根据功能不同又可划分为下例 6 个段。

标头:用于标识后续描述信息的编码规则,为未来应用扩展保留空间。

标识对象 ID:用于识别被标识对象的唯一性辨识号码。

校验码:用于检验标头和数据传递的准确性。

记录段标头:用于标识后续描述信息的编码规则,为未来应用扩展保留空间。

记录段长度域:用于说明后续记录信息长度。

记录段:根据用户应用需求,记录相关信息。该部分由用户自行规定和维护。

应用于汽车制造业的 RFID 标签编码规则、EPC 区编码的结构和方案 1 相同。

用户存储区编码如下。

标头:由 8 位二进制代码组成。除编码 00 hex 与 FF hex 保留不使用外,其他编码均可供用户使用。

被标识对象 ID:根据被标识对象原有 ID 逐位进行转换,转换时遵循简洁、明了的原则。

鉴于本行业多采用以数字 0~9 和英文字母 A~Z 作为编码系统的代码符号,以及少量浮号,转换时先参照表 9-9 得到其 6 位二进制编码。

表 9-9 代码符号等效数值对照表

英文字符	6 位二进制码	英文字符	6 位二进制码	英文字符	6 位二进制码
0	000000	l	010101	G	101010
1	000001	m	010110	H	101011
2	000010	n	010111	I	101100
3	000011	O	011000	J	101101
4	000100	p	011001	K	101110
5	000101	q	011010	L	101111
6	000110	r	011011	M	110000
7	000111	s	011100	N	110001

续表

英文字符	6位二进制码	英文字符	6位二进制码	英文字符	6位二进制码
8	001000	t	011101	O	110010
9	001001	u	011110	P	110011
a	001010	v	011111	Q	110100
b	001011	w	100000	R	110101
c	001100	x	100001	S	110110
d	001101	y	100010	T	110111
e	001110	z	100011	U	111000
f	001111	A	100100	V	111001
g	010000	B	100101	W	111010
h	010001	C	100110	X	111011
i	010010	D	100111	Y	111100
j	010011	E	101000	Z	111101
k	010100	F	101001	-	111110
				.	111111

例如，MF514A01 转换后得到编码为

110000 101001 000101 000001 000100 100100 000000 000001

然后，将编码补齐为 8 位的倍数后存入电子标签。

例如，上例中编码总长度为 6bit×8=48bit，恰为 8bit 的倍数，补 0 位。

校验码：本规范采用奇偶校验法，长度为 1bit。该位为 0 表示被校验部分各位加和为偶数，为 1 则表示为奇数。

记录段标头：由 4 位二进制代码组成。

记录段长度域：长度为 8bit，用于说明后续记录信息长度（不包括本域长度），单位为字节。

记录段：记录生产相关信息，由用户自行定义。

9.2.6 具体环节的 RFID 系统应用

由于 RFID 系统应用成本不低，筛选具体应用 RFID 技术的环节时，需从技术角度和经济角度两方面考虑。

1. 技术角度

根据各车间的生产环境、生产管理需求，以及 RFID 技术实施可行性的综合分析，结合应用对象的各自特点可以得到如表 9-10 所示的筛选策略。

表 9-10　　　　　　　　　　　　　RFID 系统技术角度筛选策略

对象	特点	策略
冲压车间	环节简单，无单品管理需求	暂不采用
焊接车间	生产环节较多，生产线多，电磁环境复杂	采用
焊后链	生产信息缺失，需自动采集	采用
涂装车间	环境恶劣，条码失效，需自动识别协助控制	采用
总装车间	环节复杂且分散，涉及多部件管理，应用复杂	暂不采用

2. 经济角度

单个 RFID 标签成本较高，可适应汽车生产环境的标签价格从几十到几百元不等，相对于单个成本几毛钱甚至几分钱的条码标签，RFID 标签须不断重复利用才能降低单位使用成本。目前，焊后链和涂装车间对 RFID 的需求最为迫切、明晰，同时其应用点数量适中，对于以盈利为目的的生产企业来讲，应用新技术的经济负担不至于过重。

综上所述，可首先在焊后链和涂装环节应用 RFID 技术。而焊后链与涂装环节物理上相连，考虑到焊接环节作为汽车整车生产制造的起点，车辆的生产信息从焊接车间开始产生，因此将 RFID 标签的安装提前至焊接环节。

（1）焊接车间的 RFID 系统应用

① 生产流程描述。

焊接车间的环境油污大、电磁干扰强。其生产工艺线流程如图 9-16 所示。

在原始系统中，焊接车间质量追踪系统在每条生产线都有 2 个条形码信息采集点。

（A）发动机舱右侧板工位：工人根据显示屏上的生产计划队列，扫描一个一维条形码（8 位码），以及系统自动产生的一个 17 位的 VIN 码（前 11 位为固定码，后 6 位为随机码），并将两个号码关联。再用滚字机将 VIN 码刻在右侧板上，同时将相应的条形码牌挂在右侧板上，作为该车的流水线标识。

（B）焊接下线处：工人扫描挂车上的条形码，实时统计下线的数量。如有质量问题，则将相关数据信息录入系统。生产过程中还有巡检人员对车辆进行检查，发现质量问题及时通知相关人员对其进行处理，并电话通知下线处人员录入相应质量信息。

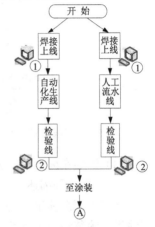

图 9-16 焊接生产流程图

加入 RFID 系统之后，对每辆整车产品安装电子标签，可直接避免由于恶劣生产环境中受污染的条形码无法识别的问题，然后将（A）处和（B）处的条形码信息采集点分别替换为 RFID 读写器，通过自动识别整车 RFID 电子标签信息，实现焊接车间车体的精确跟踪。

② 实时追踪与监控。

在焊接上线和下线工位设置 RFID 阅读器，自动扫描整车 RFID 电子标签，实现焊接车间车体的实时追踪。由 RFID 系统采集的各种数据可传送至相关部门进行分析和统计。焊接车间实时追踪与监控具体流程如图 9-17 所示。

（2）焊后链环节的 RFID 系统应用

① 生产流程描述。

焊接下线至涂装上线之间通过分流/合流点汇合为一条线，为无法设置人工扫描点的此环节设置 RFID 读写器，通过 RFID 系统，准确监控焊后链车体队列的实时状态，并根据车体颜色编组，最大限度满足产能匹配。基于 RFID 系统焊后链的示意图如图 9-18 所示，图中圆点即为 RFID 读写器的安装点。

② 实时监控与调度。

后台管理系统在焊后链车体队列实时信息、涂装生产计划、涂装生产完成进度的基础上对焊后链车体队列编组，利用 RFID 读写器与现场设备来控制系统的通信，实现对焊接车体队列的调度。焊后链监控与调度的具体流程如图 9-19 所示。

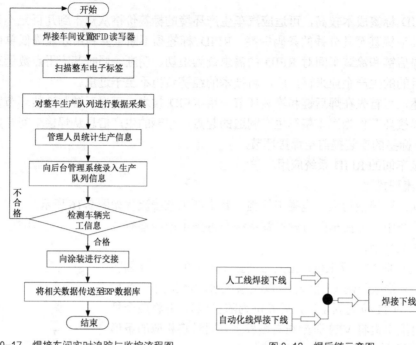

图 9-17　焊接车间实时追踪与监控流程图　　　　图 9-18　焊后链示意图

（3）涂装车间的 RFID 系统应用

① 生产流程描述

涂装车间总体生产流程为：涂装上线→前处理→打磨→面漆→涂装下线。自车身从焊接下线进入涂装线后进行前处理，需将整车浸入各种溶液池中，酸碱度较大。然后进入打磨线打磨车体表面，为面漆做准备。之后进入面漆线，由工人对队列进行分流，一条面漆线为自动化线，可喷 3 种颜色；另一条为人工线，理论上可喷多种颜色。在整个涂装过程中需要对整车进行烘干，温度较高。涂装生产流程及其涂装车间主要采集点如图 9-20 所示。

❶ 涂装上线点：涂装前处理上线处人工扫描条形码，确认车辆到达。

❷ 打磨线刮灰检测点：扫描条形码，主要记录车辆外观质量问题，如凹凸伤等。

❸ 面漆线前分流点：工人扫描条形码，根据车型颜色和两条面漆线的产量分配车辆的流向。

❹ 面漆线上线点：工人扫描条形码，确认当前车型的颜色，提示喷漆工人和机器手进行喷漆操作。

❺ 面漆检验线下线点：扫描条形码，记录车辆外观质量情况。

❻ 涂装下线点：两条面漆线下线后汇合到一条线上，在下线扫描点扫描条形码，如发现质量问题则进入返修线，如果合格就记录当前下线的生产队列。

在原始信息采集过程中，主要通过扫描整车上的条码，以获取后台信息并将相应生产流程和产品质量信息存入系统。加入 RFID 系统后，在❶处和❺处的涂装上下线点安装 RFID 读写器，自动统计涂装上下线车辆信息，以实现涂装车间车体的自动识别和实时跟踪；在❷处打磨线刮灰点及在❹处的面漆线上线点，通过 RFID 系统检测产品质量并记录检测结果，实现合格和返工/修车辆的自动分流；在❸处的面漆线上线点，RFID 系统自动识别当前车型和颜色提示喷涂操作；在下线到总装线之间的缓冲区设置 RFID 读写器，按车型对生产队列进行重新编组，以满足总装车间的生产均衡要求。

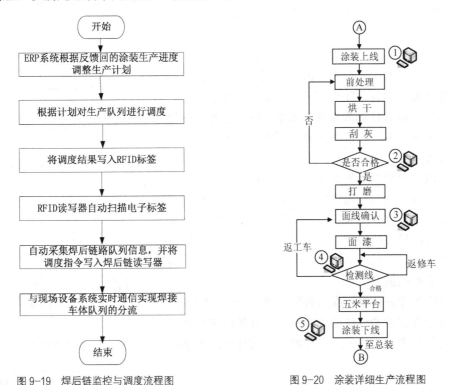

图 9-19 焊后链监控与调度流程图　　　　图 9-20 涂装详细生产流程图

② 生产监控与调度

车间调度室在涂装车体队列实时信息、总装生产计划、总装生产完成进度、面漆线产能的基础上，进行涂装车间车体队列的编组，利用 RFID 阅读器与现场 PLC 和设备控制系统的通信，实现对涂装车体队列的调度。具体流程如图 9-21 所示。

（4）RFID 系统实时信息的记录和存储

项目中的标签具有了含有 VIN 信息的编码和相应的生产质量监控/流程管理记录，设置在各工位的读写器，便可按照相应的信息联系相应设备进行加工，并可按照相应的格式对电子标签进行记录。

质量数据记录和存储采用后台关联的方式：对应标签中的总成号，建立质量信息表单，将采集到的质量信息逐项记录，实时上传至后台数据库中，以供局域网内的其他服务终端查询。

（5）应用于汽车制造业的 RFID 标签编码体系的主要优势

在汽车制造业，RFID 标签编码管理系统主要用于汽车零部件的物流管理和维护保障等方面。通过汽车零部件 RFID 标签编码的申请、审批、赋码等工作来实现汽车零部件的一物一码管理要求。在此基础上实现对汽车零部件运输、储存管理和维护保障过程中的信息化管理要求。

对汽车零部件生产过程实现全程跟踪和追溯。RFID 技术在离散控制业中的应用将改变离散制造企业的生产经营方式，由于每个汽车零部件都有属于自己的唯一的 RFID 标签编码，故可使用 RFID 技术在汽车零部件生产线上对其进行跟踪和追溯。整个过程无人工干预，可以在极大程度上降低工人的劳动强度和出错率，从而也实现了自动、高速、有效的记录，提高了产品下线合格率。

供应链运作包括采购、存储、生产制造、包装、装卸、运输、流通加工、配送、销售到服务。然而，实际物体移动过程中的各个环节都处于运动和离散的状态，影响了信息的可获性和共享性。RFID 技术能有效解决供应链上各项业务运作数据的输入/输出、业务过程的控制，降低出错率。

形成以后台数据库为支持、以电子标签自动识别技术为识别工具的汽车零部件标签编码研究，可以使仓库快速准确地了解自身的库存情况，防止由于货物损耗和统计差错可能导致的缺货。利用 RFID 标签技术还能快速准确地从大量物料中迅速定位，找到急需的物品，并将其送往需要的地方。

提高汽车零部件维护保障效率。由于后台数据库中储存了每个零部件的详细信息，所以可以使用 RFID 技术迅速定位到需要查找的汽车零部件，实现快速准确地维护。

9.2.7 RFID 实施阶段

RFID 作为一种信息化手段，其系统实施应该综合考虑后台数据库、企业网络、现场环境、使用者素质等

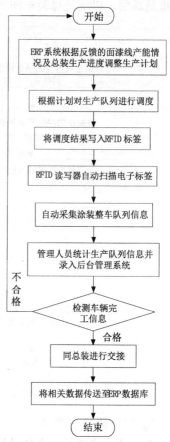

图 9-21 涂装车间生产监控与调度流程图

因素进行总体规划，并根据规划分步实施。根据整车生产企业的一般性需求，综合考虑 RFID 应用的成本及效益，将 RFID 在整车生产中的应用分为以下三个阶段。

（1）第一阶段：试点应用。本阶段主要是将 RFID 引入整车生产线，通过试点应用了解 RFID 在汽车生产环境中表现出的各方面性能特点，并整合信息系统，为下一步全面实施奠定基础。具体做法为在某个车间或某条生产线上选点应用。实现的主要功能有：生产及质量信息采集、指导装配过程、生产自动化等。RFID 标签安装在车体载具上，可以实现车间内部资源的循环使用。

应根据车间生产环境特点，按需求进行设备选型，并通过现场测试确定标签和读写器的安装位置。同时应注意生产环境对标签使用寿命的影响，找到合适的标签安装及清洗方法增加标签寿命，降低使用成本。

（2）第二阶段：在整车生产厂中接通应用。本阶段主要是在分析总结前一阶段应用的基础上，充分利用 RFID 的信息采集优势，深入挖掘 RFID 应用潜力，扩展应用范围，并在大量应用的基础上降低单位使用成本，增加使用效能。具体做法是将 RFID 应用扩展到多个车间，并考虑和企业生产运营相关的应用。实现的主要功能除了识别生产线上的车体外，还包括零部件跟踪与管理相关功能，以及和生产运营相关的设备管理、人员管理等。RFID 标签安装在车体载具、物料盛具、生产设备以及相关重件上，实现工厂内部资源的循环使用。工

厂内部应用功能较多，涉及面较广，应根据不同的要求灵活选用 RFID 系统。对于整车的跟踪识别，由于汽车生产过程中各阶段环境差异巨大，可考虑分段选用标签，分别循环使用。对于零部件跟踪管理，可参考物流方面的应用选型，同时注重对标签使用的管理，避免产生浪费，增加无谓的成本。对于其他与企业生产运营相关的应用，普遍存在较成熟的系统，可考虑直接选购现成系统。

（3）第三阶段：扩展应用。本阶段主要是将 RFID 应用扩展到整个汽车供应链上，提高供应链的管理和服务水平。汽车供应链上的应用主要集中在整车物流、整车供应链追踪等方面，还涉及车辆防盗、零部件防伪等内容。RFID 标签安装在车体上，随整车在供应链中流动。由于是开环应用，应选用价格较低、封装简单、存储容量适中的 RFID 标签。成品车上携带的标签，要求供应链下游阅读站信息系统，这将增加供应链下游的成本。在推广应用的过程中，应由处于供应链核心地位的整车生产厂采取一定的强制措施，并通过有力的培训和宣传，让供应链各方都能意识到 RFID 带来的管理和服务质量提升。此外，为了能在供应链上顺利地实现数据交换，各企业应共同参与制定应用规范，明确各企业责任，并合理分配 RFID 使用成本。RFID 应用的三个阶段并不是绝对的，它们之间也可有交叉。企业应根据自身需求以及生产管理与信息化现状，选择适当的功能进行应用。

将 RFID 技术、现代网络信息技术、数据库技术等引入汽车零部件管理系统中，建立了 RFID 标签编码体系后，可以实现汽车生产全过程实时状态信息的监控，企业和车间各级管理人员能及时掌握生产情况并做出相应的决策和调度生产作业。利用 RFID 实时跟踪原材料、在制品和零部件等物料的动态信息，可提高车间均衡生产能力，逐步实现汽车零部件管理的信息化、自动化和智能化，也大大提高了汽车零部件生产线的可靠性和效率。

习 题 9

1. 简述仓储管理系统的功能。
2. 描述 RFID 在整车生产中的三个应用阶段。

参考文献

[1] 郑和喜，陈湘国，郭泽荣，等．WSN RFID 物联网原理与应用[M]．北京：电子工业出版社，2010．

[2] 刘岩．RFID 通信测试技术及应用[M]．北京：人民邮电出版社，2010．

[3] 黄玉兰．射频识别技术（RFID）核心技术详解[M]．北京：人民邮电出版社，2010．

[4] 单承赣．射频识别（RFID）原理与应用[M]．北京：电子工业出版社，2008．

[5] 周晓光．射频识别（RFID）系统设计、仿真与应用[M]．北京：人民邮电出版社，2008．

[6] 周晓光．射频识别（RFID）技术原理与应用实例[M]．北京：人民邮电出版社，2006．

[7] 米志强．射频识别（RFID）技术与应用[M]．北京：电子工业出版社，2011．